普通高等教育"十一五"国家级规划教材

同济大学本科教材出版基金资助

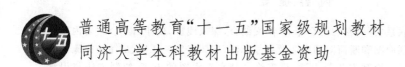

建 筑 工 程 制 图

（第 7 版）

同济大学建筑制图教研室

吴 杰 顾生其 操金鑫 主编

同济大学 出版社

TONGJI UNIVERSITY PRESS

·上海·

内 容 提 要

本书在编写上力求理论联系实际,密切结合专业,图文结合,深入浅出,便于自学。主要内容有:制图规格及基本技能,视图、剖面图和断面图的画法及尺寸标注,房屋建筑施工图、房屋结构施工图、道路与桥梁工程图的有关内容、绘制方法与识读,建筑给水排水工程图的内容、绘制方法与识读,AutoCAD绘图与BIM简介等。在机械图部分,介绍了标准件和常用件、零件图和装配图等的画法以及机械图和房屋图在图示方式上的异同点等。

本书可作为高等院校土木工程、智能建造、给水排水工程等专业或其他相近专业的"工程制图"课程的教材,也可供工程技术人员参考或有关人员自学。与本书配套使用的有《建筑工程制图习题集(第7版)》。

图书在版编目(CIP)数据

建筑工程制图/吴杰,顾生其,操金鑫主编.--7版.--上海:同济大学出版社,2024.1
ISBN 978-7-5765-0626-6

Ⅰ.①建… Ⅱ.①吴… ②顾… ③操… Ⅲ.①建筑制图－高等学校－教材 Ⅳ.①TU204

中国国家版本馆 CIP 数据核字(2023)第 002529 号

普通高等教育"十一五"国家级规划教材

建筑工程制图(第7版)

同济大学建筑制图教研室

吴 杰 顾生其 操金鑫 主 编

责任编辑 朱 勇 　 特约编辑 缪临平 　 责任校对 徐春莲 　 封面设计 潘向蓁

出版发行	同济大学出版社 www.tongjipress.com.cn	
	(地址:上海市四平路1239号 邮编:200092 电话:021－65985622)	
经　销	全国各地新华书店	
印　刷	常熟市大宏印刷有限公司	
开　本	787mm×1092mm 1/16	
印　张	19.25	
字　数	480000	
版　次	2024 年 1 月第 7 版	
印　次	2024 年 1 月第 1 次印刷	
书　号	ISBN 978-7-5765-0626-6	
定　价	58.00 元	

第 7 版 前 言

　　本书是在 2015 年 2 月出版的第 6 版基础上,根据国家现行的制图系列标准,并结合该书第 6 版出版发行以来在教学实践中发现的新问题、新要求,以及广大读者提供的宝贵意见改编而成的。

　　本次改编对部分章节的内容作了较大的调整,新增了第 6 章道路与桥梁工程图,对投影制图、建筑施工图和结构施工图中的大部分图样作了重新绘制,在投影制图中增加了一些三维图形,在结构施工图中新增了柱平法施工图,对附录中的有关内容进行了更新,以符合现行制图标准的要求,将原来使用的 AutoCAD 2014 版本更新至 AutoCAD 2018 版本。此外,对其余各章的有关内容和图示方法也作了一定的修改和更新,对原版本中的一些错误作了修正。与本书配套的"土木工程制图"线上课程为国家级一流本科课程,PPT 课件与习题可从课程网站中下载(https://www.icourse163.org/course/TONGJI-1206422804)。

　　本书第 7 版由吴杰、顾生其、操金鑫主编。具体执笔情况如下:吴杰,第 1 章、第 4 章、第 5 章、第 8 章;顾生其,第 2 章、第 3 章、第 7 章;操金鑫,第 6 章。

　　本书在改编过程中,得到了第 6 版主编陈文斌和同济大学出版社的大力支持。同济大学出版社缪临平副编审从 1984 年起担任本书的责任编辑,在这 40 年共同合作的岁月里,对我们每一版图书的改版、修订给予了极大的帮助和关心,在此向他表示衷心感谢! 另外,同济大学工程图学教学管理室和研究室的全体教师,以及使用本书的各兄弟院校教师和广大读者提供了宝贵的意见,在此表示深切的谢意。由于编者水平有限,缺点和错误在所难免,继续恳请使用本书的广大教师、学生和读者朋友不吝指教,批评指正。

编　者
2023 年 10 月

第1版前言

工程图是表达和交流技术思想的重要工具,也是生产实践和科学研究中的重要资料。

工程图与一般艺术性的图画有着显著的区别。工程图是以几何学原理为基础,应用投影方法来表示工程物体(如建筑物、构筑物、机械设备等)的形状、大小和有关技术要求的图样,以便按照这种图样来达到建造、研究及其他应用的目的。

建筑工程图表达了建筑物的建筑、结构和设备等设计的主要内容和技术要求,是建筑工程施工时的主要依据。

学习建筑工程制图课程的目的是培养学生具有绘制和阅读建筑工程图的基本能力。具体地说,是通过制图理论的学习和制图作业的实践,培养学生空间想象能力和构思能力,培养正确使用绘图仪器和徒手作图的能力,熟悉建筑制图国家标准的规定,掌握并应用各种图示方法来表达建筑工程和阅读建筑工程图。

精湛的制图技能要通过严格的要求和长期的制图实践才能逐步培养起来。因此,学习本课程的开始,就应当在掌握有关基础理论和基本知识的基础上,按照正确的方法和步骤来制图,并养成正确使用绘图工具和仪器的习惯,严格遵守国家标准。只有通过认真、严格的训练,才能掌握制图的基本技能。

制图作业是在学习阶段对表达能力和制图技能的一种基本训练,这方面的能力需要在后继的教学环节,如生产实习、课程作业、课程设计和毕业设计,乃至实际工作中继续培养和提高。

本书是为中央广播电视大学土木建筑工程类专业开设的"画法几何及工程制图"课程编写的,是在总结我校"建筑工程制图"教学经验的基础上,根据中央电大土建类专业的要求和电视教学的特点编写而成的。

为配合电视教学需要,我们还编写了《建筑工程制图习题集》和《建筑工程制图教学辅导材料》,以供中央电大土建类专业学生在学习建筑制图课程时使用。

本书由顾善德主编,参加编写的有顾善德、张正良、冯宜斌,参加审定的有黄钟琏、沈闻、马志超。

本书的部分插图选自我室所编的《土建制图》一书的有关章节,这些章节的编写人员除本书编者外还有徐志宏、吴明明。在编写本书过程中,承有关设计单位提供资料、同济大学出版社等大力支持和我室许多老师参加绘图等工作,谨此表示感谢。

由于编者水平有限，接受编写任务时间仓促，一定存在不少缺点和错误，恳请使用本书的教师、学生和其他读者提出宝贵意见，不吝指正。

编　者

1984 年 5 月

目 录

第 1 章　制图规格及基本技能

1.1　制图基本规格

　　建筑工程图是表达建筑工程设计的重要技术资料,是施工的依据。为了使建筑工程图表达统一、清晰简明、便于识读,满足设计和施工等的要求,又便于技术交流,对于图样的画法,图线的线型、线宽和应用,图中尺寸的标注、图例以及字体等,都必须有统一的规定。这个统一的规定就是国家制图标准,简称"国标"。

　　本书主要采用了《房屋建筑制图统一标准》(GB/T 50001—2017)、《技术制图　字体》(GB/T 14691—1993)等国标的有关内容,供设计绘图时参照执行。有关计算机绘图方面的内容详见第 8 章。

1.1.1　图纸幅面

　　为了合理使用图纸和便于装订与管理,所有图纸幅面及图框尺寸应符合表 1-1 的规定。

表 1-1　　　　　　　　　　　　　图纸幅面及图框尺寸　　　　　　　　　　　　　（mm）

尺寸代号	幅面代号				
	A0	A1	A2	A3	A4
$b \times l$	841×1189	594×841	420×594	297×420	210×297
c	10			5	
a	25				

　　表中 $b \times l$ 为图纸的短边乘以长边尺寸,c 为图框线与幅面线间的宽度,a 为图框线与装订边间的宽度。图纸幅面尺寸相当于 $\sqrt{2}$ 系列,即 $l = \sqrt{2}b$。A0 号幅面的面积为 1 m^2,A1 号幅面是 A0 号幅面的对开,其他幅面类推。

　　图纸的短边尺寸不应加长,A0~A3 幅面长边尺寸可加长,但应符合表 1-2 的规定。

表 1-2　　　　　　　　　　　　　图纸长边加长尺寸　　　　　　　　　　　　　（mm）

幅面尺寸	长边尺寸	长边加长后尺寸
A0	1189	1486(A0+1/4l) 1783(A0+1/2l) 2080(A0+3/4l) 2378(A0+l)
A1	841	1051 (A1+1/4l) 1261 (A1+1/2l) 1471 (A1+3/4l) 1682 (A1+l) 1892 (A1+5/4l) 2102 (A1+3/2l)

续表

幅面尺寸	长边尺寸	长边加长后尺寸
A2	594	743 891 1041 1189 1338 1486 1635 （A2+1/4l）（A2+1/2l）（A2+3/4l）（A2+l）（A2+5/4l）（A2+3/2l）（A2+7/4l） 1783 1932 2080 （A2+2l）（A2+9/4l）（A2+5/2l）
A3	420	630 841 1051 1261 1471 1682 1892 （A3+1/2l）（A3+l）（A3+3/2l）（A3+2l）（A3+5/2l）（A3+3l）（A3+7/2l）

注：有特殊需要的图纸，可采用 $b \times l$ 为 841mm×891mm 与 1189mm×1261mm 的幅面。

图纸以短边作为垂直边应为横式，以短边作为水平边应为立式。A0～A3 图纸宜横式使用，见图 1-1a)、图 1-1b)或图 1-1c)；必要时，也可立式使用，见图 1-1d)、图 1-1e)或图 1-1f)。

一个工程设计中，每个专业所使用的图纸，一般不宜多于两种幅面(不含目录及表格所采用的 A4 幅面)。

需要微缩复制的图纸，其一条边上应附有一段准确米制尺度，四条边上均应附有对中标志，米制尺度的总长应为 100mm，分格应为 10mm。对中标志应画在图纸内框各边长的中点处，线宽应为 0.35mm，并应伸入内框边，在框外应为 5mm。对中标志的线段，应于图框长边尺寸 l_1 和图框短边尺寸 b_1 范围取中。如图 1-1 所示。

1.1.2 图纸标题栏

图纸中应有标题栏、图框线、幅面线、装订边线和对中标志。图纸的标题栏及装订边的位置，应符合下列规定：

(1) 横式使用的图纸，应按图 1-1a)、图 1-1b)或图 1-1c)规定的形式布置。

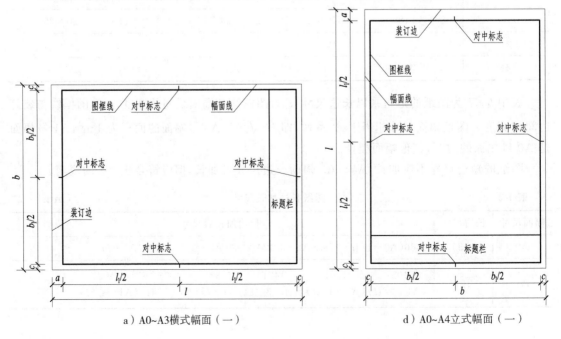

a）A0~A3横式幅面（一）　　　　　　　d）A0~A4立式幅面（一）

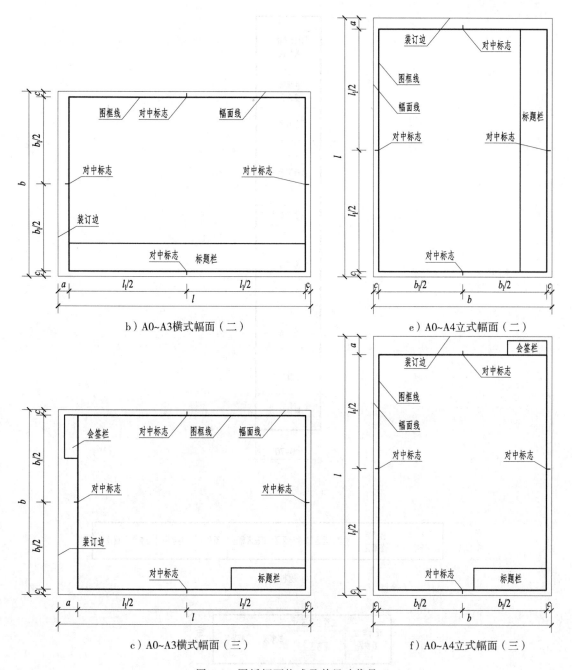

b）A0~A3横式幅面（二）　　　　　e）A0~A4立式幅面（二）

c）A0~A3横式幅面（三）　　　　　f）A0~A4立式幅面（三）

图 1-1　图纸幅面格式及其尺寸代号

（2）立式使用的图纸，应按图 1-1d）、图 1-1e）或图 1-1f）规定的形式布置。

应根据工程的需要确定标题栏、会签栏的尺寸、格式及分区。当采用图 1-1a）、图 1-1b）、图 1-1d）及图 1-1e）布置时，标题栏应按图 1-2a）、图 1-2b）所示布局；当采用图 1-1c）及图 1-1f）布置时，标题栏、签字栏应按图 1-2c）、图 1-2d）及图 1-3 所示布局。签字栏应包括实名列和签名列，并应符合下列规定：

（1）涉外工程的标题栏内，各项主要内容的中文下方应附有译文，设计单位的上方或左方应加"中华人民共和国"字样。

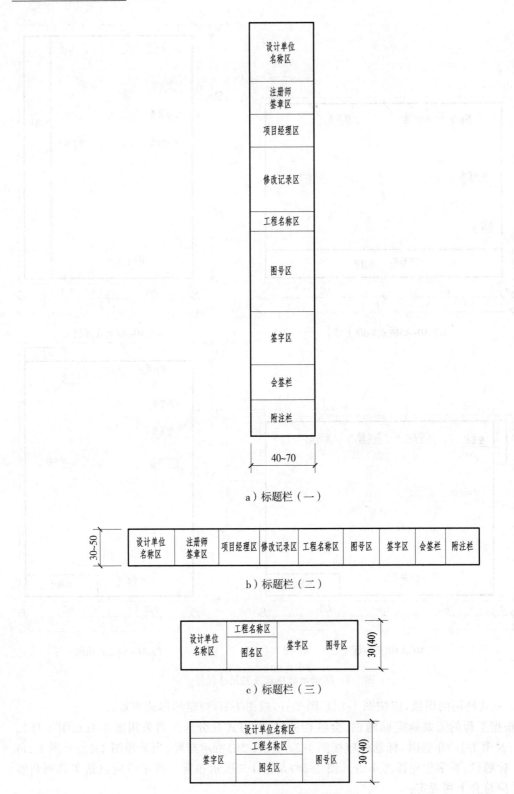

a）标题栏（一）

b）标题栏（二）

c）标题栏（三）

d）标题栏（四）

图 1-2　图纸标题栏

（2）在计算机辅助制图文件中使用电子签名与认证时，应符合《中华人民共和国电子签名法》的有关规定。

（3）当由两个以上的设计单位合作设计同一个工程时，设计单位名称区可依次列出设计单位名称。

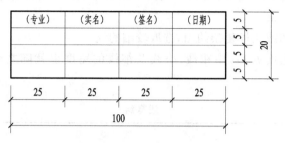

图 1-3　图纸会签栏

1.1.3　图线

在绘制建筑工程图时，为了表示出图中不同的内容，并且能够分清主次，必须使用不同的线型和不同粗细的图线。

建筑工程图的图线线型有实线、虚线、单点长画线、双点长画线、折断线、波浪线等，随用途的不同而反映在图线的粗细关系上，见表 1-3。

表 1-3　　　　　　　　　　　　图线的线型、线宽及用途

名　　称		线　　型	线宽	用　　途
实线	粗		b	主要可见轮廓线
	中粗		$0.7b$	可见轮廓线、变更云线
	中		$0.5b$	可见轮廓线
	细		$0.25b$	图例填充线、家具线
虚线	粗		b	见各有关专业制图标准
	中粗		$0.7b$	不可见轮廓线、图例线
	中		$0.5b$	不可见轮廓线
	细		$0.25b$	图例填充线、家具线
单点长画线	粗		b	见各有关专业制图标准
	中		$0.5b$	见各有关专业制图标准
	细		$0.25b$	中心线、轴线、对称线等
双点长画线	粗		b	见各有关专业制图标准
	中		$0.5b$	见各有关专业制图标准
	细		$0.25b$	假想轮廓线，成型前原始轮廓线
折断线			$0.25b$	断开界线
波浪线			$0.25b$	断开界线

图线线型和线宽的用途,各专业不同,应按专业制图的规定来选用。

建筑工程图中,对于表示不同内容和区别主次的图线,其线宽都互成一定的比例,即粗线、中粗线、中线、细线四种线宽之比为1:0.7:0.5:0.25。

粗线的宽度代号为b,宜按照图纸比例及图纸性质,从下面线宽系列中选取:1.4mm,1.0mm,0.7mm,0.5mm。

绘制比例较小的图或比较复杂的图,选取较细的线。

当选定了粗线的宽度b后,中粗线、中线及细线的宽度也就随之确定而成为线宽组,如表1-4所示。

表1-4 线宽组 (mm)

线宽比	线 宽 组			
b	1.4	1.0	0.7	0.5
$0.7b$	1.0	0.7	0.5	0.35
$0.5b$	0.7	0.5	0.35	0.25
$0.25b$	0.35	0.25	0.18	0.13

注:① 需要微缩的图纸,不宜采用0.18mm及更细的线宽。

② 同一张图纸内,各不同线宽中的细线,可统一采用较细的线宽组的细线。

同一图纸幅面中,采用相同比例绘制的各图,应选用相同的线宽组。绘制比较简单的图或比例较小的图,可以只用两种线宽,其线宽比为b:$0.25b$。

图纸的图框线和标题栏线的宽度,将随图纸幅面的大小而不同,可以参照表1-5来选用。

表1-5 图纸图框线和标题栏线线宽 (mm)

幅面代号	图框线	标题栏外框线、对中标志	标题栏分格线、幅面线
A0,A1	b	$0.5b$	$0.25b$
A2,A3,A4	b	$0.7b$	$0.35b$

相互平行的图例线,其净间隙或线中间隙不宜小于0.2mm。

在各种线型中,虚线、单点长画线或双点长画线的线段长度和间隔宜各自相等。单点长画线或双点长画线的两端,不应是点;点画线与点画线交接或点画线与其他图线交接时,应是线段相接。虚线与虚线交接或虚线与其他图线交接时,也应是线段交接。虚线为实线的延长线时,不得与实线交接。图线不得与文字、数字或符号重叠、混淆,不可避免时,应保证文字的清晰;绘制圆或圆弧的中心线时,圆心应为线段的交点,且中心线两端应超出圆弧2~3mm。实线、虚线、点画线的画法见图1-4。

当图形较小(如图1-4中较小的圆),画点画线有困难时,可用细实线来代替。

图1-5所示为折断线及波浪线的画法举例。折断线直线间的符号和波浪线都徒手画出。折断线应通过被折断图形的全部,其两端各画出2~3mm。

1.1.4 字体

工程图纸上常用文字有汉字、阿拉伯数字、拉丁字母,有时也用罗马数字、希腊字母。

工程制图所需书写的汉字、数字、字母或符号等,均应笔画清晰、字体端正、排列整齐、间隔

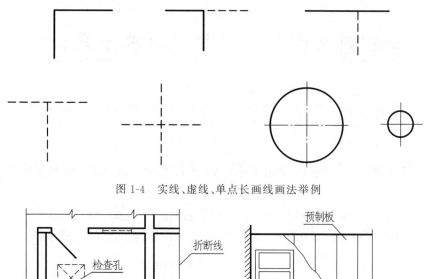

图 1-4　实线、虚线、单点长画线画法举例

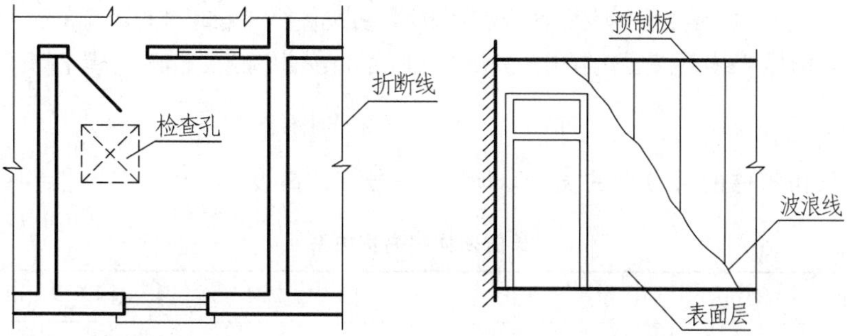

a) 折断线的画法举例　　　　b) 波浪线的画法举例

图 1-5　折断线、波浪线的画法举例

均匀,标点符号应清楚正确。

图样及说明中的汉字,宜优先采用 True type 字体中的宋体字型,采用矢量字体时应为长仿宋体字型。同一图纸字体种类不应超过两种。矢量字体的宽高比宜为 0.7,且应符合表 1-6 的规定,打印线宽宜为 0.25～0.35 mm;True type 字体宽高比宜为 1。大标题、图册封面、地形图等的汉字,也可书写成其他字体,但应易于辨认,其宽高比宜为 1。写仿宋体字时,应注意其笔画基本上是横平竖直,字体结构要匀称,并注意笔画的起落(图 1-6、图 1-7)。

名称	横	竖	撇	捺	挑	点	钩	折
形状	一	丨	丿	㇏	一丿丶	丶丶	亅乚	㇇乙
笔法	一	丨	丿	㇏	一丿丶	丶丶	亅乚	㇇乙
示例	三七	十土	千月	人达	地江扎	卞点	丁戈	图弯

图 1-6　汉字仿宋体笔画形式举例

汉字、阿拉伯数字、拉丁字母、罗马数字等字体大小的号数(简称字号),都是字体的高度,文字的字高应从下列系列中选用:3.5 mm、5 mm、7 mm、10 mm、14 mm、20 mm,见表 1-6。这个字高系列中的公比也相当于 $1:\sqrt{2}$,即某号字的高度,相当于小一号字高的 $\sqrt{2}$ 倍,例如 $7 \approx \sqrt{2} \times 5$。因此,如需书写大一号的字,其字高可按 $1:\sqrt{2}$ 来确定,并取毫米整数。从表 1-6 中可

10号

排列整齐字体端正笔画清晰注意起落

7号

字体基本上是横平竖直,结构匀称,写字前先画好格子

5号

阿拉伯数字、拉丁字母、罗马数字和汉字并列书写时它们的字高比汉字高小

3.5号

大学系专业班级绘制描图审核校对序号名称材料件数备注比例重共第张工程种类设计负责人平立
剖侧切截断面轴测示意主俯仰前后左右视向东西南北中心内外高低顶底长宽厚尺寸分厘毫米矩方

图 1-7 汉字长仿宋体字样

以看出,汉字长仿宋体的某号字的宽度,即为小一号字的高度。

表 1-6   长仿宋体字高宽关系   (mm)

字　高	20	14	10	7	5	3.5
字　宽	14	10	7	5	3.5	2.5

工程图样上书写的长仿宋体汉字,其高度应不小于 3.5mm。阿拉伯数字、拉丁字母、罗马数字等的高度应不小于 2.5mm。

当拉丁字母单独用作代号或符号时,不使用 I,O 及 Z 三个字母,以免与阿拉伯数字的 1,0 及 2 相混淆。

阿拉伯数字、拉丁字母及罗马数字的书写与排列,应符合表 1-7 的规定。

表 1-7   阿拉伯数字、拉丁字母与罗马数字书写规则

书 写 格 式	一般字体	窄字体
大写字母高度	h	h
小写字母高度(上下均无延伸)	$\frac{7}{10}h$	$\frac{10}{14}h$
小写字母伸出的头部或尾部	$\frac{3}{10}h$	$\frac{4}{14}h$
笔画宽度	$\frac{1}{10}h$	$\frac{1}{14}h$
字母间距	$\frac{2}{10}h$	$\frac{2}{14}h$
上下行基准线最小间距	$\frac{15}{10}h$	$\frac{21}{14}h$
词间距	$\frac{6}{10}h$	$\frac{6}{14}h$

字母及数字,当需写成斜体字时,其斜度应是从字的底线逆时针向上倾斜 75°。斜体字的高度和宽度应与相应的直体字相等。如图 1-8a)和图 1-8b)所示。

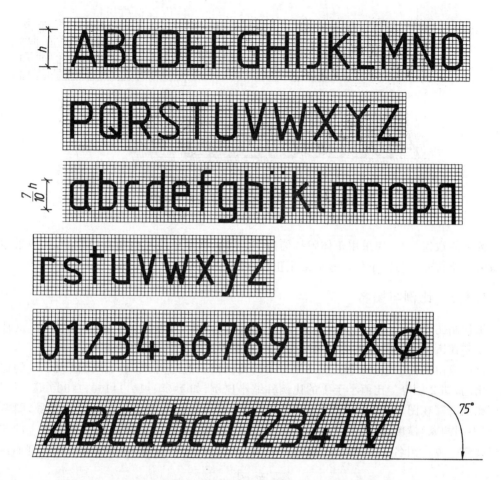

a）数字及字母的一般字体（笔画宽度为字高的 1/10）

b）数字及字母的窄字体（笔画宽度为字高的1/14）

图1-8　拉丁字母、阿拉伯数字、罗马数字字体

数量的数值注写，应采用正体阿拉伯数字。各种计量单位凡前面有量值的，均应采用国家颁布的单位符号注写。单位符号应采用正体字母。

1.1.5　比例与图名

工程制图中，对于建筑工程，通常要缩小绘制在图纸上；而对于一个很小的零件，又往往要放大绘制在图纸上。图样中图形与实物相对应的线性尺寸之比，称为比例。

比例应由阿拉伯数字来表示，比值为1的比例称原值比例，即1:1。比值大于1的比例称放大比例，如2:1等。比值小于1的比例称缩小比例，如1:2，1:10，1:100，1:500等。

比例书写在图名的右侧，字的基准线应取平，字号应比图名字号小一号或二号，图名下画一条（不画两条）横粗线，其粗度应不粗于本图纸所画图形中的粗实线，同一张图纸上的这种横线粗度应一致。图名下的横线长度，应以所写文字所占长短为准，不要任意画长。例如：

平面图 1:100

当一张图纸中的各图只用一种比例时，也可把该比例统一书写在图纸标题栏内。

绘图时，应根据图样的用途和被绘物体的复杂程度，优先选用表1-8中的"常用比例"。特殊情况下，允许选用"可用比例"。

习惯上所称比例的大小，是指比值的大小，例如1:50的比例比1:100的大。

表1-8　　　　　　　　　　　　　　　绘图所用的比例

常用比例	1:1，1:2，1:5，1:10，1:20，1:30，1:50，1:100，1:150，1:200，1:500，1:1000，1:2000
可用比例	1:3，1:4，1:6，1:15，1:25，1:40，1:60，1:80，1:250，1:300，1:400，1:600，1:5000，1:10000，1:20000，1:50000，1:100000，1:200000

一般情况下，一个图样应选用一种比例。根据专业制图需要，同一图样可选用两种比例。

特殊情况下也可自选比例，这时，除应注出绘图比例外，还应在适当位置绘制出相应的比例尺。

1.1.6　尺寸标注

在建筑工程图中，除了按比例画出建筑物或构筑物等的形状外，还必须标注完整的实际尺寸,以作为施工等的依据。

这里将结合单个平面图形来叙述标注尺寸的基本规则,至于组合体图形的尺寸注法,将在第 2 章中阐述。关于专业图的尺寸注法,将在后面有关章节中结合专业图的图示方法和要求作详细叙述。

图样上标注的尺寸,应包括尺寸线、尺寸界线、尺寸起止符号、尺寸数字等,见图 1-9。

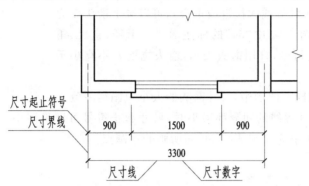

图 1-9　尺寸标注的基本形式及组成

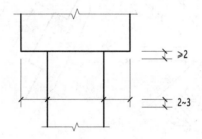

图 1-10　尺寸界线

图样上尺寸的标注,应整齐、统一,数字应写得整齐、端正、清晰。

1. 尺寸线

(1)尺寸线应用中实线。

(2)尺寸线两端宜以尺寸界线为边界,也可超出尺寸界线 2～3 mm。

(3)中心线、尺寸界线以及其他任何图线都不得用作尺寸线。

(4)线性尺寸的尺寸线必须与被标注的长度方向平行。

2. 尺寸界线

(1)尺寸界线应用中实线。

(2)一般情况下,线性尺寸的尺寸界线垂直于尺寸线,并超出尺寸线 2～3 mm。图样轮廓线可用作尺寸界线。见图 1-10。

当受位置限制或尺寸标注困难时,允许斜着引出尺寸界线来标注尺寸,如图 1-30 中"54"的标注形式。

(3)尺寸界线不宜与需要标注尺寸的轮廓线相接,应留出不小于 2 mm 的间隙。当连续标注尺寸时,中间的尺寸界线可以画得较短。

(4)图样的轮廓线以及中心线可用作尺寸界线,例如图 1-13b)的"102°"的标注即以中心线为尺寸界线。

3. 尺寸起止符号

（1）尺寸线与尺寸界线相接处为尺寸的起止点。在起止点上应画出尺寸起止符号，一般为45°倾斜的中粗斜短线，其倾斜方向应与尺寸界线成顺时针45°角，其长度宜为2～3mm。在同一张图纸上的这种45°倾斜斜线的宽度和长度应保持一致。

（2）当在斜着引出的尺寸界线上画上45°倾斜短线不清晰时（有时倾斜短线会与尺寸界线太接近或重合），可以画上箭头作为尺寸起止符号，例如图1-30中"54"的标注形式。半径、直径、角度与弧长的尺寸起止符号，宜用箭头表示，箭头宽度 b 不宜小于1mm，见图1-11。

图1-11　箭头尺寸起止符号

在同一张图纸或同一图形中，尺寸箭头的大小应画得一致。

（3）当相邻的尺寸界线的间隔都很小时，尺寸起止符号可以采用小圆点（直径为1mm），例如图1-23角度标注中的5°与6°09′56″间所画的小圆点。

4. 尺寸数字

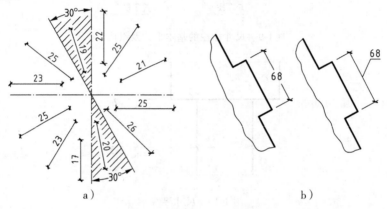

a)　　　　　　　　　　　　　　b)

图1-12　尺寸数字的注写方向

（1）工程图上标注的尺寸数字，是物体的实际尺寸，它与绘图所用的比例无关。

（2）建筑工程图上标注的尺寸数字，除标高及总平面图以 m（米）为单位外，其他必须以mm（毫米）为单位。因此，建筑工程图上的尺寸数字无需注写单位。

（3）尺寸数字的高度，一般是3.5mm，最小不得小于2.5mm。

（4）如图1-12a)所示，尺寸数字的注写方向和阅读方向规定为：当尺寸线为竖直时，尺寸数字注写在尺寸线的左侧，字头朝左；其他任何方向，尺寸数字应保持向上，且注写在尺寸线的上方；不得倒写，否则会使人错认，例如，数字68将会误读为89。若尺寸数字在30°斜线区内，也可按图1-12b)的形式注写。

（5）图1-13为尺寸数字注写方向举例。

（6）任何图线不得穿交尺寸数字；当不能避免时，必须将此图线断开。

（7）尺寸数字应尽量注写在靠近尺寸线的上方中部。当尺寸界线的间隔太小，注写尺寸数字的空间不够时，最外边的尺寸数字可以注写在尺寸界线的外侧，中间的尺寸数字可与相邻的数字错开注写，必要时，也可以引出注写，如图1-14所示。

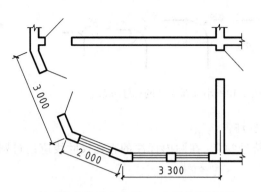 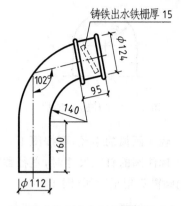

a) 尺寸数字注写方向例一(房屋局部平面)　　　b) 尺寸数字注写方向例二(铸铁落水弯头)

图 1-13　尺寸数字注写方向举例

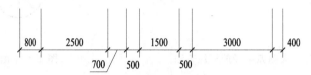

图 1-14　尺寸界线较密时的尺寸标注形式举例

5. 尺寸的排列与布置

(1) 尺寸宜标注在图样轮廓线以外,不宜与图线、文字及符号等相交(图 1-15)。

(2) 图线不得穿过尺寸数字,不可避免时,应将尺寸数字处的图线断开(图 1-15)。

(3) 互相平行的尺寸线,应从被注写的图样轮廓线由近向远整齐排列,较小尺寸应离轮廓线较近,较大尺寸应离轮廓线较远(图 1-16)。

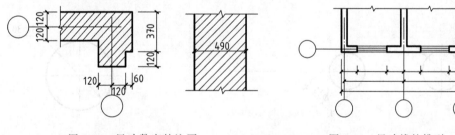

图 1-15　尺寸数字的注写　　　　　　图 1-16　尺寸线的排列

(4) 图样轮廓线以外的尺寸线,距图样最外轮廓之间的距离,不宜小于 10 mm。平行排列的尺寸线的间距,宜为 7～10 mm,并应保持一致(图 1-16)。

(5) 总尺寸的尺寸界线应靠近所指部位,中间的分尺寸的尺寸界线可稍短,但其长度应相等(图 1-16)。

6. 半径、直径、球的尺寸标注

大于半圆的圆弧时标直径,小于半圆的圆弧时标半径。

(1) 半径的尺寸线,应一端从圆心开始,另一端画箭头指向圆弧。半径数字前应加注半径符号"R"(图 1-17)。较小圆弧的半径,可按图 1-18 所示形式标注。

图 1-17　半径标注方法　　　　　　　图 1-18　小圆弧半径的标注方法

（2）较大圆弧的半径，可按图 1-19 所示形式标注。

（3）标注圆的直径尺寸时，直径数字前应加符号"ϕ"。在圆内标注的直径尺寸线应通过圆心，两端画箭头指至圆弧（图 1-20）。

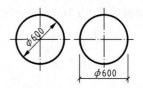

图 1-19　大圆弧半径的标注方法　　　　图 1-20　圆直径的标注方法

（4）较小圆的直径尺寸，可标注在圆外（图 1-21）。

（5）标注球的半径尺寸时，应在尺寸数字前加注符号"SR"。标注球的直径尺寸时，应在尺寸数字前加注符号"$S\phi$"。注写方法与圆弧半径和圆直径的尺寸标注方法相同（图 1-22）。

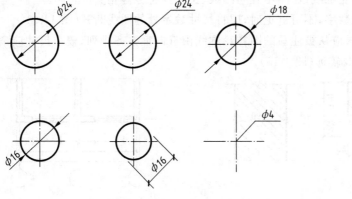
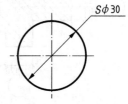

图 1-21　小圆直径的标注方法　　　　　图 1-22　球的标注方法

7．角度、弧长、弦长的标注

（1）角度的尺寸线，应以圆弧线表示。该圆弧的圆心应是该角的顶点，角的两条边为尺寸界线。角度的起止符号应以箭头表示，如没有足够位置画箭头，可用圆点代替。角度数字应水平方向注写（图 1-23）。

（2）标注圆弧的弧长时，尺寸线应以与该圆弧同心的圆弧线表示，尺寸界线应垂直于该圆弧的弦，起止符号应用箭头表示，弧长数字的上方应加注圆弧符号"⌒"（图 1-24）。

（3）标注圆弧的弦长时，尺寸线应以平行于该弦的直线表示，尺寸界线应垂直于该弦，起止符号用中粗斜短线表示（图 1-25）。

图 1-23 角度标注方法   图 1-24 弧长标注方法   图 1-25 弦长标注方法

8. 薄板厚度、正方形、坡度、非圆曲线等尺寸标注

（1）在薄板板面标注板厚尺寸时,应在厚度数字前加厚度符号"t"（图 1-26）。

（2）标注正方形的尺寸,可用"边长×边长"的形式,也可在边长数字前加正方形符号"□"（图 1-27）。

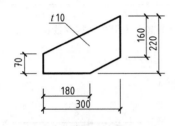
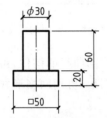

图 1-26 薄板厚度标注方法   图 1-27 标注正方形尺寸

（3）标注坡度时,在坡度数字下,应加注坡度符号"➛"或"➛"[图 1-28a)和图 1-28b)],箭头应指向下坡方向[图 1-28c)和图 1-28d)]。

坡度也可用直角三角形形式标注[图 1-28e)和图 1-28f)]。

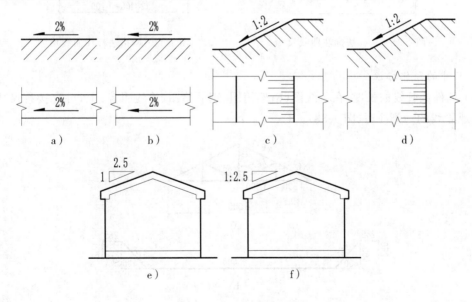

图 1-28 坡度标注方法

（4）对于较多相等间距的连续尺寸,可以标注成乘积形式,但第一个间距必须标注,例如,图 1-29 中的 100 及 100×24=2400 的注法。如构件较长,则可把中间相同部分截去一段而移近画出,并画上断开界线（本例画波浪线）。

（5）对于桁架式结构、钢筋以及管线等的单线图,可把长度尺寸数字相应地沿着杆件或线路的一侧来注写,如图 1-30 所示。尺寸数字的读数方向则仍应按照前面所阐明的规则来注写。

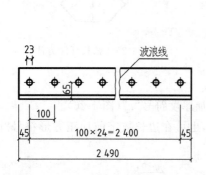

图 1-29　有许多连续等间距的尺寸注法

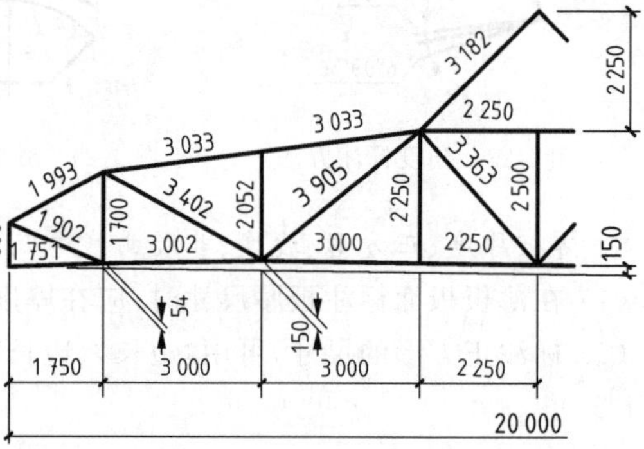

图 1-30　桁架式结构单线图的尺寸注法

（6）外形为非圆曲线的构件,可用坐标形式标注尺寸(图 1-31)。

（7）复杂的图形,可用网格形式标注尺寸(图 1-32)。

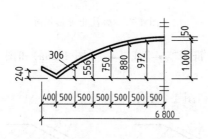

图 1-31　坐标法标注曲线尺寸

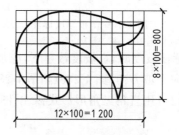

图 1-32　网格法标注曲线尺寸

9．尺寸的简化标注

（1）杆件或管线的长度,在单线图(桁架简图、钢筋简图、管线图等)上,可直接将尺寸数字沿杆件或管线的一侧注写(图 1-33)。

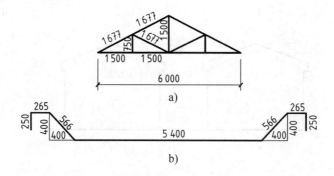

图 1-33　单线图尺寸标注方法

（2）连续排列的等长尺寸,可用"等长尺寸×个数＝总长"或"总长(等分个数)"的形式标注(图 1-34)。

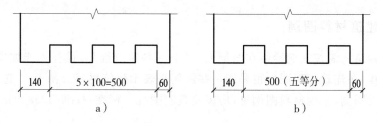

图 1-34　等长尺寸简化标注方法

（3）构配件内的构造要素（如孔、槽等）如相同，可仅标注其中一个要素的尺寸（图 1-35）。

（4）对称构配件（图 1-36）采用如图 1-37 所示的对称符号时，可采用只需画出一半的省略画法。这时，反映对称总长度的尺寸线应略超过对称符号，仅在尺寸线的一端画尺寸起止符号，尺寸数字应按整体全尺寸注写，其注写位置宜与对称符号对齐，如图 1-36 中的尺寸 2 600,3 000。

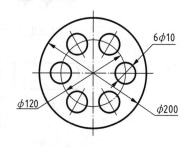

图 1-35　相同要素尺寸标注方法

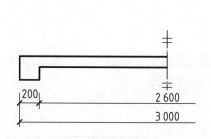

图 1-36　对称构件尺寸标注方法

图 1-37　对称符号

图 1-36 中数字 2 600 上面的符号，如图 1-37 所示，即为对称符号。上、下方两平行线的长度为 6～10 mm，平行线的间距为 2～3 mm，平行线在对称线两侧的长度应相等。

（5）两个构配件，如个别尺寸数字不同，可在同一图样中将其中一个构配件的不同尺寸数字注写在括号内，该构配件的名称也应注写在相应的括号内（图 1-38）。

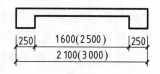

图 1-38　相似构件尺寸标注方法

（6）数个构配件，如仅某些尺寸不同，这些有变化的尺寸数字，可用拉丁字母注写在同一图样中，另列表格写明其具体尺寸（图 1-39）。

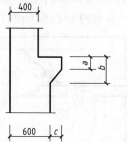

构件编号	a	b	c
Z-1	200	200	200
Z-2	250	450	200
Z-3	200	450	250

图 1-39　相似构配件尺寸表格式标注方法

1.1.7　建筑材料图例

建筑物或构筑物需按比例绘制在图纸上,对于一些建筑细部,往往不能如实画出,而用图例来表示。同样,在建筑工程图中也采用一些图例来表示建筑材料。图1-40选列了一些常用的建筑材料断面图例,其他材料图例见《房屋建筑制图统一标准》(GB/T 50001—2017)或本书附录三。

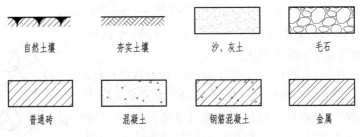

图1-40　常用的建筑材料断面图例

1.2　绘图工具和仪器的使用方法

在手工绘图的情况下,为了保证绘图质量,提高绘图速度,必须了解绘图工具和仪器的特点,掌握使用方法。本节主要介绍常用的绘图工具和仪器的使用方法。

1.2.1　绘图板、丁字尺、三角板

1. 绘图板

绘图板是用来铺放图纸的矩形案板。板面一般用平整的胶合板制作,四边镶有木制边框。绘图板的板面要求光滑平整,四周工作边要平直,见图1-41。

绘图板有各种不同的规格,一般有0号(900 mm×1200 mm)、1号(600 mm×900 mm)和2号(450 mm×600 mm)等几种规格。制图作业通常选用2号绘图板。

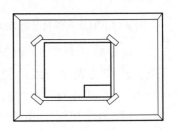

图1-41　绘图板

2. 丁字尺

丁字尺由尺头和尺身两部分构成,尺头与尺身互相垂直,尺身带有刻度,如图1-42所示。

丁字尺主要用于画水平线,使用时,左手握住尺头,使尺头内侧紧靠图板的左侧边缘,上下移动到位后,用左手按住尺身,即可沿丁字尺的工作边自左向右画出一系列的水平线,如图1-43所示。

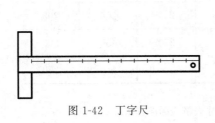

图1-42　丁字尺

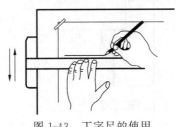

图1-43　丁字尺的使用

3.三角板

三角板由两块组成一副,其中一块是两锐角都等于 45° 的直角三角形,另一块是两锐角各为 30° 和 60° 的直角三角形,如图 1-44 所示。

三角板与丁字尺配合使用,可以画出竖直线及 15°,30°,45°,60°,75° 等倾斜直线及它们的平行线,如图 1-45 所示。

两块三角板互相配合,可以画出任意直线的平行线和垂直线,如图 1-46 所示。

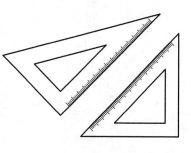

图 1-44　三角板

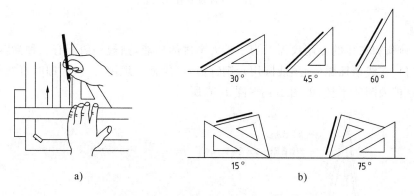

a)　　　　　　　　　　　　b)

图 1-45　三角板与丁字尺配合使用

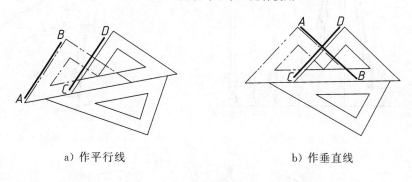

a) 作平行线　　　　　　　　b) 作垂直线

图 1-46　两块三角板配合使用

1.2.2　分规、圆规

1.分规

分规是用来量取线段的长度和分割线段、圆弧的工具,如图 1-47a) 和图 1-47b) 所示。图 1-47c) 表明将已知线段 AB 三等分的试分方法:首先将分规两针张开约 $\dfrac{AB}{3}$ 长,在线段 AB 上连续量取三次,若分规的终点 C 落在点 B 之外,应将张开的两针间距缩短 $\dfrac{BC}{3}$,若终点 C 落在点 B 之内,则将张开的两针间距增大 $\dfrac{BC}{3}$,重新再量取,直到点 C 与点 B 重合为止。此时分规张开的距离即可将线段 AB 三等分。等分圆弧的方法类似等分线段的方法。

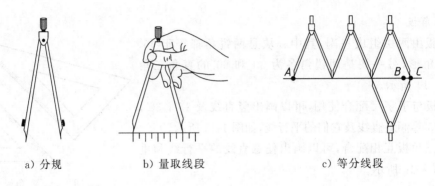

a) 分规　　　　　　　 b) 量取线段　　　　　　 c) 等分线段

图 1-47　分规及其使用方法

2. 圆规

圆规是画圆和圆弧的专用仪器。为了扩大圆规的功能，圆规一般配有三种插腿：铅笔插腿（画铅笔圆用）、直线笔插腿（画墨线圆用）、钢针插腿（代替分规用）。画大圆时可在圆规上接一个延伸杆，以扩大圆的半径，如图 1-48～图 1-50 所示。

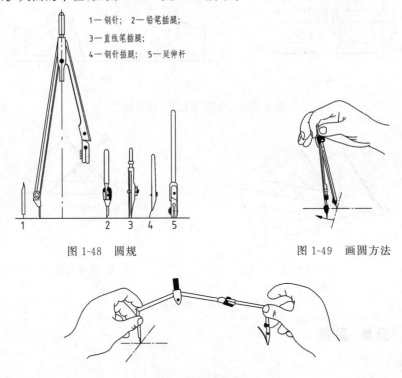

1—钢针；　2—铅笔插腿；

3—直线笔插腿；

4—钢针插腿；　5—延伸杆

图 1-48　圆规　　　　　　　　　　　图 1-49　画圆方法

图 1-50　画大圆

画铅笔线圆或圆弧时，所用铅芯的型号要比画同类直线的铅笔软一号。例如：画直线时用 B 号铅笔，则画圆时用 2B 号铅笔。

使用圆规时需要注意，圆规的两条腿应该垂直于纸面。

1.2.3 绘图用笔

1. 铅笔

绘图所用铅笔以铅芯的软硬程度分类,"B"表示软,"H"表示硬,其前面的数字越大则表示铅笔的铅芯越软或越硬。HB 铅笔介于软硬之间,属于中等。

画铅笔图时,图线的粗细不同,所用的铅笔型号及铅芯的削磨形状也不同,具体选用时,可参考表 1-9。徒手写字宜用磨成锥形铅芯的 HB 铅笔。

表 1-9   **铅笔的应用与分类**

	粗线 b	中粗线 $0.7b$	细线 $0.25b$
型号	B(2B)	HB(B)	2H(H)
铅芯形状	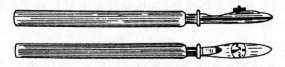		

2. 直线笔

直线笔又称鸭嘴笔,是传统的上墨、描图仪器,如图 1-51 所示。

图 1-51 直线笔

使用直线笔画线时,应在画线前根据所画线条的粗细旋转螺母、调好两叶片的间距,用吸墨管把墨汁注入两叶片之间,墨汁高度以 5~6 mm 为宜。画线时执笔不能内外倾斜,上墨不能过多,否则会影响图线质量,如图 1-52 所示。直线笔插腿装在圆规上可画出墨线圆或圆弧。

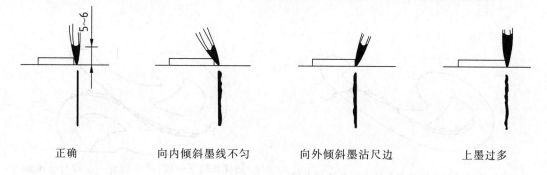

正确   向内倾斜墨线不匀   向外倾斜墨沾尺边   上墨过多

图 1-52 直线笔的用法

3. 针管绘图笔

针管绘图笔是上墨、描图所用的新型绘图笔。针管绘图笔的头部装有带通针的不锈钢针管,针管的内孔直径从 0.1~1.2 mm,分成多种型号,选用不同型号的针管笔即可画出不同线宽的墨线。把针管绘图笔装在专用的圆规夹上还可画出墨线圆及圆弧,如图 1-53、图 1-54 所示。

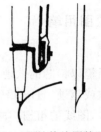

图 1-53　针管绘图笔　　　　　　　　　图 1-54　用针管绘图笔画圆

针管绘图笔需使用碳素墨水,用后要反复吸水把针管冲洗干净,防止堵塞,以备再用。

近几年使用的一次性针管绘图笔,也分多种型号,不需使用碳素墨水即可马上上墨绘图,使用起来更为方便。

1.2.4　其他辅助工具

1. 曲线板

曲线板是描绘各种曲线的专用工具。曲线板的轮廓线是以各种平面数学曲线(椭圆、抛物线、双曲线、螺旋线等)相互连接而成的光滑曲线。

用曲线板描绘曲线时,应先确定出曲线上的若干个点,然后徒手沿着这些点轻轻地勾画出曲线的形状,再根据曲线的几段走势形状,选择曲线板上形状相同的轮廓线,分几段把曲线画出。

使用曲线板时要注意:曲线应分段画出,每段至少应有 3~4 个点与曲线板上所选择的轮廓线相吻合。为了保证曲线的光滑性,前后两段曲线应有一部分重合,如图 1-55 所示。

a) 按相应的作图法作出曲线上一些点　　　　　b) 用铅笔徒手把各点依次连成曲线(底线)

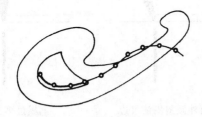
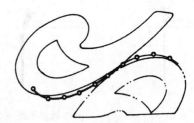

c) 找出曲线板与曲线相吻合的一段画该段曲线　　d) 同样找出下一段,注意应有一小段与已画曲线段重合,所画曲线才会圆滑

图 1-55　用曲线板画曲线

2. 制图模板

为了提高制图的质量和速度,把制图时所常用的一些图形、符号、比例等刻在一块有机玻璃板上,作为模板使用。常用的模板有建筑模板、结构模板、虚线板、剖面线板、轴测模板等。图 1-56 所示为建筑模板。

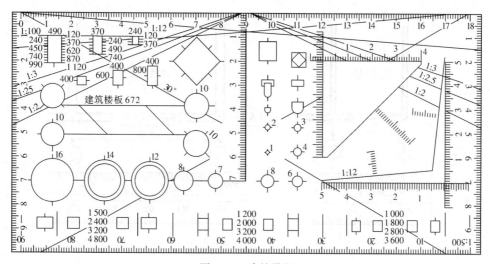

图 1-56　建筑模板

3. 比例尺

比例尺是绘图时用于放大或缩小实际尺寸的一种尺子,在尺身上刻有不同的比例刻度,例如,在百分比例尺上有 1:100,1:200,1:500 等刻度,如图 1-57 所示。

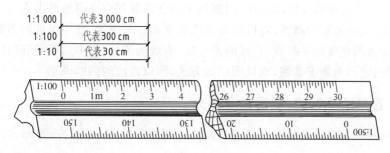

图 1-57　比例尺

比例尺 1:100 就是指比例尺上的尺寸比实际尺寸缩小了 100 倍。例如,从比例尺的刻度 0 量到刻度 3 m,就表示实际尺寸是 3 m(300 cm)。但是这段长度在比例尺上只有 0.03 m(3 cm),即缩小了 100 倍,也就是说,用 1:100 的比例尺画出来的图线长度只有物体实际长度的 1/100。

1:100 的比例尺也可以当作 1:10 或 1:1000 的比例使用。当 1:10 的比例使用时,尺上的 3 m 代表 0.3 m(30 cm);当 1:1000 的比例使用时,尺上的 3 m 代表 30 m(3000 cm)。

图 1-58 说明了用比例尺画房屋建筑图的方法。在画 1:100 的平面图时选用了 1:100 的比例尺,尺上的 3.3 m 就表示实际尺寸 3.3 m(3300 mm)。在画 1:50 的平面图时选用了 1:500 的比例尺,因为 1:50 与 1:500 相差 10 倍,所以在 1:500 的比例尺上需要量取 33 m 才是实际尺寸 3.3 m(3300 mm)。

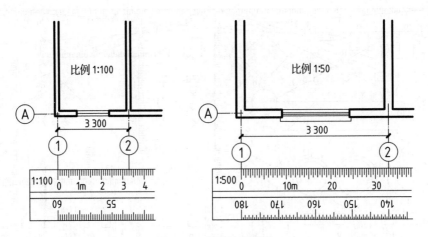

图 1-58　比例尺的用法

1.3　几何图形画法

　　任何工程图,实际上都是由各种几何图形组合而成的。绘图时,对于几何图形,应当根据已知条件,以几何学的原理及作图方法,用制图工具和仪器把它准确地画出来。

　　掌握了基本几何图形的画法,可以提高制图的准确性和速度,且能保证制图的质量。在制图过程中,常会遇到直线的平行线、直线的垂直线、直线的等分、正多边形、圆弧连接、椭圆等画法的几何作图问题。为便于掌握,现以图示的方式,附以画法的简略说明。

1.3.1　直线的平行线、垂直线及等分

　　直线的平行线、垂直线及等分线段等的作法分别如图 1-59～图 1-62 所示。

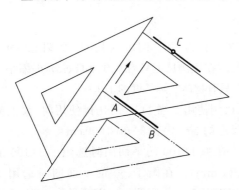

将三角板的一边靠准 AB,再靠上另一三角板,移动前一三角板,使靠准 C 点,过 C 点画一直线,即为所求直线

图 1-59　过已知点 C 作已知直线 AB 的平行线

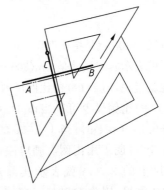

先把三角板一直角边靠准 AB,再靠上另一三角板,移动前一三角板,并把它的另一直角边靠准 C 点,过 C 点画一直线,即为所求直线

图 1-60　过已知点 C 作已知直线 AB 的垂直线

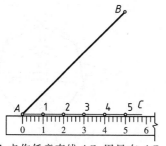

a) 过 A 点作任意直线 AC,用尺在 AC 上截取所要求的等分数(本例为五等分),得 1,2,3,4,5 点

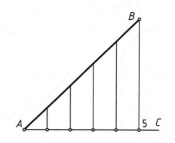

b) 连 B5,过其余点分别作 B5 的平行线,它们与 AB 的交点就是所求的等分点

图 1-61　等分已知线段 AB

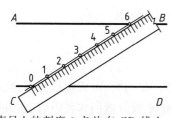

a) 将直尺上的刻度 0 点放在 CD 线上,摆动直尺,使刻度的 6 点落在 AB 线上(本例为六等分),记下 1,2,3,…分点

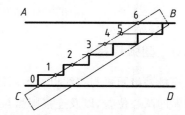

b) 过各分点作 AB(或 CD)的平行线,即得所求的等分距

图 1-62　等分两平行线间的距离

1.3.2　正多边形画法

圆内接的等边三角形、正方形及正六边形,都可以运用 45°,60°,30°三角板配合丁字尺来画出,这里从略,现只列举圆内接正五边形及一般正多边形的一种近似画法,如图 1-63 和图 1-64 所示。

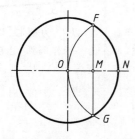

a) 以 N 为圆心、以 NO 为半径作圆弧,交圆于 F,G;连 FG 与 ON 相交得点 M

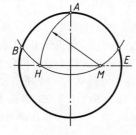

b) 以 M 为圆心、过点 A 作圆弧,交水平直径于 H;再以 A 为圆心、过 H 作圆弧,交外接圆于 B,E

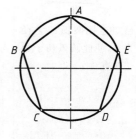

c) 分别以 B,E 为圆心、以弦长 BA 为半径作圆弧,交得 C,D;连 A,B,C,D,E,即为正五边形

图 1-63　圆内接正五边形画法

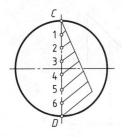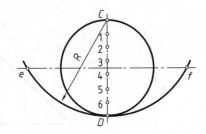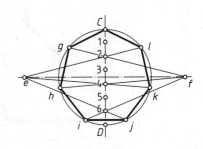

a) 将直径 CD 分为七等分 (因作正七边形),等分法 见前述

b) 以 C 为圆心、以 R = CD 为半径画弧,交中心线于 e,f 两点

c) 分别自 e,f 连 CD 上双数 等分点,与圆周交得 g,h, i,j,k,l 诸点,连 Cg, gh,…,即成

图 1-64　圆内接一般正多边形的近似画法

1.3.3　圆弧连接

圆弧连接是指圆弧与直线以及不同圆弧之间的连接。作图时,可根据已知条件,准确地求出连接圆弧的圆心位置,以及连接圆弧与已知圆弧或直线平滑过渡的连接点(切点)的位置。

两圆弧间的圆弧连接,倘使连接(切)点在已知圆弧的圆心与连接圆弧的圆心的连线上,称为外切;倘在这连线的延长线上,则称为内切。

现将不同的圆弧连接举例列表,如表 1-10 所示。

表 1-10　　　　　　　　　　　　　　　　圆弧连接

名称	已知条件和作图要求	作图步骤		
两直线间的圆弧连接	已知连接圆弧的半径为 R,使此圆弧切于相交两直线 I,II	1. 在直线 I 和 II 上分别任取 a 点及 b 点,自 a,b 作 aa′ 垂直于直线 I,bb′ 垂直于直线 II,并使 aa′=bb′=R	2. 过 a′ 及 b′ 分别作直线 I、II 的平行线,两直线相交于 O;自 O 作 OA 垂直于直线 I,作 OB 垂直于直线 II,A 和 B 即为切点	3. 以 O 为圆心、以 R 为半径作圆弧,连接两直线于 A,B,即完成作图

续　表

名称	已知条件和作图要求	作图步骤			

直线和圆弧间的圆弧连接

已知条件和作图要求：已知连接圆弧的半径为 R，使此圆弧切于直线Ⅰ和中心为 O_1、半径为 R_1 的圆弧

1. 作直线Ⅱ平行于直线Ⅰ（其间距为 R）；再作已知圆弧的同心圆（半径为 R_1+R）与直线Ⅱ相交于 O

2. 作 OA 垂直于直线Ⅰ；连 OO_1 交已知弧于 B，A 和 B 即为切点

3. 以 O 为圆心、以 R 为半径作圆弧，连接直线Ⅰ和圆弧 O_1 于 A，B，即完成作图

两圆弧间的圆弧连接

已知连接圆弧的半径为 R，使此圆弧同时与中心为 O_1，O_2，半径为 R_1，R_2 的圆弧相外切

1. 分别以 (R_1+R) 及 (R_2+R) 为半径、以 O_1，O_2 为圆心，作圆弧相交于 O

2. 连 OO_1 交已知圆弧于 A；连 OO_2 交圆弧于 B，A 和 B 即为切点

3. 以 O 为圆心、以 R 为半径作圆弧，连接两已知圆弧于 A，B，即完成作图

已知连接圆弧的半径为 R，使此圆弧同时与中心为 O_1，O_2，半径为 R_1，R_2 的圆弧相内切

1. 分别以 $(R-R_1)$ 和 $(R-R_2)$ 为半径、以 O_1，O_2 为圆心，作圆弧相交于 O

2. 连 OO_1 交已知圆弧于 A；连 OO_2 交圆弧于 B，A 和 B 即为切点

3. 以 O 为圆心、以 R 为半径作圆弧，连接两已知圆弧于 A，B，即完成作图

已知连接圆弧的半径为 R，使此圆弧与中心为 O_1、半径为 R_1 的圆弧外切，与中心为 O_2、半径为 R_2 的圆弧内切

1. 分别以 (R_1+R) 及 (R_2-R) 为半径、以 O_1，O_2 为圆心，作圆弧相交于 O

2. 连 OO_1 交已知圆弧于 A；连 OO_2 交圆弧于 B，A 和 B 即为切点

3. 以 O 为圆心、以 R 为半径作圆弧，连接两已知圆弧于 A，B，即完成作图

【例 1-1】 抄绘图 1-65a)所示平面图形。

线段分析：所示平面图形的右下角是互相垂直的水平线和竖直线，是能够依据尺寸直接画出的已知圆弧。右上角圆弧(R8)的圆心位置已由尺寸(8,24)给出，也是可以直接画出的已知线段。左下角的圆弧(R12)右端与水平线相切，过切点作垂线可以找到圆心的位置，也是已知圆弧。左上方的大圆弧(R32)和右下侧的圆弧(R12)，它们的圆心位置都没有尺寸给定，是需要通过连接作图才能作出的连接圆弧。

画图步骤：

(1) 作出已知线段——水平线、竖直线和 R8 圆弧[图 1-65b)]；

(2) 作出已知圆弧——R12 圆弧[图 1-65c)]；

(3) 作出连接圆弧——R32 圆弧和 R12 圆弧[图 1-65d)]，参看表 1-10 中的内容；

(4) 标出 T_1，T_2，T_3，T_4，T_5 各切点的位置，并加深图线[图 1-65e)]。

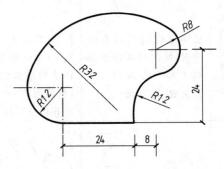

a)

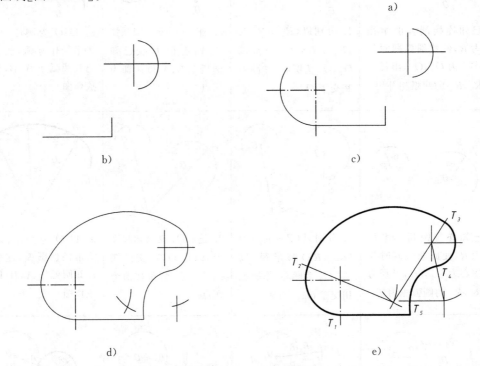

b)　　　　c)

d)　　　　e)

图 1-65　线段分析及连接作图

1.3.4　椭圆画法

椭圆画法较多，这里只列举同心圆法作椭圆、四心圆弧法作近似椭圆以及已知椭圆的共轭轴求其长、短轴后，再选用上法作椭圆或近似椭圆，分别如图 1-66、图 1-67 和图 1-68 所示。通过椭圆上一点 T 的切线，作法如图 1-69 所示。

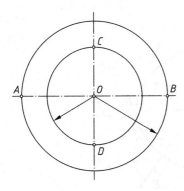

a) 以长、短轴的中心 O 为圆心,分别以 AB,
　 CD 为直径作两个同心圆

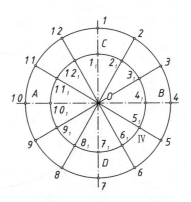

b) 通过 O 点作相当数量的直径,与两个同心
　 圆相交得 $1,2,3,\cdots$ 及 $1_1,2_1,3_1,\cdots$ 点

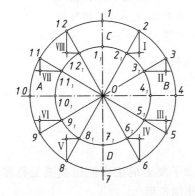

c) 通过 $2,3,5,6,\cdots$ 点画垂直线;通过 2_1,
　 $3_1,5_1,6_1,\cdots$ 点画水平线,它们分别相交
　 得 I,II,III,⋯点

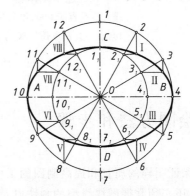

d) 通过 C,I,II,B,III,IV,D,V,VI,A,
　 VII,VIII,用曲线板画出椭圆

图 1-66　同心圆法作椭圆

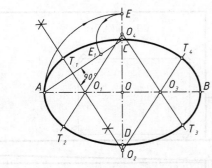

　　设已知椭圆的长、短轴 AB,CD,连接 AC,并作
$OE=OA$,又作 $CE_1=CE$ 及 AE_1 的中垂线,在轴上
得 O_1,O_2 及与之对称的 O_3,O_4,则分别以 O_1,O_2,
O_3,O_4 为圆心,并以 O_1A,O_2C,O_3B 及 O_4D 为半
径作四段圆弧,分别与 O_1O_2,O_1O_4,O_3O_4 及 O_2O_3
的延长线相交于点 T_1,T_2,T_3,T_4,即得近似椭圆

图 1-67　四心圆弧法作近似椭圆

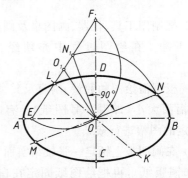

　　设已知椭圆的共轭轴 MN,KL,作 $ON_1\perp ON$,
取 $ON_1=ON$,连 LN_1 并取其中点 O_1,以 O_1 为圆
心,以 O_1O 为半径作圆弧交 LN_1 的延长线于 E,F
两点,然后连线 OE 即为长轴方向,EN_1 为长轴之
半,连线 OF 即为短轴方向,N_1F 为短轴之半,然后
以求得的长、短轴作椭圆

图 1-68　已知椭圆的共轭轴,求其长、短轴后作椭圆

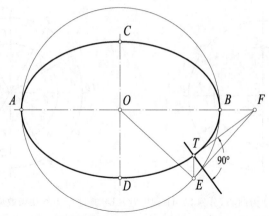

先经过 T 点作直线与短轴平行,得 E 点,过 E 点作直
线 EF 垂直于 OE,得长轴延长线上的 F 点,连接 FT 即为
切线。过 T 点作切线的垂直线即为法线

图 1-69　椭圆上一点的切线作法

1.4　绘图方法和步骤

为了保证图样的质量和提高制图的工作效率,除了要养成正确使用制图工具和仪器的良
好习惯外,还必须掌握图线线型的画法以及正确的绘图步骤。

绘图的步骤及方法随图的内容和各人的习惯不同而不同,这里建议的是一般的绘图步骤
及方法。

1.4.1　绘图前的准备工作

(1) 把制图工具、仪器、画图桌及画图板等
用布擦干净。在绘图过程中亦须经常保持
清洁。

(2) 根据需绘图的数量、内容及其大小,选
定图纸幅面大小(即哪一号图纸)。有时还要
按照选定的图幅进行裁纸。

(3) 在画图板上铺定一张较结实而光洁的
白纸(如铜版纸),再把绘图纸固定在白纸上。
如果绘图纸较小,应靠近左边来固定,使离画
图板左边约 5 cm,离下边 1～2 倍的丁字尺宽
度,如图 1-70 所示。

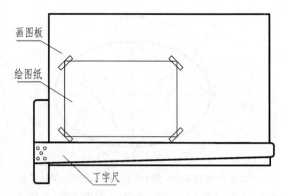

图 1-70　较小图纸在画图板上的位置

(4) 把必需的制图工具和仪器放在适当位置(例如,放在图板右外侧的桌子上),然后开始
绘图。

1.4.2　画稿线

一般用 H 或 2H 铅笔画轻细稿线。

(1) 先画图纸幅面线、图框线、图纸标题栏外框及分格线等。

(2) 安排整张图纸中应画各图的位置,按采用的比例并同时考虑预留标注尺寸、文字注释、各图间的净间隔等所需的空间,务使图纸上各图安排得疏密匀称,并使既节约图幅而又不拥挤。

(3) 应根据需画图形的类别和内容来考虑先画哪一个图形。例如,画独立的或各自成组的图,可以从左上方的一个图或一组图开始[1],又如画房屋的平面图和与之上下对正的立面图,则先从左下方画平面图开始,然后再对准画立面图[2]。

逐个绘制各图的轻细铅笔稿线,包括画上尺寸界线、尺寸线、尺寸起止符号(起止短线或箭头)等稿线以及铅笔注写尺寸数字等。

画完一个图或一组图后,再画另一个图或另一组图。

倘若画的图中有轴线或中心线,应先画轴线或中心线,再画主要轮廓线,然后画细部的图线。

对于图例可以不画稿线,或只画一小部分稿线,在以后画墨线或铅笔加深时再直接画上。

(4) 画其他图线如剖切位置线、符号[3]等。

(5) 按照字体要求,画好格子稿线,书写各图名称、比例、剖切编号[4]、注释文字等字稿,注意字体的整齐、端正。

(6) 完成各图稿线,经自己校对无误后,才可画墨线或加深铅笔线。

1.4.3　画墨线

画墨线过程中,应注意图线线型正确和粗细分明、连接准确和光洁、图面整洁。

制图作业最粗图线的具体粗度,见有关作业指示书。

墨线宽度的中心线,除特殊情况外,应和铅笔稿线重合。如图 1-71 所示。

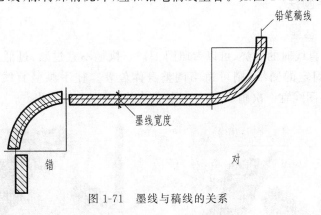

图 1-71　墨线与稿线的关系

---

① 见第 2 章。

② 见第 3 章。

③ 剖切位置线、符号见第 2 章。

④ 剖切编号见第 2 章。

用直线笔画墨线,应先在与图纸相同的纸片上试画,凭眼估计来确定所需图线的宽度后(有时可用尺来估量),再画到图纸上。直线笔每次添上墨水前,都应先擦干净;添上墨水和调整图线的宽度时,都要经过试画,才能画在图纸上。

画墨线并没有固定的先后次序,它随图的类别和内容而定。可以先画粗实线、虚线,后画细线,也可以从先画细线开始。为了避免触及未干墨水和减少待干时间,一般是先左后右、先上后下地来画粗墨线。

如果图中有轴线或中心线,则先画轴线或中心线;如果图中有折断线或波浪线,常先画折断线或波浪线。

对于圆或圆弧,应先画表示圆心位置的相交中心线,并注意圆心位置应交于线段,不可以用点画线中的点代替圆心。

注意任何图线都不得穿交尺寸数字或注释文字,当不能避免时,则将这种图线断开,以保证尺寸数字或注释文字的清晰和完整。

画墨线的步骤基本上和画稿线相同。当画完各图的墨线后,用绘图小钢笔书写尺寸数字、注释文字、各图名称及标题栏内文字(也须先写字稿),经校对无误,取下图纸,并裁正之,此图才告完成。

1.5 徒手画图

不用绘图仪器和工具,而以目估比例的方法用手画出图来,称为徒手画图。

实际工作中,例如在选择视图、配置视图、实物测绘、参观记录、方案设计和技术交流过程中,常常需要徒手画图。因此,徒手画图是每个工程技术人员必须掌握的技能。

徒手画出的图,称为草图,但绝非指潦草的图。草图也要基本上达到视图表达准确、图形大致符合比例、线型符合规定、线条光滑、直线尽量挺直、字体端正和图面整洁等要求。

1.5.1 徒手画法

1. 直线的徒手画法

画水平线和竖直线时的姿势,可以参照图 1-72。执笔不宜过紧、过低。画短线时,图纸可以放得稍斜,对于固定的图纸,则可适当调整身体位置。徒手画竖直线时,应自上往下画,如图 1-72b)所示。图线宜一次画成,对于较长的直线,可以分段画出。

a) 画水平线

b) 画垂直线

图 1-72 徒手画直线的姿势

2. 线型及等分线段的徒手画法

图 1-73 所示为徒手画出的不同线型的线段。图 1-74 所示为目测估计来徒手等分直线，等分的次序如图线上、下方的数字所示。

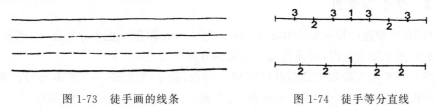

图 1-73　徒手画的线条　　　　　　　　图 1-74　徒手等分直线

3. 斜线的徒手画法

画与水平线成 30°，45° 等特殊角度的斜线，可如图 1-75 所示，按两直角边的近似比例关系，定出两端点后连接画出；也可以采取近似等分圆弧的方法画出。

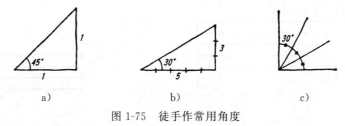

a)　　　　　　　　　b)　　　　　　　　　c)

图 1-75　徒手作常用角度

4. 圆的徒手画法

画直径较小的圆时，可如图 1-76a)所示，在中心线上按半径目测定出四点后徒手连成。画直径较大的圆时，则可如图 1-76b)所示，通过圆心画几条不同方向的直线，按半径目测确定一些点后，再徒手连接而成。

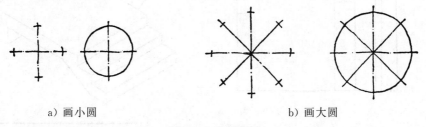

a) 画小圆　　　　　　　　　　　　　　b) 画大圆

图 1-76　徒手画圆

5. 椭圆的徒手画法

已知长、短轴画椭圆，如图 1-77 所示，可先作出椭圆的外切矩形，如椭圆较小，可以直接画出椭圆；如椭圆较大，则在画出外切矩形后，再在矩形对角线的一半长度上目测十等分，并定出七等分的点，依次徒手连接八点（称为八点法），即为求作的椭圆。

图 1-77　由长、短轴徒手作椭圆　　　　　图 1-78　由共轭轴徒手作椭圆

已知共轭轴画椭圆,如图 1-78 所示,可由共轭轴先作出外切平行四边形,其余作法与上述相同。

1.5.2　徒手画视图

徒手画图,一般选用较软的 HB,B 或 2B 铅笔。常在印有淡色小方格纸上,或者在下面衬有小方格纸的透明纸上画图,且使图线尽可能画在格子线上。

画视图步骤与用仪器和工具的画法相同。例如,徒手画出图 1-79 所示梯段的视图时,可按照直接正投影法绘制,先画出 H 面投影,然后画出 V 面投影,再画出 W 面投影。

图 1-79 所示为徒手绘制的该梯段的视图。

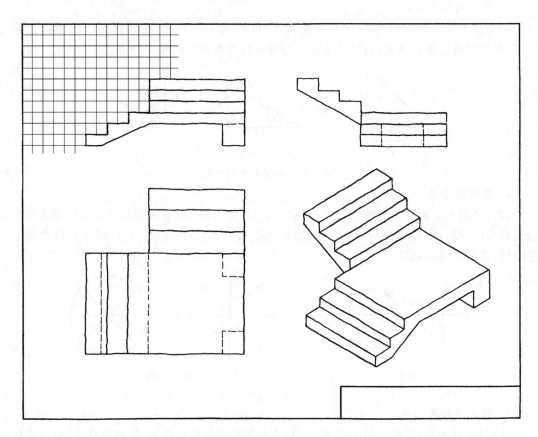

图 1-79　徒手画梯段模型的视图

第 2 章 投影制图

2.1 视图

在画法几何中,若要在一个平面上画出空间物体的图形,可设一个投影面 V,用正投影的方法,通过物体上各顶点,引垂直于投影面 V 的投射线,与投影面交得的图形称为正投影图,如图 2-1 所示。

在工程制图中,运用已学过的画法几何中的正投影法,以观察者处于无限远处的视线来代替正投影中的投射线,将工程形体向投影面作正投影时,所得到的图形称为视图。因此,工程制图中的视图,就是画法几何中的正投影图,画法几何中有关正投影的投影特性均适用于视图。应用画法几何中正投影的方法和规律,研究工程制图的基本方法和基本规律,这部分的内容称为投影制图。本章将

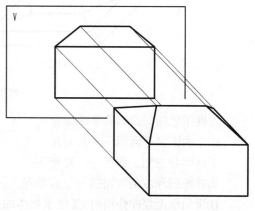

图 2-1 投影和视图

深入讨论如何用图形来表达物体的内、外形状,并在此基础上标注尺寸,从而进一步确定物体的实际大小和各部分的相对位置。

2.1.1 三面视图和六面视图

1. 三面视图

由于一个投影不能完整地反映空间物体的形状和大小,故在画法几何中,设立三个互相垂直的投影面 H、V 和 W,并分别作出物体在三个投影面上的投影,即水平投影、正面投影和侧面投影,如图 2-2a)所示。再把这三个投影面展平在 V 面所在的平面上,就得到图 2-2b)所示的三面投影图。于是,空间物体就可用这组投影图来表示。

在工程制图中,把相当于水平投影、正面投影和侧面投影的视图,分别称为平面图、正立面图和左侧立面图。即平面图相当于观察者面对 H 面,从上向下观看物体时所得到的视图;正立面图是面对 V 面,从前向后观看时所得到的视图;左侧立面图是面对 W 面,从左向右观看时所得到的视图。

在三视图的排列位置中,平面图位于正立面图的下方,左侧立面图位于正立面图的右方,如图 2-2b)所示。正立面图反映了物体的上下、左右的相互关系,即高度和长度;平面图反映了物体的左右、前后的相互关系,即长度和宽度;左侧立面图反映了物体的上下、前后的相互关系,即高度和宽度。

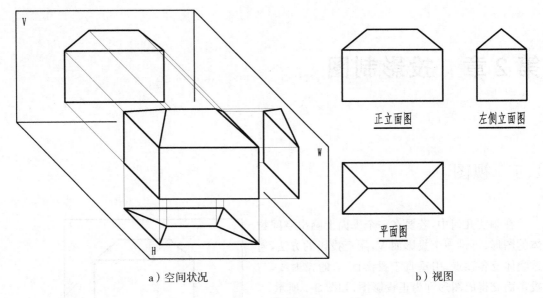

a) 空间状况　　　　　　　　　　　　　　　　　　b) 视图

图 2-2　三面视图

三视图之间的投影联系规律为：

正立面图和平面图——长对正；

平面图和左侧立面图——宽相等；

正立面图和左侧立面图——高平齐。

在应用以上规律作图时,要注意物体的上、下、左、右、前、后六个方位在视图上的表示,特别是前、后面的表示。如平面图的下方和左侧立面图的右方都反映物体的前面,平面图的上方和左侧立面图的左方都反映物体的后面,如图 2-3 所示。

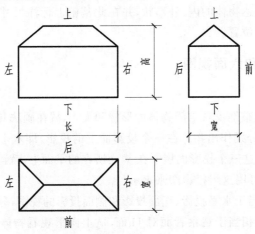

图 2-3　三视图的投影联系规律

2. 六面视图

对于某些工程形体,画出三视图后还不能完整和清晰地表达其形状时,则要增加新的投影面,画出新的视图来表达。若要得到从物体的下方、背后或右侧观看时的视图,则再增设三个分别平行于 H、V 和 W 面的新投影面 H_1、V_1 和 W_1,并在它们上面分别形成从下向上、从后向前和从右向左观看时所得到的视图,分别称为底面图、背立面图和右侧立面图。于是一共有六个投影面和六个视图,通常称为基本投影面和基本视图。图 2-4 为某工程形体的六面视图。

在六视图的排列位置中,平面图位于正立面图的下方,底面图位于正立面图的上方,左侧立面图位于正立面图的右方,右侧立面图位于正立面图的左方,背立面图位于左侧立面图的右方。从图中可以看出,平面图与底面图、正立面图与背立面图、左侧立面图与右侧立面图分别呈对称图形,仅在图形内的虚、实线有所不同。

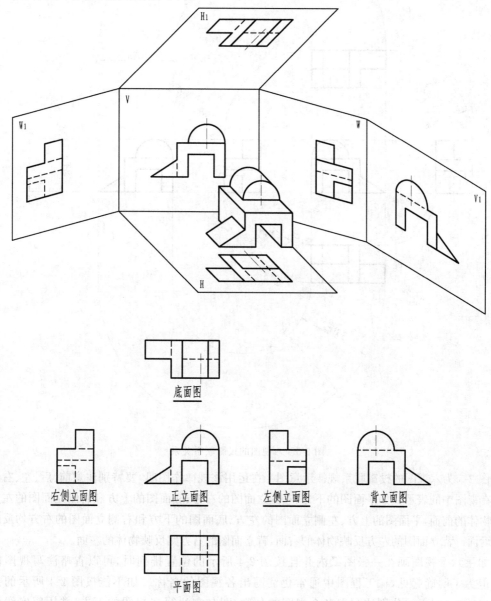

图 2-4　六面视图

六面视图之间的投影联系规律为:

正立面图、平面图、底面图和背立面图——长对正;

平面图、左侧立面图、底面图和右侧立面图——宽相等;

正立面图、左侧立面图、右侧立面图和背立面图——高平齐。

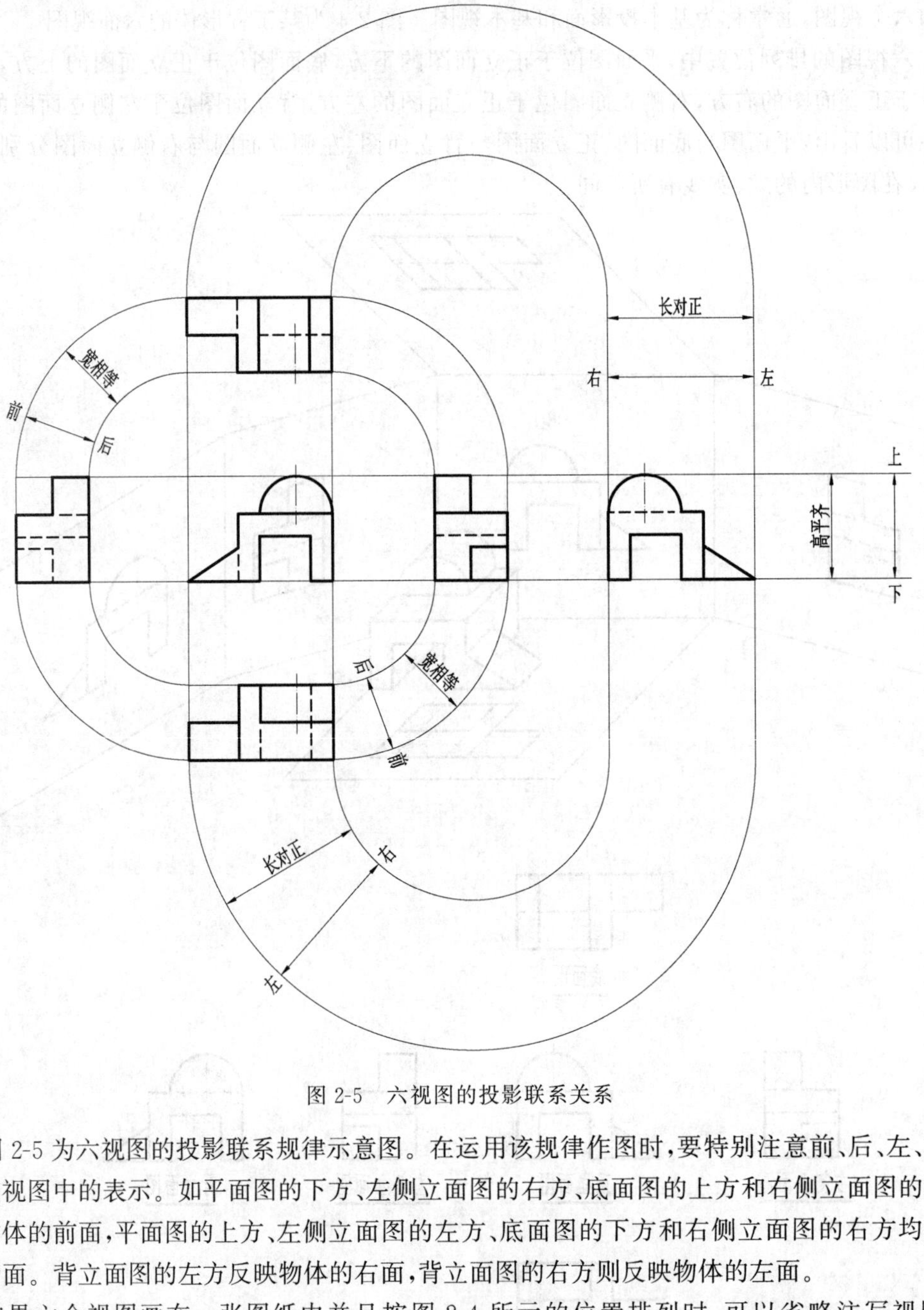

图 2-5　六视图的投影联系关系

　　图 2-5 为六视图的投影联系规律示意图。在运用该规律作图时,要特别注意前、后、左、右四个方位在视图中的表示。如平面图的下方、左侧立面图的右方、底面图的上方和右侧立面图的左方均反映物体的前面,平面图的上方、左侧立面图的左方、底面图的下方和右侧立面图的右方均反映物体的后面。背立面图的左方反映物体的右面,背立面图的右方则反映物体的左面。

　　如果六个视图画在一张图纸内并且按图 2-4 所示的位置排列时,可以省略注写视图的名称。但为了明确起见,在工程图中通常仍注写出各视图的名称。如不能按图 2-4 所示的排列配置视图时,则必须分别注写出各个视图的名称,图名宜注写在视图的下方,并用粗实线画出图名线,如图 2-6 所示。该图示轴测图中的箭头和字母表示向该投影面的观看方向。

　　对于房屋建筑,由于图形较大,一般都不可能将所有视图排列在一张图纸上,因此在房屋工程图中均需注写出各视图的图名。如图 2-7 所示为一幢房屋的多面视图,从图中可看出该房屋四个立面上门、窗及构配件的布置情况都不相同。因此,要完整地表达它的外貌,需要画

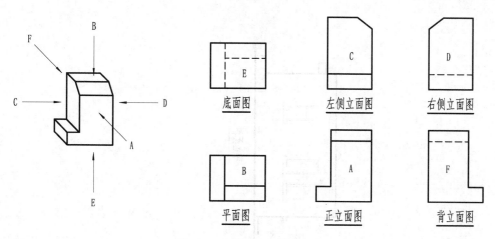

图 2-6 六面视图与投影方向

出四个方向的立面图和一个屋顶平面图。此外,由于房屋建筑通常坐落在地面上,因此一般都不需画出底面图。在房屋建筑工程中,当正立面图和左、右两侧立面图同时画在同一张图纸上时,习惯上常把左侧立面图画在正立面图的左边,而把右侧立面图画在正立画图的右边,即对原左右侧立面图的排列位置进行对换。

由于图 2-7 仅表达房屋的外部形状,因此未画出不可见的轮廓线(虚线)。

2.1.2 镜像视图

当某些工程形体,用直接正投影法绘制的图样不易表达时,可用镜像投影法绘制。但应在图名后注写"镜像"两字。

如图 2-8 所示,把镜面放在物体的下面,代替水平投影面,在镜面中反射得到的图像,则称为"平面图(镜像)"。由图可知,它和用通常投影法绘制的平面图,是有所不同的,二者的视图形状相同,但平面图轮廓线内的虚线变成了平面图(镜像)中的实线,反之亦然。

2.1.3 局部视图

把物体的某一部分向基本投影面作投影,所得到的视图称为局部视图。局部视图只表达物体某个局部的形状和构造。

画局部视图时,一般要用箭头表示它的观看方向,并注写上字母,如图 2-9 中的"A"字,在相应的局部视图上注写"A 向"两字。

当局部视图按投影关系配置,中间又没有其他图形隔开时,可省略注写。如图 2-9 中的平面图,因该平面图的观看方向和排列位置与基本视图的投影关系一致,故不必画出箭头和注写字母。

局部视图的边界线以波浪线或折断线表示,如图 2-9 中的平面图;但当所示部分的局部结构是完整的,且外轮廓线又成封闭时,则无须画上折断线或波浪线,如图 2-9 所示的 A 向局部视图。

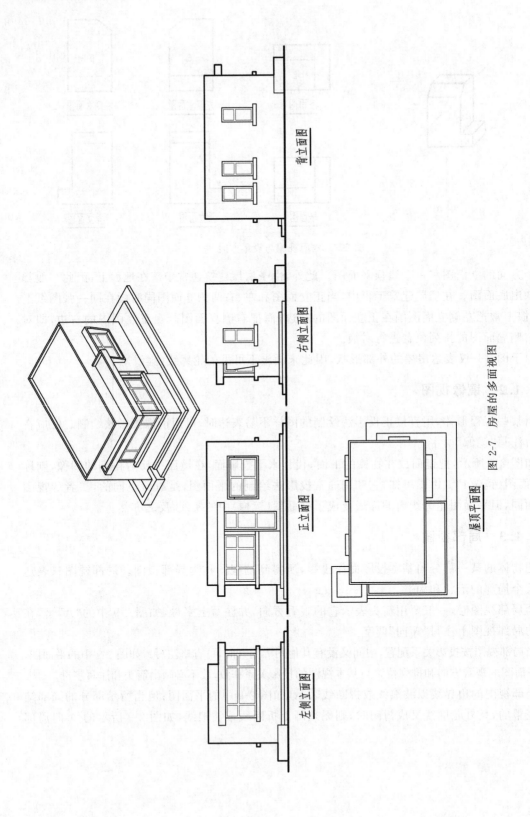

背立面图

右侧立面图

正立面图

左侧立面图

屋顶平面图

图 2-7 房屋的多面视图

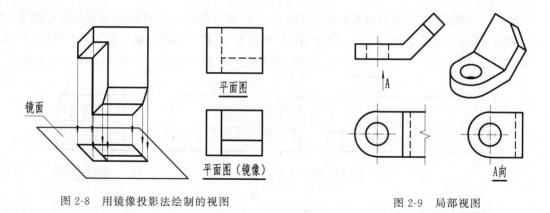

图 2-8　用镜像投影法绘制的视图　　　　　　　图 2-9　局部视图

2.1.4　斜视图

当物体的某一个面倾斜于基本投影面时,可加设一个与该倾斜面平行的投影面并进行投影,所得到的视图称为斜视图。

画斜视图时,必须用箭头指明投影方向,并用大写拉丁字母予以编号,如图 2-10 中"A"字,在相应斜视图的下方注写"A 向"两字。这些字均沿水平方向书写。

斜视图可布置在箭头所指的方向上,如图 2-10a)所示;也可布置在紧靠该箭头所指的位置处,如图 2-10b)所示;必要时,允许将斜视图的图形平移至适当位置,在不致引起误解时,可将图形旋转成水平位置,如图 2-10c)所示,但这时应加注"旋转"两字。

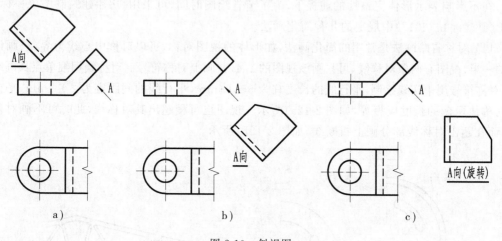

图 2-10　斜视图

斜视图只要求表示出倾斜部分的图形,边界线以波浪线或折断线断开,也可以是完整的轮廓线。而其余部分仍在基本视图中表示。图示 2-10 中的平面图为局部视图。

2.1.5　展开视图

平面形状曲折的建筑物,可绘制展开立面图。圆弧形或多边形平面的建筑物,可分段展开绘制立面图,但均应在图名后加注"(展开)"。

如图 2-11 所示,把房屋平面图中右边的倾斜部分,假想绕垂直于 H 面的轴旋转展开到平行于 V 面后,画出它的南立面图,但平面图的形状、位置不变,此时的南立面图即为展开视图,图名注写为"南立面图(展开)"。图 2-11 中的东南立面图是一个斜视图,西立面图是一个局部视图。

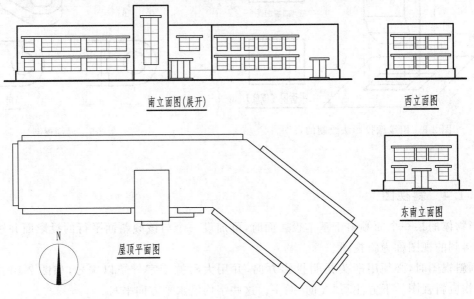

图 2-11　房屋的展开视图

2.1.6　视图的简化画法

在不影响表示形体完整性的前提下,为了节省绘图时间,可采用《房屋建筑制图统一标准》(GB/T 50001—2017)中规定的几种简化画法。

(1) 对称省略画法是常用的简化画法,如形体的视图对称,可以对称中心线为界,只画该视图的一半,视图有两条对称线,可只画该视图的 1/4,并画上对称符号。对称线用细单点长画线绘制,对称符号用中实线绘制,平行线的长度宜为 6～10 mm,平行线的间距宜为 2～3 mm,平行线在对称线两侧的长度应相等,如图 2-12a)所示。视图也可稍超出其对称线,此时可不画对称符号,而在超出对称线部分画上折断线,如图 2-12b)所示。

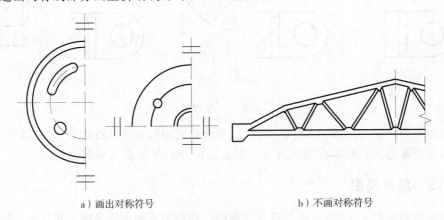

a) 画出对称符号　　　　　　　　　b) 不画对称符号

图 2-12　对称简化画法

（2）构配件内有多个完全相同且连续排列的构造要素,可仅在两端或适当位置画出其完整形状,其余部分以中心线或中心线交点表示,如图 2-13 所示。当相同构造要素少于中心线交点时,则除在适当位置画出其完整形状外,其余部分应在相同构造要素位置中心线交点处用小圆点表示,如图 2-14 所示。

（3）较长的构件,如沿长度方向的形状相同或按一定规律变化,可断开省略绘制,断开处应以折断线表示,如图 2-15 所示。

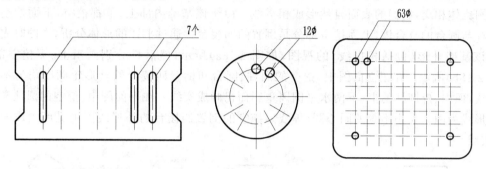

图 2-13　相同要素简化画法（一）

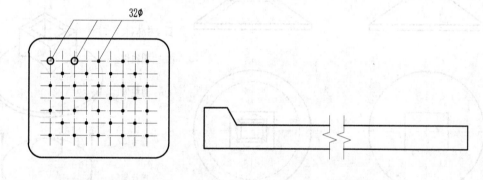

图 2-14　相同要素简化画法（二）　　　　图 2-15　折断简化画法

（4）一个构配件,如绘制位置不够时,可将该构配件分成几个部分绘制,并应以连接符号表示相连。连接符号应以折断线表示需连接的部位,并以折断线两端靠图样一侧的大写拉丁字母表示连接编号。两个被连接的图样,必须用相同的字母编号,如图 2-16 所示。

（5）当所绘制的构件图形与另一构件的图形仅部分不相同时,可只画另一构件不同的部分,但应在两个构件的相同部分与不同部分的分界线处,分别绘制连接符号,两个连接符号应对准同一条线,如图 2-17 所示。

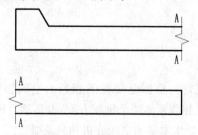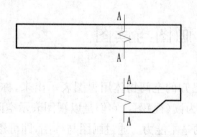

图 2-16　同一构件的连接画法　　　　图 2-17　构件局部不同时的简化画法

2.1.7　形体分析

形状比较复杂的工程形体，一般可以把它看作由若干个简单的基本几何体通过叠合、相交或切割等方法组合而成。这种将工程形体分解成基本几何体组成的方法，称为形体分析法。

图 2-18 是圆锥形薄壳基础的视图及其形体分析。对其外形而言，该基础是由圆柱体、圆锥体和四棱柱体三个基本几何体组合而成。圆柱体的顶面与圆锥体的底面叠合在一起；四棱柱与圆锥体相交，它们的表面自然形成相贯线。由于该基础内部上、下都挖空，下面挖空部分是圆柱与圆台的叠合体，上面挖空部分是倒置的四棱台。通过上述的形体分析，作图时先画出表示该基础外形（包括相贯线）的视图，如图 2-18a) 所示；然后再分别画出上、下挖空部分，如图 2-18b) 所示。在正立面图中，挖空的圆柱、圆台和倒置四棱台的外形轮廓线均为不可见的虚线，但内、外圆柱的上、下两水平圆因重影而仍画成实线。在平面图中，挖空的圆柱和圆台的外形线为两个大小不等的同心圆（虚线），挖空的倒置四棱台的外形线因可见而画成两个矩形（实线）。

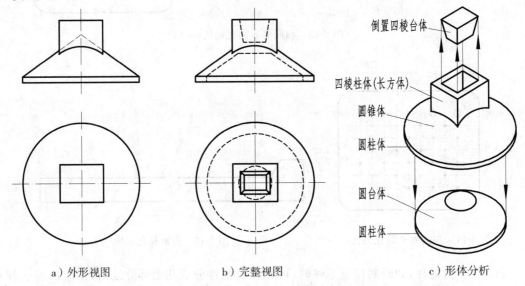

a）外形视图　　　　　　b）完整视图　　　　　　c）形体分析

图 2-18　圆锥形薄壳基础的视图和形体分析

通过形体分析，明确了圆锥形薄壳基础的几何构成，因而能把该基础各部分的形状及其相互关系用适当的视图完整地表达清楚。形体分析不仅是绘制和阅读复杂形体视图的基本方法，也是分析和标注复杂形体尺寸的依据（详见 2.5 节尺寸标注）。

2.2　画图与读图

把已知的空间物体用视图表示出来，称为画（视）图；根据已知视图想象出空间物体的形状、大小，称为读（视）图。它们是以视图表示空间形体互相联系的两个重要方面，也是学习投影制图后应具备的基本能力。通过画图与读图，即可逐步培养学生丰富的空间分析和想象能力。

2.2.1 画图

绘制物体的视图,就是要将物体各组成部分的形状和位置完整、正确地表达出来。一般要经过形体分析、视图选择、比例选择与图幅、画视图底稿、校核成图等几个步骤。

1. 形体分析

任何一个复杂的工程物体,一般都可视为由若干简单的基本几何体通过叠加或切割等方法组合而成,故也称为组合体。

使用形体分析法画图时,就是假想地将组合体分解成若干个基本几何体,然后分别画出它们各自的视图,并根据组合形式(叠加或切割相交)的不同,画出它们之间连接处的交线投影,以完成整个组合体的视图。

2. 视图选择

视图选择的基本要求是,能够用一定数量的视图来完整和清晰地把物体表达出来。视图的选择虽然首先与物体的形状有关,但重要的是物体与投影面的相对位置的选择。以下所阐述的是视图选择的主要原则,遇有矛盾而难以兼顾时,则视具体情况,权衡轻重来取舍处理。

1)物体安放位置

(1)自然位置:画图时物体的位置与物体原来所处的位置一致。例如:一幢房屋总是坐落在地面上的,至于机件则尽可能按照安装位置来安放。

(2)生产位置:使得生产时图、物对照方便的位置。例如:预制混凝土桩,在浇筑时呈水平位置;机械中的轴类零件,在车床上加工时也呈水平位置;等等。

(3)平稳原则:使得物体的主要部分呈水平的位置,且下大上小。例如:锥体,应使底面呈水平位置,且底面在下、顶点在上。

(4)满足视图要求:使得物体主要部分的平面平行于基本投影面,其视图能反映出平面的实形;能够画出其他合适的视图,并使视图数量最少,且能合理使用图幅。

2)正面图的选择

(1)反映物体的主要面:如房屋主要出入口所在的面。

(2)较多地反映物体的形状特征。

(3)反映出物体较多的组成部分:能看到物体上较多的部分,并在正面图中尽量少产生虚线。

(4)照顾到其他视图的选择:如使得倾斜部分的主要平面垂直于某基本投影面,从而可以容易画出斜视图或展开视图。

3. 画视图稿线的步骤

画图步骤应符合视图规律且以画图方便、准确为原则。根据组合体形状复杂程度的不同,可灵活选用下列具体方法中的一种。

(1)根据形体分析,先大后小、先主要部分后次要部分,逐个绘制各基本几何体的视图,以形成组合体的视图。

(2)严格按照投影关系,逐个绘制组合体的各个视图。

(3)上述两种方法混合使用。

如绘制图 2-19 组合体的视图,其画图步骤为:

① 按总尺寸布置各视图的位置,即画出包围该组合体的长方形;

② 作出主要轮廓 ⌐ 形的三面视图；

③ 作出反映半圆柱和圆孔的平面图、切去三棱柱的左侧立面图；

④ 完成圆孔和三棱柱的其余视图。

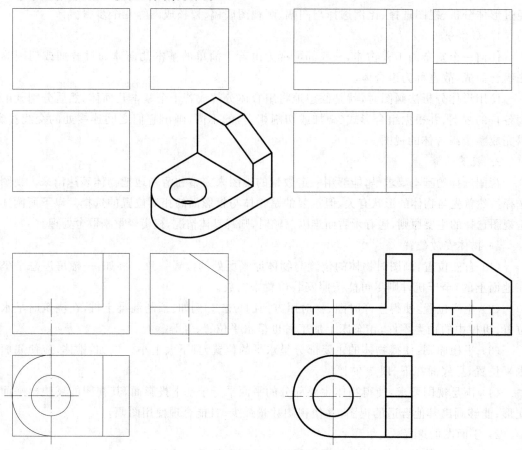

图 2-19　画视图步骤

本例也可以先画底板的三面视图，再画竖板的三面视图；或者先画平面图，再画正面图和左侧立面图。

图 2-20 为支架的画图步骤。

2.2.2　读图

根据组合体的视图，想象出空间物体的形状称为读图。读图的基本方法有形体分析法和线面分析法。

1. 形体分析法

使用形体分析法读图时，需根据视图的特点，把视图按封闭的线框分解成几个部分，每一部分按线框的投影关系，分离出组合体各组成部分的投影。想象出由这些线框所表示的基本几何体的形状和它们之间的组合关系，最后综合想象出物体的完整形状。

读图时，一般以最能反映物体形状特征的正立面图为中心，把相应的视图联系起来看，才能正确、较快地确定物体的空间形状。

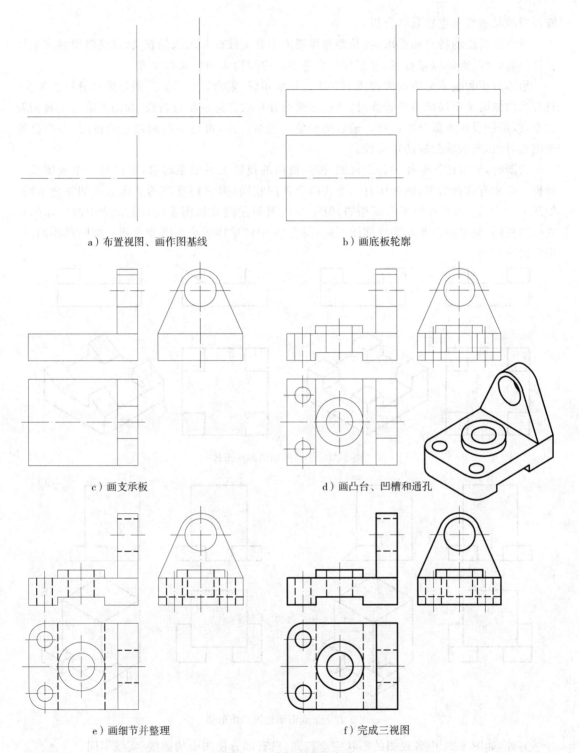

a）布置视图、画作图基线　　　　　　b）画底板轮廓

c）画支承板　　　　　　　　　d）画凸台、凹槽和通孔

e）画细节并整理　　　　　　　　f）完成三视图

图 2-20　支架的画图步骤

2. 线面分析法

即从"线"和"面"的角度去分析物体的形成。因为每一基本几何体都是由面（平面或曲面）组成的，而面又是由线（直线或曲线）所组成的。在阅读较复杂形体的视图时，往往还需要对组

成视图的某些线条进行具体分析。

线面分析法的特点和要求，就是要看懂视图上有关线框和图线的意义，这就需要熟练掌握各种位置的线、面的投影特点，并根据投影想象出空间物体的形状和位置。

形体分析和线面分析这两种读图方法是相辅相成、紧密联系的。一般以形体分析法为主，只有当物体的某个局部不易看懂时，再运用线面分析法作进一步分析线、面的投影含义及相互关系，以帮助看懂该部分的形状。最后把想象出的组合体，再逐一返画出它的视图，并与已知视图相对照，来检验想象的正确性。

读图时，要将已知形体的各个视图，按照视图的投影关系联系起来，不能对单个视图孤立分析。经常有这种情况：两形体有一个或两个视图相同，但它们反映的立体形状却完全不同。如图 2-21 所示，两形体的平面图相同，但正立面图和左侧立面图不同；图 2-22 中两形体的正立面图相同，但平面图和左侧立面图不同；图 2-23 中两形体的平面图和左侧立面图都相同，但正立面图不同。

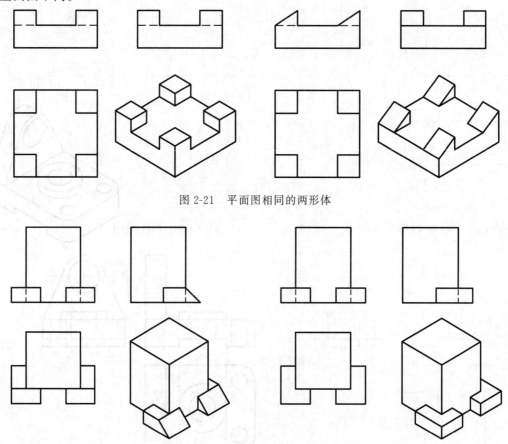

图 2-21　平面图相同的两形体

图 2-22　正立面图相同的两形体

另外，如图 2-24 中各视图的形状完全相同，只有部分视图中的虚线、实线不同。

以上的例子有很多，因此一般情况下不能由一个视图来确定工程形体的空间真实状况。

图 2-25a)为组合体的三视图，以下说明该图的识读方法。

正立面图中由实线表示的三个独立的四边形 a′，b′和 c′。下方的矩形 a′，在平面图和左侧

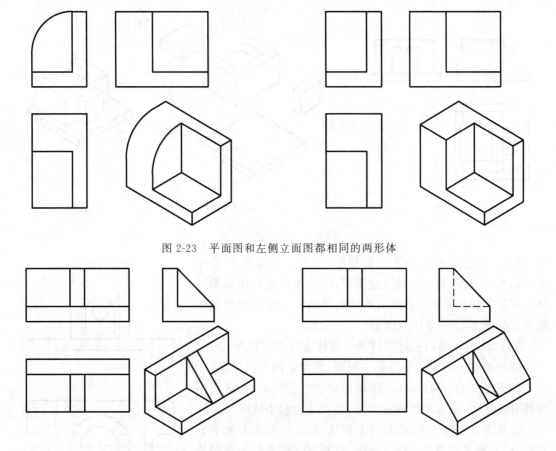

图 2-23 平面图和左侧立面图都相同的两形体

图 2-24 视图只有虚、实线区别的两形体

立面图中对应的也是矩形 a 和 a″，可知 A 是一长方体。

又因正立面图中左方的矩形 b′ 所对应的 b 和 b″ 均是矩形，可知 B 也是一个长方体。

正立面图中右方四边形 c′ 是一个梯形，对应的 c、c″ 均是矩形，故 C 是一个四棱柱，平面图是两个相交的 U 形图形，中间有一个矩形 d。而对应于 d 的正立面图和左侧立面图是虚线围成的梯形 d′ 和矩形 d″，故 D 是一个四棱柱。因而 C 是由一个四棱柱在右上方挖去一个小的四棱柱 D 后所形成的形体。因挖去了 D，使 C 的右上方棱线 E 被中断，因而 e 也是中断的。直线 F 为 D 的底面与 C 的右侧面的交线。

上述四个几何体的形状，如图 2-25b)所示。于是，就形成图 2-25c)所示的组合体。

由已知的两个视图，补画出第三个视图，称为二补三。它可以检查读图的正确性。因为只有在想象出两视图所表示的物体空间形状后，才能正确无误地补画出第三个视图。

若已知图 2-26 中的主视图和俯视图，要求补画出它的左视图。

根据形体分析，可将主视图中的投影分成三个主要线框 a′、b′、c′，作为组成该组合体的三个部分在主视图中的投影。然后分别找出它们在俯视图中的对应投影，并逐个想象出它们的形状，最后根据相对位置综合想象出组合体的形状并补画出左视图。

在图 2-26 中，根据 A 的两个已知投影，可想象出 A 是一块四周有圆角，左、右两侧在前后对称处各开了一个 U 形槽的长方形底板，在底板的中下部挖去了一扁四棱柱体，板的中心有一直径同形体 B 圆筒内径相同的通孔。

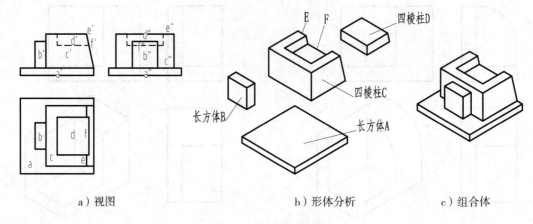

a）视图　　　　　　　　b）形体分析　　　　　　　c）组合体

图 2-25　组合体的读图

同理，根据 B,C 的两个已知投影，可分别想象出 B 是一个在顶部开有左、右通槽的直立圆筒，C 是由四棱柱体和半圆柱体相接组成的并在交接处开有通孔的凸台。综合想象出的组合体如图 2-27 中立体图所示。

图 2-27 为补画出左视图后该组合体完整的三视图。

读识图 2-28a)工程形体的三视图，想象它的空间状况。

根据已知的三视图，为了准确想象它的空间形状，除了用形体分析法外，还可用线面分析法，二者结合起来读图。

先从正立面图入手，按形体分析法，把正立面图分为上下两部分，对照平面图和左侧立面图，可知下部前方是较规则的 Z 字形体，而下部后方是与上部连成一个整体的不规则棱柱。对于它的上部，可用线面分析法进行分析。

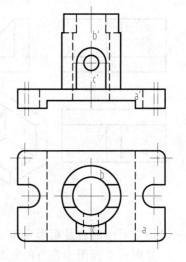

图 2-26　已知组合体两视图

正立图上方的三个实线框，根据"长对正、宽相等、高平齐"的投影联系规律，可看出 a′是梯形，其平面图 a 也是梯形，且上下两边垂直侧面，故 a″积聚为一条直线，是一个侧垂面；b′,b,b″都是三角形，它是一个一般位置平面；d′也是一个梯形，d,d″积聚成水平线和垂直线，是一个正面平行面。另外 c′积聚成一条直线，c,c″为梯形，它是一个正垂面。

再分析平面图：右后方未注字母的三个实线框，按投影规律可看出它们的正立面图和左侧立面图，分析后得知它们分别是水平面、正垂面、水平面。

最后分析视图中的虚线：左侧立面图上一条水平虚线和一条倾斜虚线，它们的正立面图和平面图是正垂的平行四边形右下边及后边的投影；正立面和左侧立面图上的铅垂虚线，是工程形体后面的一个铅垂面分别与后面的正平面、右面的侧平面的交线的投影。

对工程形体作如上分析后，可想象出它的主要部分形状，然后结合投影规律，综合想象出工程形体的空间状况，如图 2-28b)所示。

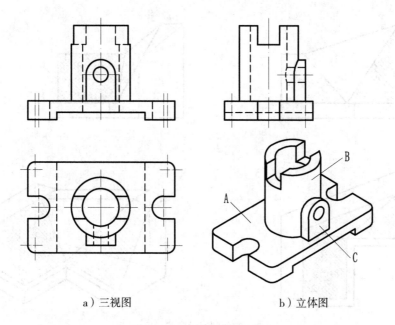

a）三视图　　　　　　b）立体图

图 2-27　组合体的三视图

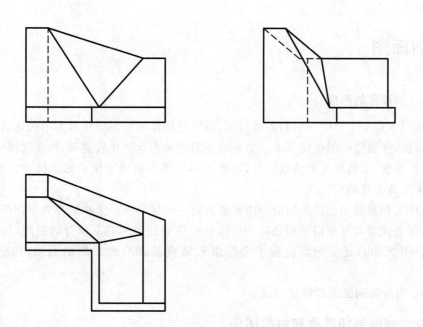

a）工程形体的三视图

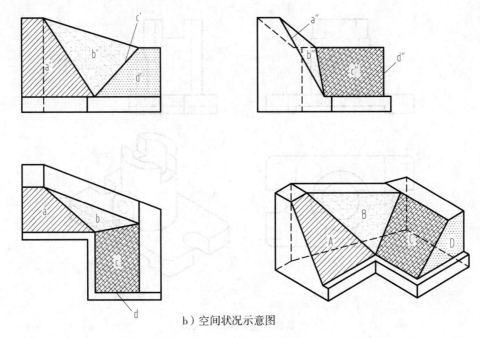

b) 空间状况示意图

图 2-28　用线面分析法读图

2.3　剖面图

2.3.1　剖面图的形成

合理选用本章 2.1 节中介绍的各种视图,可以把物体的外部形状和大小表达清楚,至于物体的内部构造,在视图中用虚线表示。如果物体的内部形状也比较复杂,则在视图中会出现较多的虚线,甚至虚、实线相互重叠或交叉,致使图形含糊不清也不便于标注尺寸。如图 2-29a)所示的圆锥形薄壳基础的视图。

为此,在工程制图中往往采用剖面图来解决这一问题。用一个平面作为剖切平面,假想把形体切开,移去观看者与剖切平面之间的形体后所得到的形体剩下部分的视图,称为剖面图,简称剖面。图 2-29b)是假想切去前半个圆锥形薄壳基础后形成的剖面图,它仍是立体的投影。

图 2-30 为台阶剖面图的形成情况。

2.3.2　剖面剖切符号和材料图例

1. 剖面剖切符号

剖切符号可用两种方法表示:国际通用方法(图 2-31)和常用方法(图 2-32),但同一套图纸应选用一种方法表示。

1) 采用国际通用方法表示时

剖面剖切索引符号应由直径为 8~10mm 的圆和水平直径以及两条相互垂直且外切圆的线段组成,水平直径上方为索引编号,下方为图纸编号,线段与圆之间应填充黑色形成箭头表

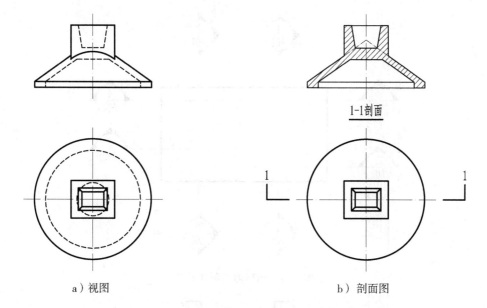

a）视图　　　　　　　　　　b）剖面图

图 2-29　圆锥形薄壳基础的视图和剖面图

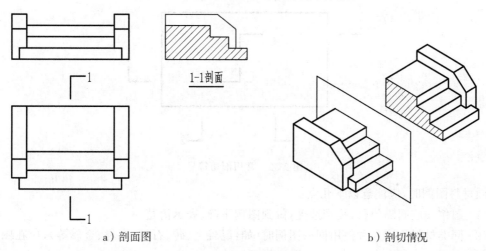

a）剖面图　　　　　　　　　　b）剖切情况

图 2-30　台阶剖面图的形成

示剖视方向,所有线均为细实线。

2）采用常用方法表示时

剖面的剖切符号由剖切位置线（剖切线）和剖视方向线（视向线）组成,均应以粗实线绘制。剖切线长度宜为 6～10mm,视向线应垂直于剖切线,长度宜为 4～6mm,剖切符号不应与其他图线相接触,剖切符号的编号宜采用阿拉伯数字,并水平注写在视向线的端部。

3）剖面剖切的顺序

剖切顺序应由左至右,由下至上连续编排。

2. 材料图例

按国家制图标准规定,画剖面图时在断面部分应画上物体的材料图例,常用建筑材料的图例可参阅第 1 章制图基本规格中的有关内容。当不注明材料种类时,则可用等间距、同方向的 45°细线（称为图例线）来表示,如图 2-30a)所示。

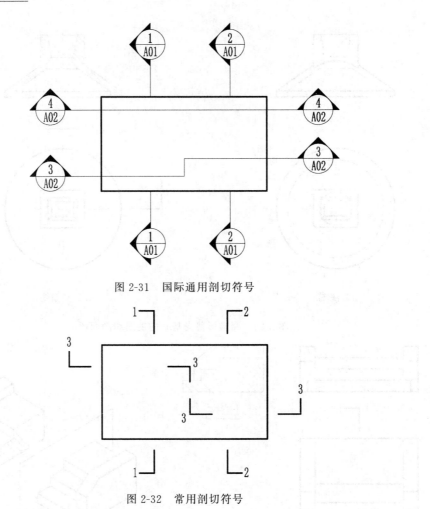

图 2-31　国际通用剖切符号

图 2-32　常用剖切符号

画材料图例时,应注意以下几点:

(1) 图例线应间隔匀称,疏密适度,做到图例正确、表示清楚。

(2) 同类材料不同品种使用同一图例时(如:混凝土、砖、石材、木材、金属等),应在图上附加必要的说明。

(3) 两个相同的图例相接时,图例线宜错开或倾斜方向相反,如图 2-33 所示。

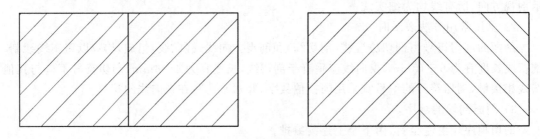

图 2-33　相同图例相接时画法

(4) 对于图中狭窄的断面,画出材料图例有困难时,则可予以涂黑或涂灰表示。两个相邻的涂黑或涂灰图例间应留有空隙,其净宽度不得小于 0.5 mm,如图 2-34 所示。

（5）面积过大的建筑材料图例，可在断面轮廓线内，沿轮廓线局部表示，如图 2-35 所示。当一张图纸内的图样，只用一种建筑材料时，或图形小而无法画出图例时，可不画材料图例，但应加文字说明。

图 2-34　相邻涂黑图例的画法　　　　　　　　图 2-35　局部表示图例的画法

2.3.3　剖面图画法

根据剖切方式的不同，剖面图有全剖面图、半剖面图和局部剖面图等。

1. 全剖面图

沿剖切面把物体全部剖开后，画出的剖面图称为全剖面图。全剖面图往往用于表达外形不对称的物体。根据剖切平面的数量和剖切平面间的相对位置，可分为用单一的剖切面剖切、用两个或两个以上平行的剖切面剖切和用两个相交的剖切面剖切三种情况。

1）用一个剖切面剖切

用一个剖切平面把物体全部剖开后所得到的剖面图，如图 2-29b）即为圆锥形薄壳基础的全剖面图。

图 2-36a）为一幢房屋的三个视图，除了用正立面图表示房屋的正立面外形外，还选用平面图和 1—1 剖面表示房屋的内部情况。

平面图是由一个水平的剖切面假想沿窗台上方将房屋切开后，移去上面部分，再向下投影而得到，如图 2-36b）所示。该平面图实际上是一个全剖面图，但在房屋图中习惯上称为平面图，因其水平剖切面总是位于窗台上方，故在正立面图中也不标注剖面剖切符号。平面图能清楚地表达房屋内部各房间的分隔情况、墙身厚度，以及门窗（按规定的建筑图例画出）的数量、位置和大小。

1—1 剖面也是一个全剖面图，假想用一个平行于侧立投影面的剖切平面将房屋切开，移去房屋的左面部分，再从左向右投影而得，如图 2-36c）所示。1—1 剖面清楚地表达了屋顶、雨篷、门窗、台阶的高度和形状。1—1 剖切符号一般标注在平面图上。

由于采用了两个全剖面图，房屋的内部情况已表达清楚，所以在正立面图中只要画出房屋的外形，不必画出表示内部形状的虚线。在剖面图中剖切平面剖到的砖墙和构件部分，要画出表示其建筑材料的图例。当图形比较小时，也可省略不画。剖切到部分的轮廓线用中粗实线（建筑图中被剖切到的墙、柱轮廓线用粗实线）绘制；剖切面没有切到但沿投射方向可以看到的部分，用中实线绘制。

图 2-37a）为楼梯间的全剖面图，图 2-37b）为 1—1 剖面的空间情况。

2）用两个或两个以上平行的剖切面剖切

当用一个剖切平面剖切物体时，不能把物体内部前后、左右或上下位置的内部构造表达清

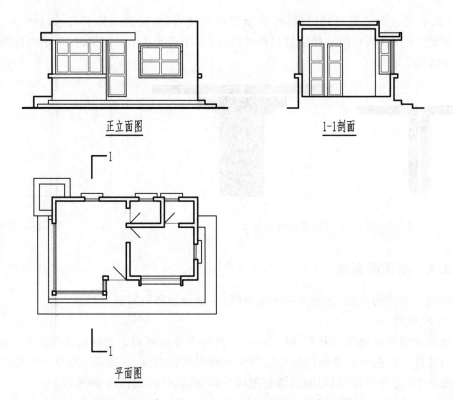

正立面图　　　　　　　　1-1剖面

平面图

图 2-36a)　房屋的正立面图、平面图和 1—1 剖面图

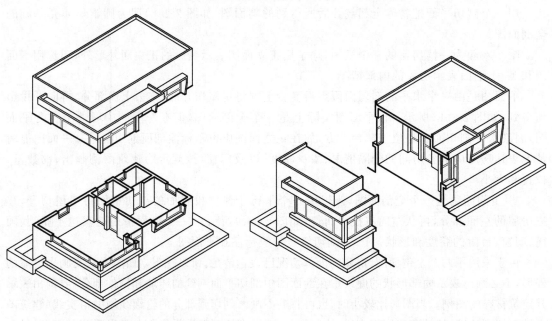

图 2-36b)　房屋平面图的形成示意图　　　图 2-36c)　房屋剖面图的形成示意图

楚，又由于这个物体并不很复杂、无需画两个单一剖面图时，假想把剖切平面作适当转折，即把两个需要的平行剖切平面联系起来，成为阶梯状，把观看者与剖切平面之间的那部分物体移去，然后画出剖面图，如图 2-38 所示的 1—1 剖面。由平面图上转折的剖切线，可知侧面图是两个平行

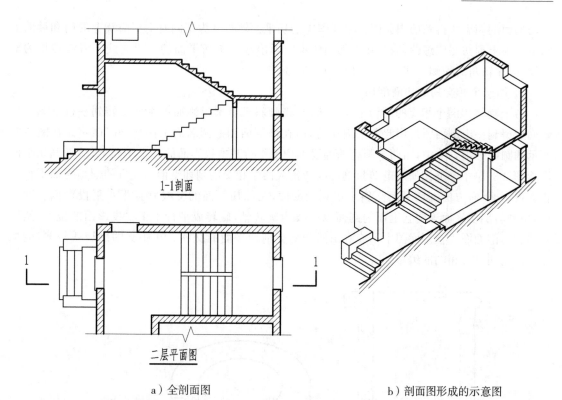

1-1剖面

二层平面图

a）全剖面图　　　　　　　　　　　　　b）剖面图形成的示意图

图 2-37　楼梯间的全剖面图

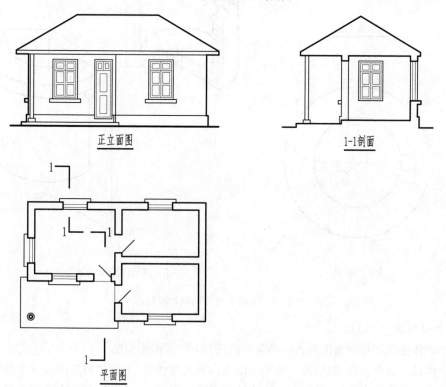

正立面图　　　　　　　　　　　1-1剖面

平面图

图 2-38　房屋的剖面图

剖切平面剖切后所得到的剖面图。平面图中剖切平面转折是为了同时剖到前墙上的门和后墙上的窗。由于剖切是假想的,因此在剖面图中不应画出两个剖切平面的分界交线。需要转折的剖切线,应在转角的外侧加注与该符号相同的编号。

3)用两个相交的剖切面剖切

一个物体用两个相交的剖切平面剖切,并将倾斜于基本投影面的剖面旋转到平行于基本投影面后得到一个剖面图。用此方法剖切时,应在该剖面图的图名后加注"展开"两字。在图 2-39 所示的圆柱形组合体中,因两个圆孔的轴线不位于平行基本投影面的一个平面上,故把剖切平面沿着图 2-39b)中平面图所示的转折剖切线转折成两个相交的剖切平面。左方的剖切平面平行于正立投影面,右方的剖切平面倾斜于正立投影面,两剖切平面的交线垂直于水平投影面。剖切后,将倾斜剖切平面连同它上面的剖面以交线为旋转轴,旋转成平行于正立投影面的位置,然后画出它的剖面图。在剖面图中不应画出两个相交剖切平面的交线。在相交的剖切线外侧,应加注与该剖切符号相同的编号。

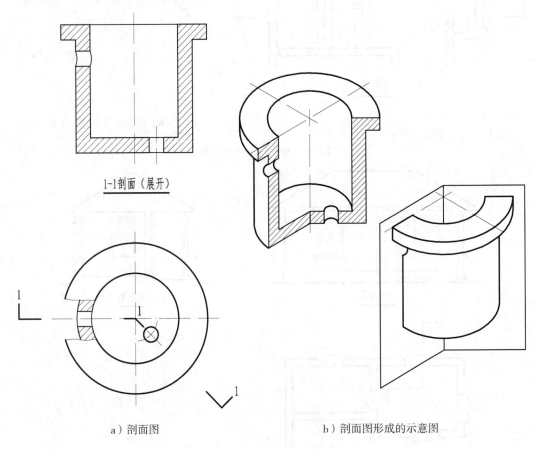

1-1剖面(展开)

a)剖面图　　　　　　　　b)剖面图形成的示意图

图 2-39　用两个相交的剖切面剖切

2. 半剖面图

一个物体由视图和剖面图各占一半合成的图样,称为半剖面图。

当物体具有对称平面,则沿着对称平面的方向观看物体时,所得到的视图或全剖面图也均对称。因而可以对称线为界,一半为表示物体外部形状的视图,另一半为表示物体内部形状的剖面

图,于是形成半剖面图。对称线仍用细单点长画线表示。如图 2-40 中位于正立面图位置的就是
圆锥形薄壳基础的半剖面图。

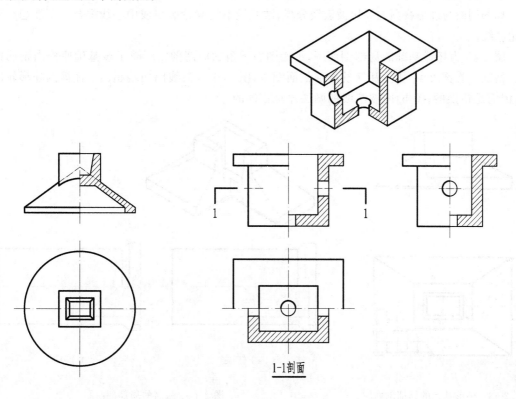

图 2-40 基础的半剖面图   图 2-41 水盘的半剖面图

半剖面图中剖面图的位置,当图形左右对称时,剖面图画在竖直单点长画线的右方,
如图 2-40 中位于正立面位置的半剖面图和图 2-41 中位于正立面图和左侧立面图位置的半剖面
图;当图形上下对称时,剖面图画在水平单点长画线的下方,如图 2-41 中位于平面图位置的半剖
面图和图 2-42 中瓦筒的半剖面图。

当剖切平面与物体的对称平面重合,且半剖面图位于基本视
图的位置时,可以不予标注剖面剖切符号。如图 2-40 中的正立面
图位置的半剖面图和图 2-41 中的正立面图和左侧立面图位置的
半剖面图,均不标注剖面剖切符号。当剖切平面不通过物体的对
称平面,则应标注剖切线和视向线,如图 2-41 中处于平面图位置的
1—1 剖面,就标注了相应的剖切线和视向线。

剖面图中虽然一般不画虚线,但圆柱、圆孔等的轴线仍应画
出,如图 2-41 中的正立面图的左方,画有圆孔的水平轴线。

对于外形简单的物体,虽然内外形状均是对称的,有时仍可画
成全剖面图。

3. 局部剖面图

物体被局部地剖切后得到的剖面图,称为局部剖面图。局部
剖面适用于仅有一小部分需要用剖面图表示的场合,即用于没有

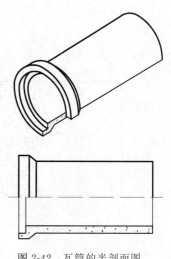

图 2-42 瓦筒的半剖面图

必要用全剖面图或半剖面图的情况,且剖切较为随意。因为局部剖面图的大部分仍为表示外形的视图。故仍用原来视图的名称,且不标注剖切符号。

局部剖面与外形视图之间用波浪线分界,波浪线不能与轮廓线或中心线重合且不能超出外形轮廓线。

图 2-43 为杯形基础的局部剖面图,平面图右下角的局部剖面反映了该基础底板内钢筋的布置情况。在图 2-44 所示瓦筒的局部剖面图中,图 a)中波浪线因两端超出了瓦筒的外形轮廓线,因而是错误的;图 b)中波浪线的画法才是正确的。

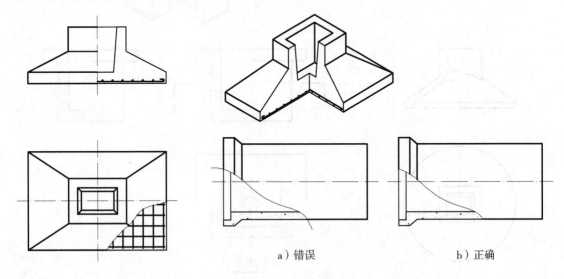

a)错误　　　　　　　　b)正确

图 2-43　杯形基础的局部剖面图　　　　　　图 2-44　瓦筒的局部剖面图

若局部剖面的层次较丰富,可应用分层局部剖切的方法,画出分层剖切剖面图,如图 2-45 所示。图中道路的材料由表及里按层次剖切,以波浪线将各层隔开,注意波浪线不应与任何图线重合。

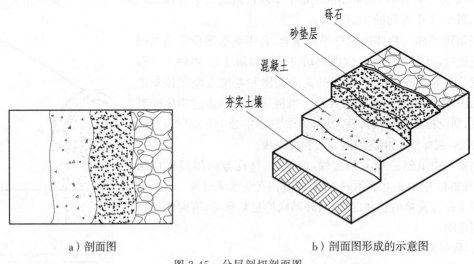

a)剖面图　　　　　　　　　　b)剖面图形成的示意图

图 2-45　分层剖切剖面图

2.3.4　画剖面图注意事项

（1）剖切面位置的选择,除应经过物体需要剖切的位置外,应尽可能平行于基本投影面,或将倾斜剖切面旋转到平行于基本投影面上,此时应在该剖面图的图名后加注"（展开）",并把剖切符号标注在与剖面图相对应的其他视图上。

（2）因为剖切是假想的,因此除剖面图外,其余视图仍应按完整物体来画。若一个物体需要几个剖面图来表示时,各剖面图选用的剖切面互不影响,各次剖切都是按完整物体进行的。

（3）剖面图中已表达清楚的物体内部形状,在其他视图中投影为虚线时,一般不必画出;但对没有表示清楚的内部形状,仍应画出必要的虚线。

（4）剖面图一般都要标注剖切符号,但当剖切平面通过物体的对称平面,且剖面图又处于基本视图的位置时,可以省略标注剖面剖切符号。

2.4　断面图

2.4.1　断面图的形成

当用剖切平面剖切物体时,仅画出剖切平面与物体相交的图形称为断面图,简称断面。图 2-46 为台阶踏步断面图,相当于画法几何中的截断面。可见,断面图仅仅是一个"面"的投影,而剖面图是物体被剖切后剩下部分的"体"的投影。

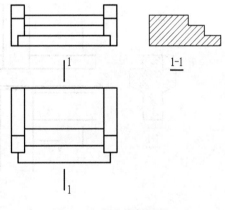

2.4.2　断面剖切符号

（1）断面的剖切符号,只用剖切线表示,并以粗实线绘制,长度宜为 6～10 mm。

（2）断面的剖切符号,宜采用阿拉伯数字按顺序连续编号,并注写在剖切线一侧,编号所在的一侧为该断面的剖视方向。

图 2-46　台阶的断面图

2.4.3　断面图画法

根据断面图在视图中的位置,可分为移出断面图、重合断面图和中断断面图三种。

1. 移出断面图

位于视图以外的断面,称为移出断面图。

图 2-46 中台阶的 1—1 断面画在正立面图右侧,称为移出断面图。移出断面的轮廓线用中粗实线画出。

图 2-47a)为一角钢的移出断面图,断面部分用钢的材料图例表示。当移出断面形状对称,且断面图的对称中心线位于剖切线的延长线时,则剖切线可用单点长画线表示,且不必标注剖切符号和断面编号,如图 2-47b)所示。

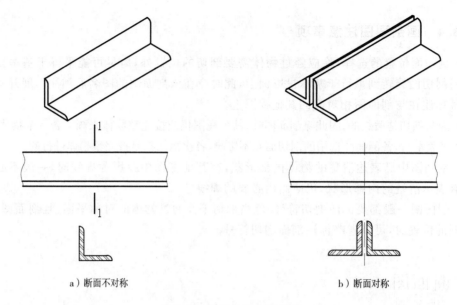

a) 断面不对称　　　　　　　　　　　　　　b) 断面对称

图 2-47　角钢的移出断面图

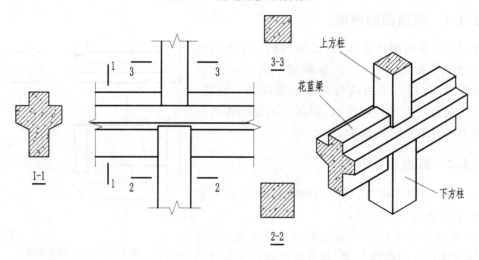

图 2-48　梁、柱的移出断面图

图 2-48 是钢筋混凝土梁、柱节点的正立面图和移出断面图。柱从柱基起直通楼面,现在正立面图中柱的上、下画了折断符号,表示取其中一段,楼面梁左右也画了折断符号。因搁置预制楼板的需要,梁的断面设计成"十"字形,俗称"花篮梁"。花篮梁的断面形状,由 1—1 断面表示。楼面下方柱的断面形状为正方形,由 2—2 断面表示;楼面上方柱的断面形状也为正方形,由 3—3 断面表示。断面图中用图例表示梁、柱的材料均为钢筋混凝土。

2. 重合断面图

重叠在视图之内的断面图,称为重合断面图。

图 2-49a)为一角钢的重合断面图,它是假想把剖切得到的断面图形,绕剖切线旋转 90°后,重合在视图内而成。通常不标注剖切符号,也不予编号。又如图 2-49b)所示的断面是以剖切位置线为对称中心线,剖切线改用单点长画线表示。

为了与视图轮廓线相区别,重合断面的轮廓线用细实线画出。当原视图中的轮廓线与重

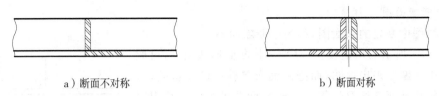

a）断面不对称　　　　　　　　　　　　b）断面对称

图 2-49　角钢的重合断面图

合断面的图线重叠时,视图中的轮廓线仍用粗实线完整画出,不应断开。断面部分应画上相应的材料图例。

图 2-50 所示为屋面结构的梁、板断面重合在结构平面图上的情况。因梁、板断面图形较窄,不易画出材料图例,故予以涂黑或涂灰表示。

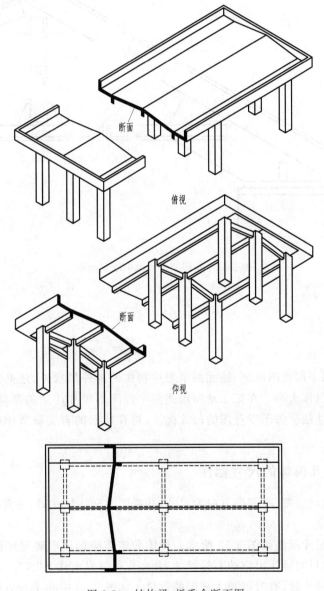

断面

俯视

断面

仰视

图 2-50　结构梁、板重合断面图

3. 中断断面图

位于视图中断处的断面图,称为中断断面图。

如图 2-51 所示的角钢较长,且沿全长断面形状相同,可假想把角钢中间断开画出视图,而把断面布置在中断位置处,这时可省略标注断面剖切符号等。中断断面图可视作为移出断面图的特殊情况。

图 2-52 为钢屋架杆件的中断断面图。

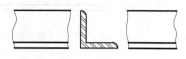

图 2-51　角钢的中断断面图

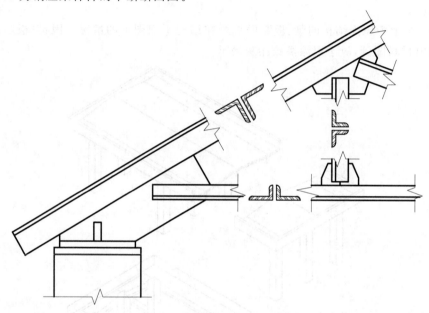

图 2-52　钢屋架杆件的中断断面图

2.5　尺寸标注

在工程图中,除了用视图或剖、断面图来表达物体的内外形状外,还必须标注出物体的实际尺寸以明确它的具体大小。在第 1 章所阐述的平面图形尺寸注法的基础上,本节介绍几何体和组合体的尺寸注法。关于专业图的尺寸标注,将在后面的有关章节中结合专业图的图示特点作详细叙述。

2.5.1　基本几何体的尺寸标注

任何几何体都有长、宽、高三个方向的尺寸,在视图上标注尺寸时,通常要把反映三个方向大小的尺寸标注齐全。

基本几何体的尺寸标注如图 2-53 所示。柱体和锥体应标注出确定底面或端面形状的尺寸和高度尺寸;球体只要标注出它的直径尺寸,并在直径符号前注上"S"。

当几何体标注尺寸后,有时可减少视图的数量。如图 2-53 中除了长方体仍需由三个视图来表示以外,其余的柱体、锥体和台体均可由两个视图来表示。对图中所示的几何体而言,它

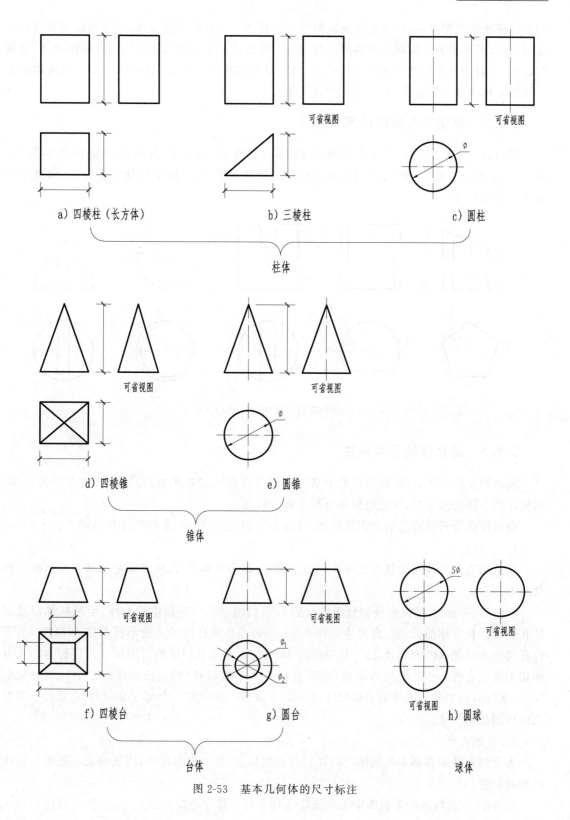

图 2-53　基本几何体的尺寸标注

们各自所选的视图之一,应当是表示底面形状的视图。圆柱体或圆锥体,当标出底圆直径和高度尺寸后,可省去表示底圆形状的那个视图。但是仅用一个视图来表示圆柱体或圆锥体,直观性较差,一般还是采用两个视图(其中一个仍应是反映底圆形状的视图)来表示。当球体的某一视图上标注球的直径后,就可用一个视图来表示。

2.5.2 带切口几何体的尺寸标注

带切口的几何体,除了注出基本几何体的尺寸外,还要注出确定剖切位置的尺寸,如图 2-54 所示。由于物体与剖切平面的相对位置确定后,切口的交线就完全确定,因此不必标注交线的尺寸。

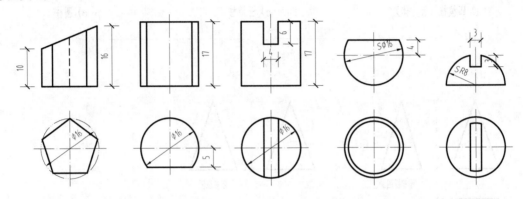

图 2-54　带切口形体的尺寸标注 1:1

2.5.3 组合体的尺寸标注

复杂的工程形体,可以视为由若干基本几何体通过一定方式组合而成,故也称为组合体。在标注组合体的尺寸时,可运用形体分析来标注尺寸。

根据形体分析来标注组合体的尺寸,可分为三类:定形尺寸、定位尺寸和总尺寸。

1. 定形尺寸

表示构成组合体的各基本几何体的大小尺寸,称为定形尺寸,用来确定各基本几何体的形状和大小。

如图 2-55 所示,是由底板和竖板组成的 L 形的组合体。底板由长方体、半圆柱体以及圆柱孔组成。长方体的长、宽、高尺寸分别为 30,30,10;半圆柱体尺寸为半径 R15 和高度 10;圆柱孔尺寸为直径 φ15 和高度 10。其中高度 10 是三个基本几何体的公用尺寸。竖板为一长方体切去前上方的一个三棱柱体而成(也可看作是一个五棱柱体)。长方体的三个尺寸分别是 10,30 和 20;切去的三棱柱的定形尺寸为 10,15 和 10。其中第一个尺寸厚度 10 也是两个基本几何体的公用尺寸。

2. 定位尺寸

表示组合体中各基本几何体之间相对位置的尺寸,称为定位尺寸,用来确定各基本几何体的相对位置。

如在图 2-55 所示的平面图中表示圆柱孔和半圆柱体中心位置的尺寸 30、侧立面图中切去的三棱柱到竖板左侧轮廓线尺寸 15 和到底板面的尺寸 10 等都是定位尺寸。

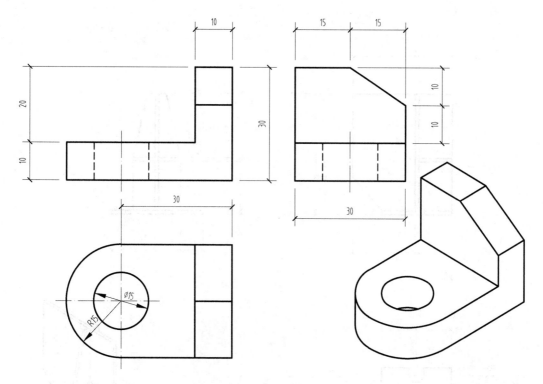

图 2-55　组合体的尺寸标注 1:1

凡是回转体(如圆柱孔)的定位尺寸,应标注到回旋体的轴线(中心线)上,不能标注到圆的边缘。如图 2-55 所示的平面图,圆柱孔的定位尺寸 30 是标注到中心线的。

3. 总尺寸

表示组合体的总长、总宽和总高的尺寸,称为总尺寸。如图 2-55 中组合体的总宽、总高尺寸均为 30,它的总长尺寸应为长方体的长度尺寸 30 和半圆柱体的半径尺寸 15 之和 45,但由于一般尺寸不应标注到圆柱的外形素线处,故本图中的总长尺寸不必另行标注。

当基本几何体的定形尺寸与组合体总尺寸的数字相同时,二者的尺寸合二为一,因而不必重复标注。如图 2-55 中的总宽尺寸 30。

图 2-56 为钢屋架支座节点的尺寸标注和轴测示意图。读者可运用形体分析来区分其定形、定位和总尺寸。

图 2-57 为楼梯梯段的尺寸标注。在平面图中,由于最上一级踏步的踏面与平台面重合,因此在画平面图时,须注意梯段的踏面格数要比该梯段的踏步级数少一。踏步尺寸的习惯注法如 150×8＝1200 等,是踏步定形尺寸与踏步总高尺寸合二为一的注法,给读图带来了方便。立面图中梯段斜板的厚度尺寸是垂直于斜面的,如图中的 100。此外,梯段斜底面两端部产生的交线(平面图中的虚线)由作图确定,故在视图中不必标注定位尺寸。

图 2-58 为连接配件的尺寸标注。在确定各组成部分的定位尺寸后,选取组合体中的主要面为基准面(标注尺寸的起点),定出其他部分的相对位置(定位尺寸)。如图中以"Z"形板的底板顶面为基准,在正立面图中标出圆孔高度方向的定位尺寸 100。因图形左右对称,两块三棱柱肋板间可只标注相对定位尺寸 270,考虑到长度方向组成封闭尺寸,在肋板左、右两侧各增加定位尺寸 115。

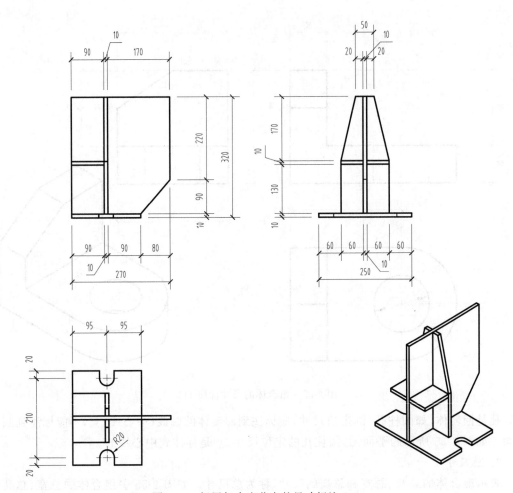

图 2-56　钢屋架支座节点的尺寸标注 1:10

在房屋施工图中，考虑到施工和读图方便，防止尺寸遗漏和临时计算，每道尺寸应为封闭的尺寸链（即小尺寸之和等于总尺寸），允许出现多余尺寸或重复尺寸，如图 2-56 中钢屋架支座节点的尺寸标注。

2.5.4　剖面、断面图中的尺寸标注

在剖面、断面图中，除了标注工程形体的外形尺寸外，还必须标注出内部构造的尺寸。

图 2-59 所示为一杯形基础。正立面图画成全剖面图，因杯形基础的外形简单，故可不画半剖面图而画成全剖面图。又因该基础前后对称，剖切平面与对称平面重合，且剖面图位于正立面图位置，故平面图中不标注剖切符号。剖面图中竖向尺寸 960 和 240 分别表示杯口的深度和杯底的厚度；平面图中水平尺寸 200，80，720 等则表示杯口在长度方向的定形和杯底的定位及定形尺寸。在表示结构配筋的剖面图上不画材料图例。

平面图中采用了局部剖面来表示底面钢筋的水平配置情况。图中 $\phi 12@200$，$\phi 8@200$ 是钢筋混凝土构件中钢筋尺寸的一种表示方法，其中，@是相等中心距的代号，数字 200 表示相邻钢筋的中心距。

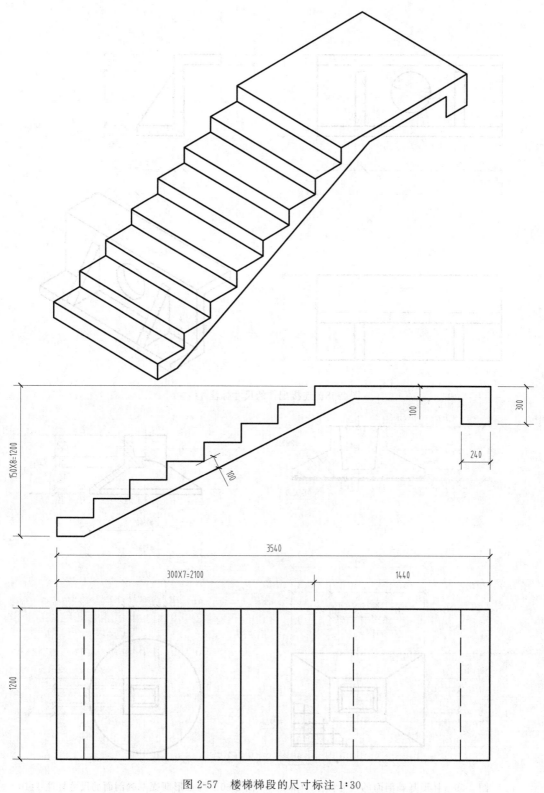

图 2-57　楼梯梯段的尺寸标注 1:30

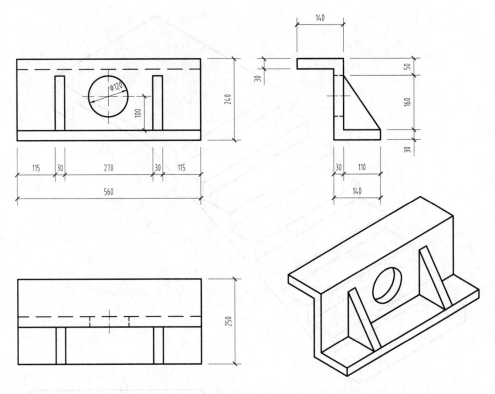

图 2-58 连接配件的尺寸标注 1∶10

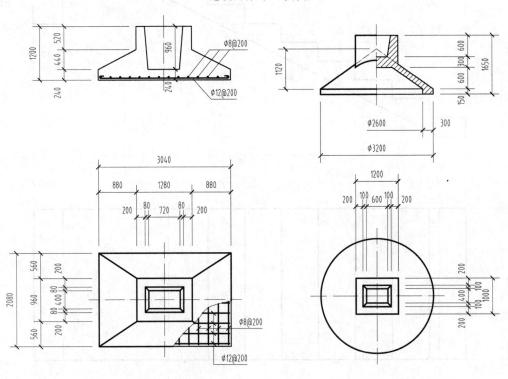

图 2-59 杯形基础剖面的尺寸标注 1∶80   图 2-60 圆锥形薄壳基础剖面的尺寸标注 1∶100

图 2-60 为圆锥形薄壳基础的视图。
正立面图采用了半剖面图,以对称中心线
为界,左半部分表示基础的外形,右半部
分表示基础的内部形状,相应尺寸就近标
注在剖面轮廓线的一侧。在半剖面图中
标注整体尺寸时,只画出剖面侧的尺寸界
线和尺寸起止符号,尺寸线稍许超过对称
中心线,而尺寸数字是指整体的尺寸,如
图 2-60 所示圆锥形薄壳基础的半剖面图
中的 $\phi 2\,600$ 和图 2-61 所示瓦筒的半剖面
图中的 $\phi 606$ 和 $\phi 480$。

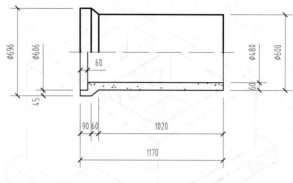

图 2-61　瓦筒剖面的尺寸标注 1:30

在图 2-60 所示圆锥形薄壳基础中,由于下面挖空圆台的顶圆是自然形成的,故不必再标
注出它的直径。

图 2-62 所示为一工程形体。为了清楚地表达物体的内部构造,采用了两个方向的剖面
图。在正立面图位置为全剖面图。在侧立面图位置的 1—1 剖面由于前后对称,故画成半剖面
图。在剖面图中标注尺寸,除贯彻就近标注的原则外,尺寸数字如标注在剖面图中间,则应把
这部分图例线断开,以避免与尺寸数字相交,如 1—1 剖面中的 30,50,35 等。

外部形状尺寸和内部构造尺寸应分别注出,不要混在一起,如图 2-62 全剖面图中的竖向
尺寸 250,370 和 150,230 等,使读图方便清晰。

断面图中的尺寸标注如图 2-63 所示。与断面图相关的尺寸一般应注写在该断面图上。

2.5.5　工程形体尺寸的配置原则

在工程图中,尺寸的标注除了尺寸要齐全、正确和合理外,还应清晰、整齐和便于阅读。以
下列出尺寸配置的主要原则,当出现不能兼顾的情况时,在注全尺寸的前提下,则应统筹安排
尺寸在各视图中的配置,使其更为清晰、合理。

1. 尺寸标注要齐全

在工程图中不能漏注尺寸,否则就无法按图施工。运用形体分析方法,首先注出各组成部分
的定形尺寸,然后注出表示它们之间相对位置的定位尺寸,最后再注出工程形体的总尺寸。

2. 尺寸标注要明显

尽可能把尺寸标注在反映物体形状特征的视图上,一般可布置在图形轮廓线之外,并靠近
被标注的轮廓线,某些细部尺寸允许标注在图形内,与两个视图有关的尺寸以标注在两视图之
间的一个视图上为宜。此外,还要尽可能避免将尺寸标注在虚线上。

如图 2-55 中平面图上注写反映底板形状特征的尺寸 $\phi 15$、$R 15$ 和 30;侧面图中反映形状
特征的尺寸 15,15,10 和 10;圆柱孔的定位尺寸 30 则布置在平面图和正立面图之间。

3. 尺寸标注要集中

同一个物体的定形和定位尺寸尽量集中,不宜分散。如图 2-55 中,底板的定形和定位尺
寸都集中标注在平面图上。

在工程图中,凡水平面的尺寸一般都集中注写在平面图上,如图 2-64 所示台阶的尺寸。否
则,如左方踏步宽度 300 和右方栏板的厚度 240,就应注写在反映形状明显的正立面图上。

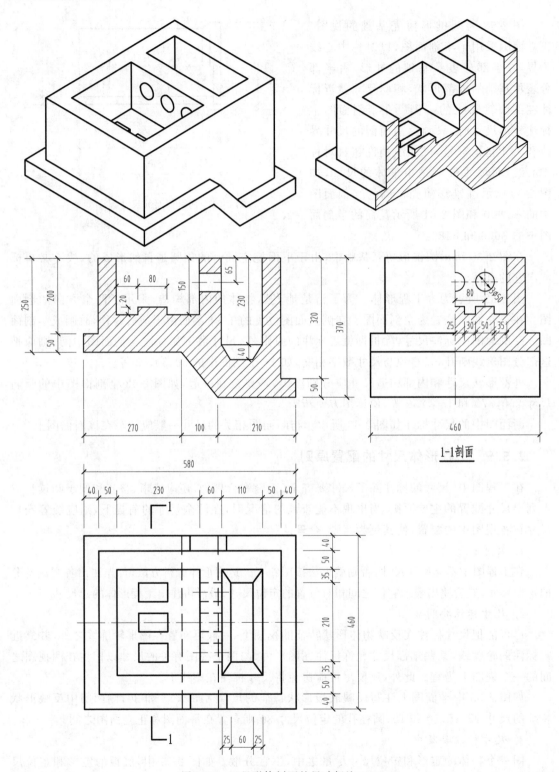

图 2-62 工程形体剖面的尺寸标注 1:10

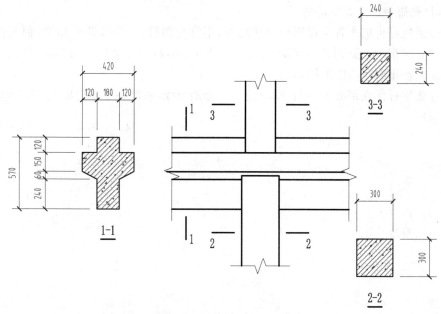

图 2-63　梁、柱节点的断面的尺寸标注 1:30

4. 尺寸标注要整齐

可把长、宽、高三个方向的定形、定位尺寸组合起来排成几道尺寸,从被注的图形轮廓线由近向远整齐排列,小尺寸应离轮廓线较近,大尺寸应离轮廓线较远。平行排列的尺寸线的间距应相等,尺寸数字应注写在尺寸线上方的中间位置,每一方向的细部尺寸的总和应等于总尺寸。标注定位尺寸时,通常对圆弧要从圆心位置标出。

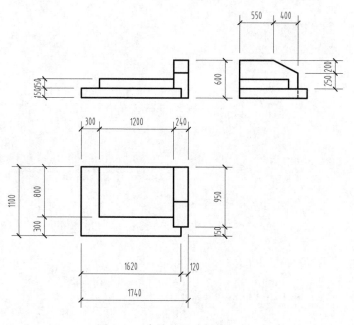

图 2-64　台阶的尺寸标注 1:60

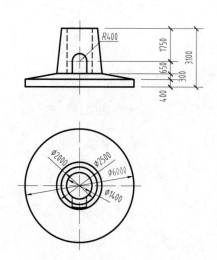

图 2-65　烟囱的尺寸标注 1:200

5. 保持视图和尺寸数字清晰

尺寸一般应尽可能布置在视图轮廓线之外,不宜与图线、文字及符号相交,但某些细部尺寸允许标注在图形内。如图 2-65 烟囱的定形尺寸 $R400$, $\phi6\,000$, $\phi2500$, $\phi2000$ 及 $\phi1\,400$ 都分别标注在正立面图和平面图的图形内。

若尺寸数字标注在剖面图中间,则应把这部分图例线(有时甚至是轮廓线)断开,以保证尺寸数字的清晰。

第 3 章　建筑施工图

3.1　概述

　　建造房屋要经过两个过程,一是设计,二是施工。设计时需要把想象中的房屋用图形表示出来,这种图形统称为房屋工程图,简称房屋图。设计过程中用来研究、比较、审批等反映房屋功能组合、房屋内外概貌和设计意图的图形,称为房屋初步设计图,简称设计图。设计图经过反复修改,进一步深化形成的满足施工要求、为施工服务的图样,称为施工服务的施工图,简称施工图。

3.1.1　房屋的组成

　　建筑物按其使用功能通常可分为工业建筑、农业建筑及民用建筑。工业建筑包括各类厂房、仓库、发电站等;农业建筑包括谷仓、饲养场、杂交试验与研究中心等建筑。在民用建筑中,一般又分为居住建筑和公共建筑两种。住宅、宿舍、公寓等属于居住建筑;学校、宾馆、博物馆以及车站、码头、飞机场和运动场则属于公共建筑。

　　各种不同的建筑物,尽管它们在使用要求、空间组合、外形处理、结构型式、构造方式及规模大小等方面各自有着种种特点,但构成建筑物的主要部分都是基础、墙体(或柱)、楼(地)面、屋顶、楼梯和门、窗等。此外,一般建筑物尚有台阶(坡道)、雨篷、阳台、雨水管、明沟(或散水)以及其他各种构配件和装饰,等等。

　　图 3-1、图 3-2 是一幢四层培训大楼的部分示意图,图中采用了水平剖切和垂直剖切后的轴测图表示了该大楼的内部组成和主要构造形式,但不表明详细构造。

　　该大楼是钢筋混凝土构件和承重砖墙组成的混合结构。其中钢筋混凝土基础承受上部建筑的荷载并传递到地基;内外墙起着承重、围护(挡风雨、保温)和分隔作用;分隔上下层的有钢筋混凝土现浇板及其面层所组成的楼面(又称楼盖)和担负垂直交通联系的现浇钢筋混凝土楼梯;由保温层和防水层组成的上部围护结构的屋顶层(又称屋盖);并为了使室内具有良好的采光和通风,以及为满足造型上的不同要求,在大楼的内、外墙上设有各种不同大小、不同类型的门和窗。此外,该大楼的东南端设有阳台、西南端底层主要出入口处设有台阶和转角雨篷;各内外墙上均设有保护墙身和墙脚的墙裙、踢脚和勒脚等,还有花台、雨水管、明沟和内外装饰性的花饰和花格等。在该大楼的顶部还设有水箱。

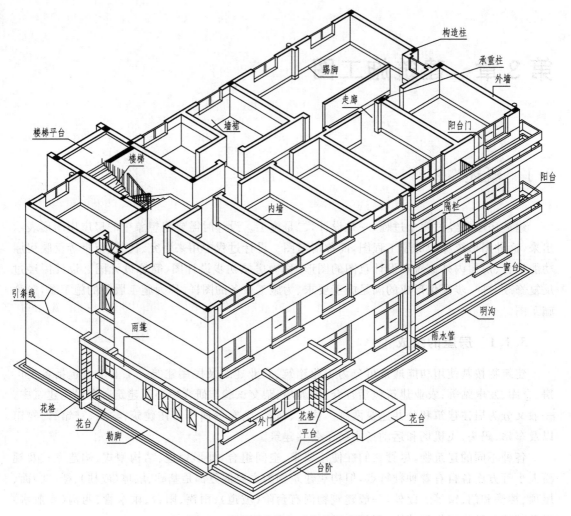

图 3-1　某培训大楼组成部分示意图一

3.1.2　建筑施工图的内容和用途

房屋施工图由于专业分工的不同，又分为建筑施工图（简称建施）、结构施工图（简称结施）和设备施工图（如给排水、采暖通风、电气等，简称设施）。

一套房屋施工图一般包括图纸目录、施工总说明、建筑施工图、结构施工图、设备施工图等。本章仅概括地叙述建筑施工图的内容和绘制方法。

建筑施工图是在确定了建筑平、立、剖面初步设计的基础上绘制的，它必须满足施工建造的要求。建筑施工图是表示建筑物的总体布局、外部造型、内部布置、细部构造、内外装饰以及一些固定设施和施工要求的图样，它所表达的建筑构配件、材料、轴线、尺寸（包括标高）和固定设施等必须与结构、设备施工图取得一致，并互相配合与协调。

总之，建筑施工图主要是作为施工放线，砌筑基础及墙身，建造楼板、楼梯、屋顶，安装门窗，室内外装饰以及编制预算和施工组织计划等的依据。

建筑施工图一般包括施工总说明（有时也包括结构总说明）、总平面图、门窗表、建筑平面

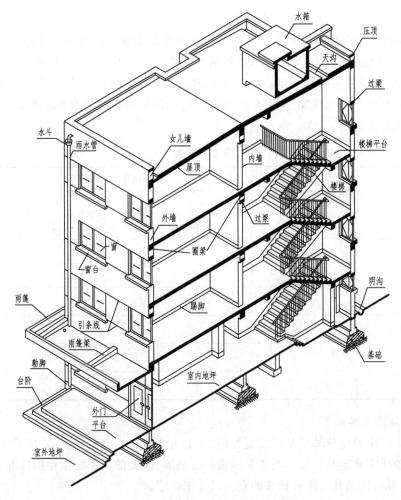

图 3-2　某培训大楼组成部分示意图二

图、建筑立面图、建筑剖面图和建筑详图等图纸。

本章是以某培训大楼为实例来说明建筑施工图的图示方法、要求和内容的。

3.1.3　建筑施工图的有关规定

建筑施工图除了要符合一般的投影原理，以及视图、剖面和断面等的基本图示方法外，为了保证制图质量、提高效率、表达统一和便于识读，我国制定了《房屋建筑制图统一标准》（GB/T 50001—2017），在绘制施工图时，还应严格遵守国家标准中的规定。

绘制施工图时，除应符合第 1 章中的制图基本规格外，现再从下列几项要点来说明它的规定内容和表示方法。

1. 比例

建筑物是庞大和复杂的形体，必须采用各种不同的比例来绘制，对整幢建筑物、建筑物的局部和细部都分别予以缩小画出，特殊细小的线脚等有时不缩小，甚至需要放大画出，参见本书第 1 章中的常用比例及可用比例。

2. 图线

在房屋图中,为了表明不同的内容,可采用不同线型和宽度的图线来表达。

房屋施工图的图线线型、线宽仍须按照第 1 章基本规格中的表 1-3 以及有关说明来选用。绘图时,首先应按照需要绘制图样的具体情况,选定粗实线的宽度"b",于是其他线型的宽度也就随之确定。粗实线的宽度"b"一般与所绘图形的比例和图形的复杂程度有关,建议按表 3-1 所示选择图线宽度。

表 3-1　　　　　　　　　　　　　图线的宽度

图线名称	图的比例			
	1:1　1:5 1:2　1:10	1:20 1:50	1:100	1:200
粗　线	线宽 b/mm			
	1.4　1.0	0.7	0.5	0.35
中粗线	0.7b			
中　线	0.5b			
细　线	0.25b			
加粗线	1.4b			

3. 定位轴线及其编号

建筑施工图中的定位轴线是施工定位、放线的重要依据。凡是承重墙、柱子等主要承重构件都应画上轴线来确定其位置。对于非承重的分隔墙、次要的局部的承重构件等,则有时用分轴线,有时也可由注明其与附近轴线的有关尺寸来确定。

定位轴线采用细单点长画线表示,并予编号。轴线的端部画细实线圆圈(直径 8~10 mm)。平面图上定位轴线的编号,宜标注在下方与左侧,横向编号采用阿拉伯数字,从左向右编写,竖向编号采用大写拉丁字母,自下而上编写,如图 3-5~图 3-7 所示。

在两个轴线之间,如需附加分轴线时,则编号可用分数表示。分母表示前一轴线的编号,分子表示附加轴线的编号(用阿拉伯数字顺序编写)。例如:图 3-5~图 3-7 中的 ⑴/₅ 轴线,表示 5 号轴线后附加的第一条轴线。

大写拉丁字母的 I,O 及 Z 三个字母不得用为轴线编号,以免与阿拉伯数字混淆。

4. 尺寸和标高

尺寸单位在建筑总平面图中以 m(米)为单位表示,标高的尺寸单位同样以 m(米)表示,其余一律以 mm(毫米)为单位。尺寸的基本注法见第 1 章。

标高是标注建筑物高度的一种尺寸形式。标高符号有 ▽ ▽ △ 和 ▼ 等几种形式,前面三种符号用细实线画出,短的横线为需注高度的界线,长的横线之上或之下标注标高数字,例如:在图 3-10、图 3-11 中的 ▽⁴·⁵⁰⁰, △₆·₀₀₀。标高符号的三角形为一等腰直角三角形,接触短横线的角为 90°,三角形高约为 3 mm。在同一图纸上的标高符号应大小相等、整齐划一、对齐画出,如图 3-10~图 3-13 所示。图 3-5 中的 ▽±⁰·⁰⁰⁰ 及图 3-6 中的 ▽⁶·⁸⁰⁰/₃·₆₀₀ 都是用来表明平面图室内楼地面的标高,不画短横线。

总平面图和底层平面图中的室外整平地面标高用符号"▼",标高数字注写在涂黑三角形的右上方,例如▼$^{-0.450}$,也可以注写在黑三角形的右面或上方。黑三角形也为一等腰直角三角形,高约 3 mm。

标高数字以 m(米)为单位,单体建筑工程的施工图中注写到小数点后第三位,在总平面图中则注写到小数点后两位。在单体建筑工程中,零点标高注写成±0.000;负数标高数字前必须加注"一";正数标高数字前不写"十";标高数字不到 1 m 时,小数点前应加写"0"。在总平面图中,标高数字注写形式与上述相同。

标高有绝对标高和相对标高两种。

绝对标高:我国把青岛附近某处黄海的平均海平面定为绝对标高的零点,其他各地标高都以它作为基准。例如:图 3-3 所示的总平面图中的室外整平地面标高▼$^{3.70}$即为绝对标高。

相对标高:在建筑物的施工图上要注明许多标高,如果全用绝对标高,不但数字繁琐,而且不容易得出各部分的高差。因此,除总平面图外,一般都采用相对标高,即把底层室内主要地坪标高定为相对标高的零点,并在建筑工程的总说明中说明相对标高和绝对标高的关系。再由当地附近的水准点(绝对标高)来测定拟建工程的底层地面标高。

5. 字体

图纸上的字体,不论汉字、阿拉伯数字、汉语拼音字母或罗马数字,都应按照第 1 章中的规定执行。

6. 图例及代号

建筑物和构筑物是按比例缩小绘制在图纸上的,对于有些建筑细部、构件形状以及建筑材料等,往往不能如实画出,也难于用文字注释来表达清楚,所以都按统一规定的图例和代号来表示,可以得到简单而明了的效果。因此,建筑工程制图规定有各种各样的图例,详见附录一、二、三。

7. 索引符号和详图符号

图样中的某一局部或某一构件和构件间的构造如需另见详图,应以索引符号索引,即在需要另画详图的部位编上索引符号,并在所画的详图上编上详图符号,二者必须对应一致,以便看图时查找相互有关的图纸。索引符号的圆和水平直径均以细实线绘制,圆的直径一般为8～10 mm。详图符号的圆圈应画成直径为 14 mm 的粗实线圆。有关索引符号和详图符号的上述规定和编号方法均见附录四。

由于本章所有图样未附有图纸标题栏,所以图纸的编号无法注明,这对索引符号和详图符号的完整表达造成了困难。为了便于学习,图中出现的索引符号和详图符号,其编号数字都是根据本书中图的编号顺序来注明的,特此加以说明。

8. 指北针及风向频率玫瑰图

指北针:在底层建筑平面图上,均应画上指北针。单独的指北针,其细实线圆的直径一般以 24 mm 为宜,指针尾端的宽度,宜为圆直径的$\frac{1}{8}$,如图 3-5 所示。

风玫瑰图:在建筑总平面图上,通常应按当地实际情况绘制风向频率玫瑰图。上海地区的风向频率玫瑰图如图 3-3 所示。全国各地主要城市风向频率玫瑰图见《建筑设计资料集(第三版)》(中国建筑工业出版社,2017)。有的总平面图上也有只画上指北针而不画风向频率玫瑰图的,因不是每一城市都有风玫瑰图,如图 3-4 所示。

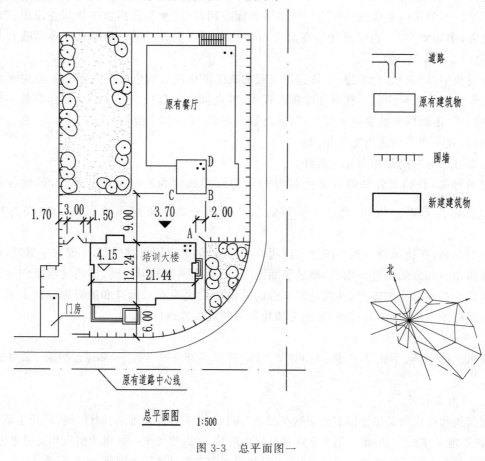

图 3-3　总平面图一

3.2　施工总说明及建筑总平面图

3.2.1　施工总说明

施工总说明是不便于用图形而需用文字表述的施工图的部分,它一般包括设计的依据、技术经济指标、定位放样及标高、施工用料及做法等。中小型房屋建筑的施工总说明一般放在建筑施工图内。该培训大楼的施工总说明如下。

1. 放样

以北边原有餐厅为放样依据,按总平面图所示尺寸放样。

2. 设计标高

室内地坪标高±0.000 为绝对标高 4.150 m,室内外高差 0.450 m。

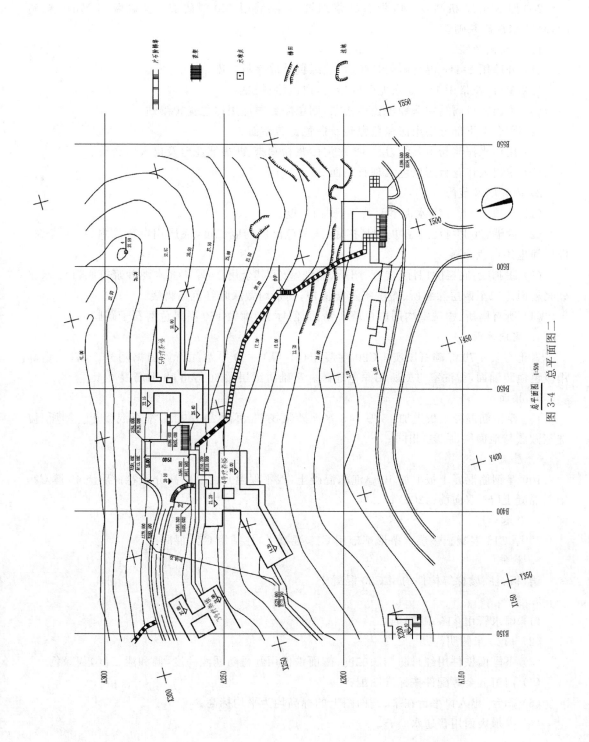

总平面图 1:500

图 3-4　总平面图二

3.墙身

240 厚 Mu7.5 机制砖,M5 混合砂浆砌筑,分隔墙用 120 厚砖墙。基础墙用 Mu10 机制砖,M10 水泥砂浆砌筑。

1）外粉刷及装饰

（1）外墙用 1∶1∶6 混合砂浆打底后,浅绿色外墙涂料二度。

（2）窗台、花格用 1∶2.5 水泥砂浆粉后,白色涂料二度。

（3）主出入口雨篷用深绿色瓷砖镶贴,四层阳台雨篷用白色瓷砖镶贴。

（4）阳台上下部分别用深绿色瓷砖及白色瓷砖贴面。

（5）用白水泥浆粉引条线,用 1∶2 水泥砂浆粉勒脚、西山墙花台及出入口台阶。

（6）主出入口花台用黑色大理石贴面。

2）内粉刷及装修

（1）平顶:10 厚 1∶2 水泥砂浆找平,刷白二度。

（2）内墙:20 厚 1∶2.5 石灰砂浆打底,奶黄色涂料粉刷二度,底层用白色涂料,楼层走廊、楼梯间也用白色涂料。

（3）踢脚线:底层除门厅、走廊、厕所、盥洗室外,其余用 25 厚 1∶3 水泥砂浆打底,1∶2 水泥砂浆粉面。二至四层除厕所、盥洗室及楼梯外,其余均做深暗红色踢脚线。

（4）所有厕所、盥洗室均用白色墙砖贴面,门厅、走廊做 150 高黑色磨石子踢脚。

4.室内地面

素土夯实＋70 厚碎石压实＋C20 混凝土（50 厚）＋30 厚水泥石屑随捣随光。门厅、走廊用浅色地砖铺面,盥洗室与厕所用深色地砖。基础防潮层做 60 厚 3 φ8 钢筋混凝土。

5.楼面

100 厚钢筋混凝土板上加 15 厚 1∶3 水泥砂浆找平,再做 20 厚 C20 细石混凝土。厕所、盥洗室做法与地面层（底层）相同。

6.屋盖

100 厚钢筋混凝土板上加 40 厚泡沫混凝土（找平保温）,再铺贴高分子卷材后浇 40 厚 C20 细石混凝土（φ4 双向筋@200）。

7.0 基础

70 厚 C15 混凝土垫层。条形基础用 C15 混凝土,柱基用 C20 混凝土。

8.构件

梁、板、柱、楼梯等构件均用 C20 混凝土。

9.其他

（1）雨水管用 φ160PVC 管。

（2）φ150 半圆明沟。

（3）不露面铁件用红丹防锈漆二度,露面铁件用红丹防锈漆一度,调和漆二度,灰绿色。

（4）门窗五金等配件按标准图配齐。

（5）阳台、出入口平台在平、剖面图上的标高均为平均标高。

（6）楼梯表面用普通水磨石。

3.2.2　建筑总平面图

建筑总平面图表明新建房屋所在基地有关范围内的总体布置,它反映新建房屋、构筑物等的位置和朝向,室外场地、道路、绿化等的布置,地形、地貌、标高等以及与原有环境的关系和邻界情况等。

建筑总平面图也是房屋及其他设施施工的定位、土方开挖以及绘制水、暖、电等管线总平面图和施工总平面图的依据。

1. 某培训大楼建筑总平面图

图 3-3 所示为某培训大楼的总平面图。图中用粗实线画出的图形,是新建培训大楼的底层平面轮廓,用细实线画出的是原有餐厅和门房。各个平面图形内的小黑点数,表示房屋的层数。

新建培训大楼的定位和朝向:培训大楼的东墙面设在平行于原有餐厅的东墙面,并在原有餐厅的 BD 墙面之西 2.00 m 处。北墙面位于原有餐厅的 BC 墙面之南 9.00 m 处。

基地的四周均设有围墙。

图中围墙外带有圆角的细实线,表示道路的边线,细点画线表示道路的中心线。新建的道路或硬地应注有主要的宽度尺寸。

道路、硬地、围墙与建筑物之间为绿化地带。

2. 某疗养院局部建筑总平面图

图 3-4 所示为某疗养院建筑总平面图的一部分,该基地的范围较大,且地形起伏明显,故画有地形等高线和坐标网,其中画成交叉十字线的 X、Y 为测量坐标网,画成网格通线的 A、B 为建筑坐标网(可在总说明中注明两种坐标网的换算公式),当建筑物或构筑物与坐标轴线平行时,可注其对角坐标,否则宜标注三个以上坐标(本图只标注了一个坐标)来定位。

在地形明显起伏的基地上布置建筑物和道路时,应注意尽量结合地形,以减少土石方工程。即使是同一幢房屋,也可以结合地形来设计,例如:图 3-4 中,3 号疗养楼、4 号疗养楼和 5 号疗养楼的底层平面均不在同一标高上。图中每幢疗养楼都分段注出了各部分室内地面的绝对标高。疗养院基地范围内的全部绿化另有园林布置总平面图,故在该建筑总平面图中不再表明绿化的配置。

3.2.3 总平面图的一般内容

(1) 图名、比例。

(2) 应用图例来表明新建区、扩建区或改建区的总体布置,表明各建筑物和构筑物的位置,道路、广场、室外场地和绿化等的布置情况以及各建筑物的层数等。在总平面图上一般应画上所采用的主要图例及其名称。此外对于《总图制图标准》(GB/T 50103—2010)中缺乏规定而需要自定的图例,必须在总平面图中绘制清楚,并注明其名称。

(3) 确定新建或扩建工程的具体位置,一般根据原有房屋或道路来定位,并以米为单位标注出定位尺寸。当新建成片的建筑物和构筑物或较大的公共建筑或厂房时,往往用坐标来确定每一建筑物及道路转折点等的位置。对地形起伏较大的地区,还应画出地形等高线。

(4) 注明新建房屋底层室内地面和室外整平地面的绝对标高。

(5) 画上风向频率玫瑰图或指北针,来表示该地区的常年风向频率和建筑物、构筑物等的朝向。

3.3 建筑平面图

建筑平面图实际上是房屋的水平剖面图(除屋顶平面图外),也就是假想用水平的剖切平面在窗台上方把整幢房屋剖开,移去上面部分后的正投影图,习惯上称之为平面图。

建筑平面图主要表示建筑物的平面形状、水平方向各部分(如出入口、走廊、楼梯、房间、阳台等)的布置和组合关系、门窗位置、墙和柱的布置以及其他建筑构配件的位置和大小等。

图 3-1 所示是某培训大楼在三层楼面的窗台上方用水平剖切平面剖开后的轴测图,若与图 3-6 所示的三层平面图对照识读,可以清楚地看出它是一幢中间为走廊、两边为房间的内廊式建筑。

通常,多层房屋应该画出每一层的平面图。但当有些楼层的平面布置相同,或仅有局部不同时,则只需要画出一个共同的平面图(也称标准层平面图)。对于局部不同之处,只需另绘局部平面图。某培训大楼的二层和三层的内部平面布置完全相同,因此可以合画为"二(三)层平面图"。但在平面图的绘制方面,例如进口踏步、花台、雨水管、明沟等只在底层平面图上表示,进口处的雨篷等只在二层平面图上表示,二层以上的平面图就不再画上踏步、进口雨篷等位置的内容。图 3-6 所示的"二(三)层平面图"实际上是二层平面图,因为三层平面图上是无需画上雨篷的顶面形状的。除了底层平面图和屋顶平面图与标准层平面图不会相同而必须另外画出外,该房屋的四层平面布置与二、三层平面布置也不同,所以还需要画出该四层平面图,如图 3-7 所示。

如果顶层的平面布置与标准层的平面布置完全相同,而顶层楼梯间的布置及其画法与标准层不完全相同时,可以只画出局部的顶层楼梯间平面图。

3.3.1 底层平面图的图示内容和要求

1. 图示内容

现以图 3-5 所示培训大楼的底层平面图为例来说明平面图所表达的内容和图示要求。

底层平面图表明了该培训大楼的平面形状、底层的平面布置情况,即各房间的分隔和组合、房间名称、出入口、门厅、走廊、楼梯等的布置和相互关系,各种门、窗的布置,室外的台阶、花台、室内外装饰以及明沟和雨水管的布置,等等。此外,还表明了厕所和盥洗室内的固定设施的布置,并且注写了轴线、尺寸和标高以及地面之间的高差(重合断面图)。

由于底层平面图是底层窗台上方的一个水平剖面图,所以在楼梯间中只画出第一个梯段的下面部分,并按规定,折断线应画成倾斜方向。图中"上 23 级"是指底层到二层两个梯段共有 23 个梯级。梯段的东侧"下 3 级"通向女厕所。

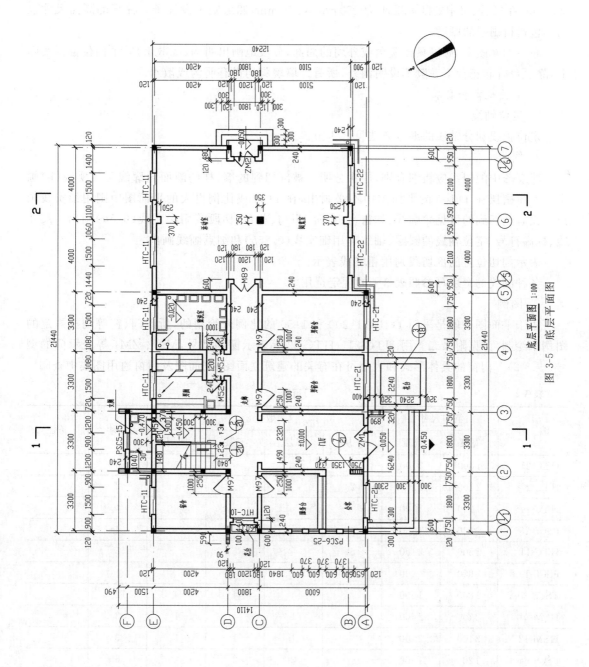

底层平面图 1:100

图 3-5　底层平面图

底层的砖墙厚度均为 240 mm,相当于一块标准砖(240 mm×115 mm×53 mm)的长度,故通称一砖墙。图中所有墙身厚度均不包括粉刷层的厚度。底层的东端有较大的活动室和阅览室,中间设有一根断面为正方形的钢筋混凝土柱子。该柱在底层的断面尺寸为 350 mm×350 mm,在二、三层中的断面缩小为 250 mm×250 mm,四层则不设柱子。柱子的断面尺寸也均不包括粉刷层的厚度。

底层平面图中,可以只在墙角或外墙的局部,分段地画出明沟(或散水)的平面位置。实际上,除了台阶和花台下一般不设明沟外,所有外墙墙脚均设有明沟或散水。

2. 有关规定和要求

1)定位轴线

定位轴线和分轴线的编号方法见 3.1 节。

2)图线

建筑图中的图线应粗细有别,层次分明。被剖切到的墙、柱的断面轮廓线用粗实线(b)画出。而粉刷层在 1∶100 的平面图中不必画出,在 1∶50 或比例更大的平面图中则用细实线画出。没有剖切到的可见轮廓线,如窗台、台阶、明沟、花台、梯段等用中实线(0.5b)画出。尺寸线、标高符号、定位轴线的圆圈、轴线等用细实线(0.25b)和细点画线画出。

表示剖切位置的剖切线则用粗实线表示。

各种图线的宽度可参照表 3-1 的规定选用。

3)图例

由于平面图一般是采用 1∶100,1∶200 和 1∶50 的比例来绘制的,所以门、窗等均按规定的图例来绘制,详见附录二。用 HTC-21、HTC-22 等表示窗的型号,M97、ZM1 等表示门的型号(表 3-2)。门窗的具体形式和大小可在有关的建筑立面图、剖面图及门窗通用图集中查阅。

表 3-2　　　　门窗表

编　号	洞口尺寸		数量				合计	备注
	宽度	高度	一层	二层	三层	四层		
HTC-21	1800	2100	3				3	
HTC-22	2100	2100	2				2	
HTC-10	1200	2100	1				1	
PSC6-25	600	1200	4				4	
HTC-11	1500	2100	5				5	
PSC5-15	900	900	1				1	
TSC8-30A	1800	1500		4	4	4	12	
HSM-41	2100	2400		1	1	1	3	
HSM-42	2100	2400		1	1	1	3	
PSC5-64	1200	1500		2	2	2	6	

续　表

编　　号	洞口尺寸		数量				合计	备注
	宽度	高度	一层	二层	三层	四层		
TSC8-29A	1500	1500		5	5	5	15	
PSC5-27	900	1200		1	1	1	3	
M97	1000	2600	4	9	9	5	27	
M52	1000	2100	2	2	2	2	8	
M89	1200	2600	1			1	2	
M51	900	2100	1				1	
ZM1	1800	3100	1				1	
ZM2	1200	3100	1				1	

　　门窗表的编制,是为了计算出每幢房屋不同类型的门窗数量,以供订货加工之用。中小型房屋的门窗表一般放在建筑施工图纸内。

　　在平面图中,凡是被剖切到的断面部分应画出材料图例,但在 1∶200 和 1∶100 的小比例的平面图中,剖到的砖墙一般不画材料图例(或在透明图纸的背面涂红表示),在 1∶50 的平面图中的砖墙往往也可不画图例,但大于 1∶50 时,应该画上材料图例。剖到的钢筋混凝土构件的断面,一般当小于 1∶50 的比例时(或断面较窄,不易画出图例线时)可涂黑。

　　4)尺寸注法

　　在建筑平面图中,所有外墙一般应标注三道尺寸。最内侧的第一道尺寸是外墙的门、窗洞的宽度和洞间墙的尺寸(从轴线注起);中间第二道尺寸是轴线间距的尺寸;最外侧的第三道尺寸是房屋两端外墙面之间的总尺寸。此外,还需注出某些局部尺寸,例如:图 3-5 所示,各内、外墙厚度,各柱子和砖墩的断面尺寸,内墙上门、窗洞洞口尺寸及其定位尺寸,台阶与花台尺寸,底层楼梯起步尺寸,以及某些内外装饰的主要尺寸和某些主要固定设备的定位尺寸等。所有上述尺寸,除了预制花饰等的装饰构件外,均不包括粉刷厚度。

　　平面图中还应注明楼地面、台阶顶面、阳台顶面、楼梯休息平台面以及室外地面等的标高。

　　在平面图中凡需绘制详图的部位,应画上详图索引符号。如前所述,因该培训大楼的施工图未设图标,无法注明图别和图号,使索引符号内的数字编号无法表达。现为了表达完整,采取了用本书中图的编号来代替图标内图纸编号的办法。

3.3.2　其他平面图

1. 楼层平面图

　　图 3-6、图 3-7 为该培训大楼的二(三)层平面图和四层平面图,其图示方法与底层平面图相同,除在二层平面图上应画出底层的进门口的雨篷外,仅在楼梯间部分表达梯段的情况有所不同,二(三)层楼梯间平面图的西侧梯段,不但看到了上行梯段的部分踏级,也看到了下行梯段的部分踏级,它们中间以倾斜的折断线为界;四层楼梯间平面图因看到下行梯段的全部梯级以及四层楼面上的水平栏杆,因此画法不同。此外,在中间休息平台处,应分别注写各层休息平台的标高。

建筑工程制图（第 7 版）

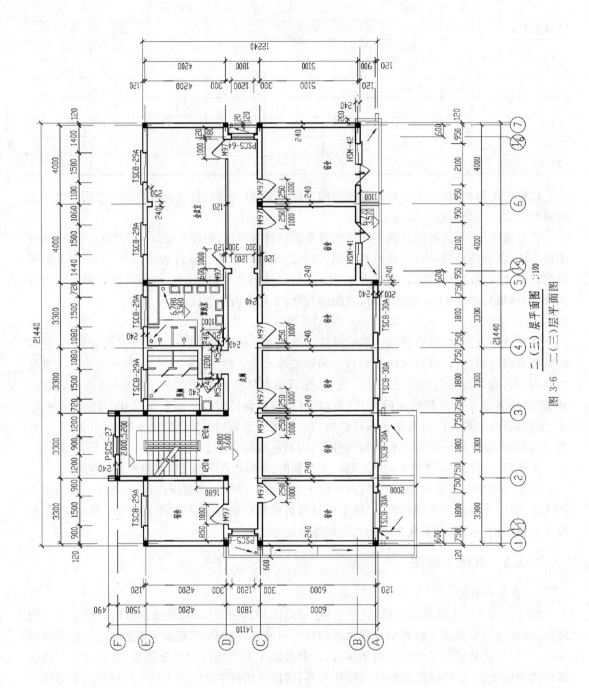

图 3-6 二（三）层平面图

· 88 ·

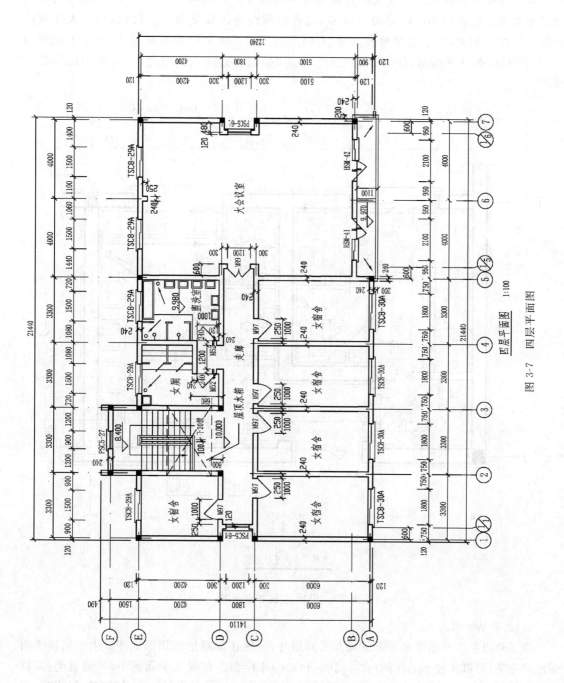

图 3-7　四层平面图

2. 局部平面图

当某些楼层平面的布置基本相同,仅有局部不同时(包括楼梯间及其他房间等的分隔以及某些结构构件的尺寸有变化时),则某些不同部分就用局部平面图来表示;或者当某些局部布置由于比例较小而固定设备较多,或者内部组合比较复杂时,可以另画较大比例的局部平面图。例如,为了清楚地表达男、女厕所的固定设施的位置及其尺寸,另画了比例为1:50的男厕、盥洗平面图,如图3-8所示。必要时,也可另画比例较之1:50更大的局部平面图。

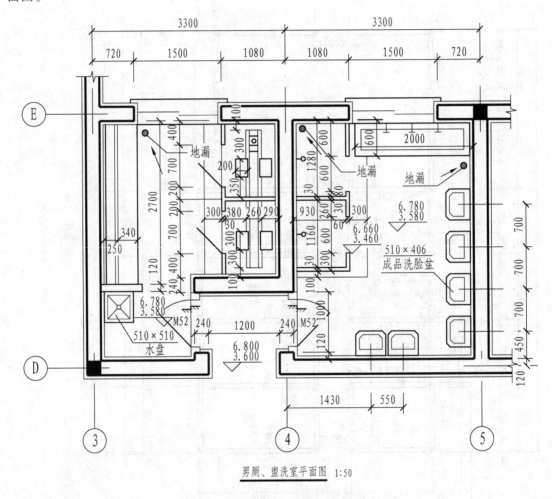

男厕、盥洗室平面图 1:50

图 3-8 男厕、盥洗室平面图

3. 屋顶平面图

除了画出各层平面图和所需的局部平面图外,一般还需画出屋顶平面图。由于屋顶平面图比较简单,可以用较小的比例(如1:200,1:400)来绘制。在屋顶平面图中,一般表明:屋顶形状;屋顶水箱;屋面排水方向(用箭头表明)及坡度(有时以高差表示,如本例图称"泛水");天沟或檐沟的位置;女儿墙和屋脊线;雨水管的位置;房屋的避雷带或避雷针的位置(该培训大楼的避雷带图中未画出),等等(图3-9)。

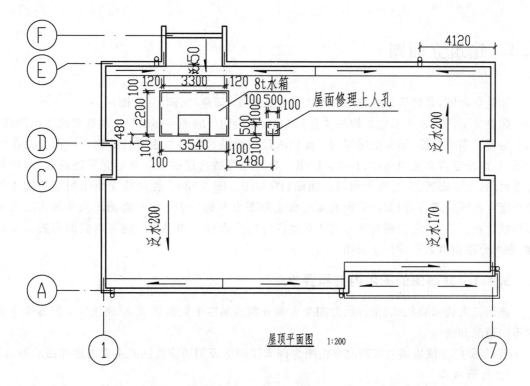

图 3-9 屋顶平面图

3.3.3 平面图的主要内容

(1) 层次、图名、比例。

(2) 纵横定位轴线及其编号。

(3) 各房间的组合和分隔,墙、柱的断面形状及尺寸等。

(4) 门、窗布置及其型号。

(5) 楼梯梯级的形状,梯段的走向和级数。

(6) 其他构件如台阶、花台、雨篷、阳台以及各种装饰等的位置、形状和尺寸,厕所、盥洗、厨房等的固定设施的布置等。

(7) 标注尺寸和标高以及某些坡度及其下坡方向。

(8) 底层平面图中应画出剖面图的剖切位置线和剖视方向及其编号;表示房屋朝向的指北针。

(9) 屋顶平面图中应表示出屋顶形状,屋面排水方向、坡度或泛水,以及其他构配件的位置和某些轴线等。

(10) 详图索引符号。

(11) 各房间名称。

3.4 建筑立面图

建筑立面图,是建筑物各方向外墙面的正投影图,简称(某向)立面图。

建筑立面图用来表示建筑物的体型和外貌,并表明外墙面装饰材料与装饰要求等的图样。

房屋有多个立面,通常把房屋的主要出入口或反映房屋外貌主要特征的立面图称为正立面图,从而确定背立面图和左、右侧立面图。有时也可按房屋的朝向来定立面图的名称,例如南立面图、北立面图、东立面图和西立面图(图 3-10〜图 3-13)。也可按立面图两端的轴线编号来定立面图的名称,例如该培训大楼的南立面图也可称为①—⑦立面图。当某些房屋的平面形状比较复杂,还需加画其他方向或其他部位的立面图。如果房屋的东西立面布置完全对称,则可合用而取名东(西)立面图。

3.4.1 立面图的图示内容和要求

该培训大楼需要从东、南、西、北四个方向分别绘制四个立面图,以反映该房屋的各个立面的不同情况和装饰等。

现以图 3-10 该培训大楼的南立面图为例来说明立面图所应表达的主要内容和图示要求。

1. 图示内容

培训大楼的南立面是该建筑物的主要立面。南立面的西端有一主要出入口(大门),它的上部设有转角雨篷,转角雨篷下方两侧设有装饰花格,进口台阶的东侧设有花台[对照图 3-6 的二(三)层平面图和图 3-5 的底层平面图]。南立面东端的二、三、四层设有阳台,并在四层阳台上方设有雨篷[对照图 3-6 的二(三)层平面图、图 3-7 的四层平面图和图 3-9 的屋顶平面图]。南立面图中表明了南立面上的门窗形式、布置以及它们的开启方向,还表示出外墙勒脚、墙面引条线、雨水管以及东门进口踏步等的位置。屋顶部分表示出了女儿墙(又称压檐墙)包檐的形式和屋顶上水箱的位置和形状等。

立面面层装饰的主要做法,一般可在立面图中注写文字来说明,例如:南立面图中的外墙面、阳台、雨篷、窗台、引条线以及勒脚等的做法(包括用料和颜色),在图 3-10 中都有简要的文字注释。

2. 有关规定和要求

1)定位轴线

在立面图中一般只画出两端的定位轴线及其编号,以便与平面图对照读图。如图 3-10 所示的南立面图,只需标注①和⑦两条定位轴线,这样可更确切地判明立面图的观看方向。

2)图线

为了使立面图外形清晰,通常把房屋立面的最外轮廓线画得稍粗(粗线 b),室外地面线更粗(为 $1.4b$),门窗洞、台阶、花台等轮廓线画成中实线($0.5b$)。凸出的雨篷、阳台和立面上其他凸出的线脚等轮廓线可以和门窗洞的轮廓线同等粗度,有时也可画成比门窗洞的轮廓线略粗一些($0.7b$)。门窗扇及其分格线、花饰、雨水管、墙面分格线(包括引条线)、外墙勒脚线以及用料注释引出线和标高符号等都画细实线($0.25b$)。

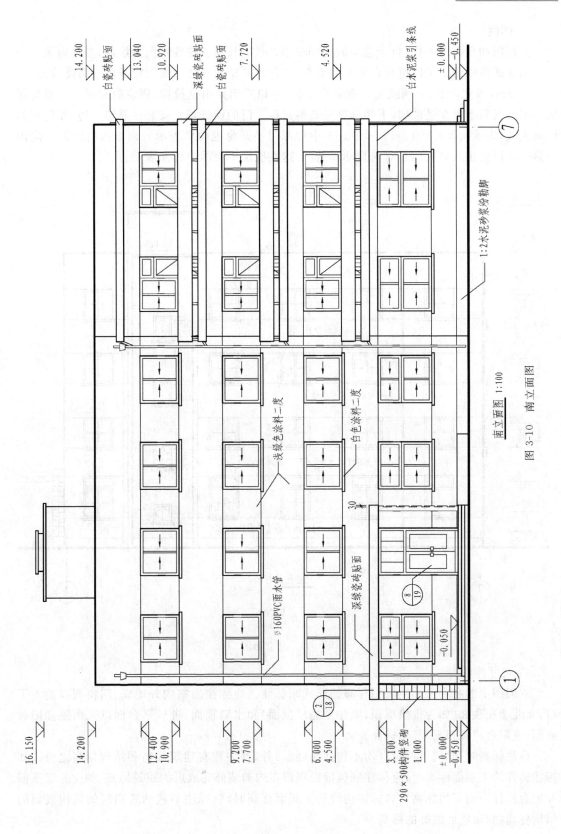

南立面图 1:100

图 3-10　南立面图

3) 图例

立面图和平面图一样,由于选用的比例较小,所以门、窗也按规定图例绘制,参见附录二。

南立面图中的窗子部位画有水平的箭头,这是推拉窗的符号。底层窗子由于高度较大,达到 2.100 m,因此设上、下两道窗。在阳台部位,可以看出是由推拉窗、固定窗和平开门组合而成。阳台门的上半部是玻璃,下半部则是塑料封板。门的铰链都是安装在靠墙一边,开启方向线画实线,表示向外开(图 3-11～图 3-13 中的部门平开窗也同样表示),画虚线时则表示向内开启。底层的出入口大门是双向自动弹簧门,这在底层平面图中已经表明。

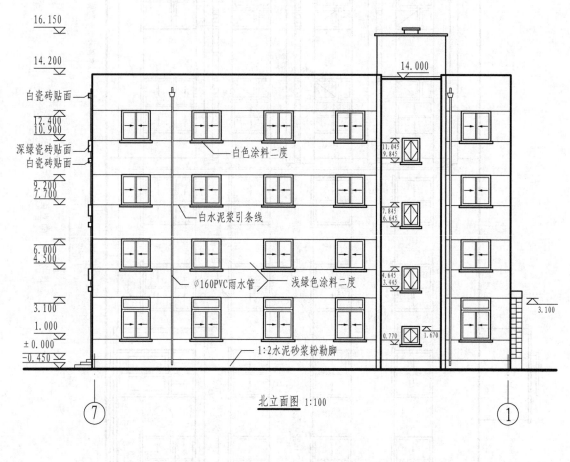

图 3-11　北立面图

4) 尺寸注法

立面图上的高度尺寸主要用标高的形式来标注。应标注出室内外地面、门窗洞口的上下口、女儿墙压顶面(如为挑檐层顶,则注至檐口顶面)和水箱顶面、进口平台面以及雨篷和阳台底面(或阳台栏杆顶面)等的标高。

标注标高时,除门、窗洞口(均不包括粉刷层)外,要注意有建筑标高和结构标高之分。如标注构件的上顶面标高时,应标注到包括粉刷层在内的装修完成后的建筑标高(如女儿墙顶面和阳台栏杆顶面等的标高);如标注构件的下底面标高时,应标注不包括粉刷层的结构底面的结构标高(如雨篷底面等的标高)。

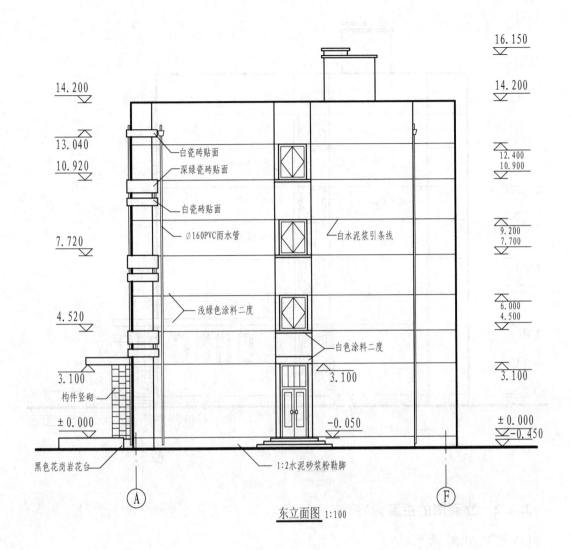

16.150

14.200

13.040

10.920

白瓷砖贴面
深绿瓷砖贴面
白瓷砖贴面
Ø160PVC雨水管

7.720

12.400
10.900

白水泥浆引条线

9.200
7.700

浅绿色涂料二度

6.000
4.500

4.520

白色涂料二度

3.100

3.100

3.100

构件竖砌

± 0.000

-0.050

± 0.000
-0.450

黑色花岗岩花台

1:2水泥砂浆粉勒脚

Ⓐ

Ⓕ

<u>东立面图</u> 1:100

图 3-12 东立面图

除了标高外,有时还注出一些并无详图的局部尺寸,例如图 3-10 所示南立面图中标注了进门花格缩进雨篷外沿 30 mm 的局部尺寸。

在立面图中,凡需绘制详图的部位,也应画上详图索引符号。

图 3-11～图 3-13 所示为该培训大楼的北立面图、东立面图和西立面图,其图示内容和要求与南立面图相同。

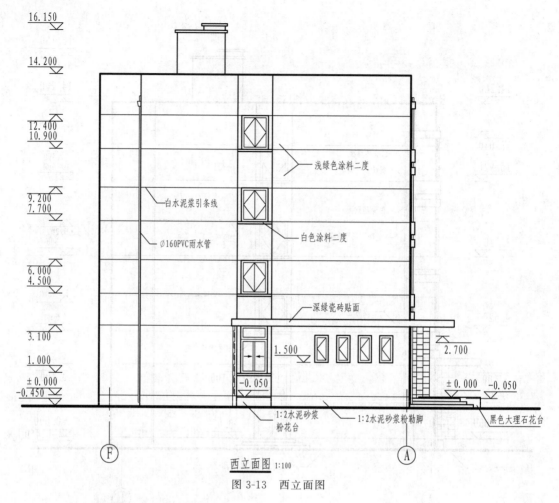

西立面图 1:100

图 3-13 西立面图

3.4.2 立面图的主要内容

（1）图名、比例。

（2）立面图两端的定位轴线及其编号。

（3）门、窗的形状、位置及其开启方向符号。

（4）屋顶外形。

（5）各外墙面、台阶、花台、雨篷、窗台、阳台、雨水管、水斗、外墙装饰及各种线脚等的位置、形状、用料和做法（包括颜色）等。

（6）标高及必须标注的局部尺寸。

（7）详图索引符号。

3.5 建筑剖面图

建筑剖面图一般是指建筑物的垂直剖面图，也就是假想用一个竖直平面去剖切房屋，移去靠近观察者视线的部分后的正投影图，简称剖面图。

建筑剖面图是表示建筑物内部垂直方向的高度、楼层分层、垂直空间的利用以及简要的结构形式和构造方式等情况的图样,例如屋顶形式、屋顶坡度、檐口形式、楼板布置方式、楼梯的形式及其简要的结构、构造等。

剖面图的剖切位置,应选择在内部结构和构造比较复杂或有变化以及有代表性的部位,其数量视建筑物的复杂程度和实际情况而定。如图 3-5 底层平面图中剖切线 1—1 和 2—2 所示,1—1 剖面图(见图 3-14)的剖切位置是通过房屋的主要出入口(大门)、门厅和楼梯等部分,也是房屋内部的结构、构造比较复杂以及变化较多的部位。2—2 剖面图(图 3-15)的剖切位置,则是通过该培训大楼各层房间分隔有变化和有代表性的宿舍部位。绘制了 1—1 和 2—2 两个剖面图后,能反映出该培训大楼在竖直方向的全貌、基本结构形式和构造方式。一般剖切平面位置都应通过门、窗洞,借此来表示门窗洞的高度和在竖直方向的位置和构造,以便施工。如果用一个剖切平面不能满足要求时,则允许将剖切平面转折后来绘制剖面图。

3.5.1　剖面图的图示内容和要求

现以图 3-14 的 1—1 剖面图为例来说明剖面图所需表达的内容和图示要求。

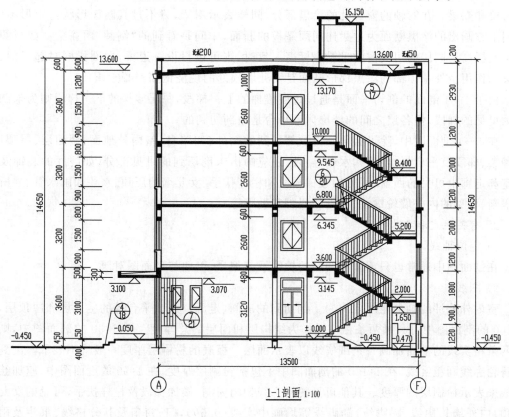

图 3-14　1—1 剖面图

1. 图示内容

图 3-14 是按底层平面图中 1—1 剖切位置线所绘制的 1—1 剖面图(对照图 3-2)。它反映了该房屋通过门厅、楼梯间的竖直横剖面形状,进而表明该房屋在此部位的结构、构造、高度、分层以及竖直方向的空间组合情况。

在建筑剖面图中，除了具有地下室外，一般不画出室内外地面以下部分，而只对室内外地面以下的基础墙画上折断线（在基础墙处的涂黑层，是 60 mm 厚的钢筋混凝土防潮层），因为基础部分将由结构施工图中的基础图来表达。在 1∶100 的剖面图中，室内外地面的层次和做法一般将由剖面节点详图或施工说明来表达（通常套用标准图或通用图），故在剖面图中只画一条加粗线（1.4b）来表达室内外地面线，并标注各部分不同高度的标高，例如±0.000，−0.050，−0.450，−0.470 等。

各层楼面都设置楼板，屋面设置屋面板，它们搁置在砖墙或楼（屋）面梁上。为了屋面排水需要，屋面板铺设成一定的坡度（有时可将屋面板水平铺置，而将屋面面层材料做出坡度），并且在檐口处和其他部位设置天沟板（挑檐檐口则称为檐沟板），以便导流屋面上的雨水经天沟排向雨水管。楼板、屋面板、天沟的详细形式以及楼面层和屋顶层的层次和它们的做法，可另画剖面节点详图，也可在施工说明中表明，或套用标准图及通用图（须注明所套用图集的名称和图号），故在 1∶100 的剖面图中也可以示意性地用两条线来表示楼面层和屋顶层的总厚度。在 1—1 剖面图的屋面上，还画出了剖到的钢筋混凝土水箱。

在墙身的门、窗洞顶、屋面板下和每层楼板下的涂黑矩形断面，为该房屋的钢筋混凝土门、窗过梁和圈梁。在Ⓕ轴的窗台处的涂黑部分，同样表示圈梁，只不过其断面形状与矩形不同。大门上方画出的涂黑断面为过梁连同雨篷板的断面，中间是看到的"倒翻"雨篷梁。如当圈梁的梁底标高与同层的门或窗的过梁底标高一致时，则可以只设一道梁，即圈梁同时起了门、窗过梁的作用。外墙顶部的涂黑梯形断面是女儿墙顶部的现浇钢筋混凝土压顶。

由于 1—1 剖面的剖切平面是通过每层楼梯的上一梯段，每层楼梯的下一梯段则为未剖到而为可见的梯段，但各层之间的楼梯休息平台是被剖切到的。

在 1—1 剖面图中，除了必须画出被剖切到的构件（如墙身、室内外地面、楼面层、屋顶层、各种梁、梯段及平台板、雨篷和水箱等）外，还应画出未剖切到的可见部分（如门厅的装饰及会客室和走廊中可见的西窗、可见的楼梯梯段和栏杆扶手、女儿墙的压顶、水斗和雨水管、厕所间的隔断、可见的内外墙轮廓线、可见的踢脚和勒脚等）。

2. 有关规定和要求

1）定位轴线

在剖面图中通常也只需画出两端的轴线及其编号，以便与平面图对照。

2）图线

室内外地坪线画加粗线（1.4b）。剖切到的房间、走廊、楼梯、平台等的楼面层和屋顶层，在 1∶100 的剖面图中可只画两条粗实线作为结构层和面层的总厚度。在 1∶50 的剖面图中，则应在两条粗实线的上面加画一条细实线以表示面层。板底的粉刷层厚度一般均不表示。剖到的墙身轮廓线画粗实线，在 1∶100 的剖面图中不包括粉刷层厚度，在 1∶50 的剖面图中，应加绘细实线来表示粉刷层的厚度。其他可见的轮廓线如门窗洞、楼梯梯段及栏杆扶手、可见的女儿墙压顶、内外墙轮廓线、踢脚线、勒脚线等均画中实线（0.5b），门、窗扇及其分格线、水斗及雨水管、外墙分格线（包括引条线）等画细实线（0.25b），尺寸线、尺寸界线和标高符号均画细实线。

3）图例

门、窗均按附录中的规定绘制。

在剖面图中，砖墙和钢筋混凝土的材料图例画法与平面图相同。

4) 尺寸注法

建筑剖面图中应标注出剖到部分的必要尺寸,即竖直方向剖到部位的尺寸和标高。

外墙的竖向尺寸,一般也标注三道尺寸,如图 3-14 左方所示。第一道尺寸为门、窗洞及洞间墙的高度尺寸(将楼面以上及楼面以下分别标注)。第二道尺寸为层高尺寸,即底层地面至二层楼面、各层楼面至上一层楼面、顶层楼面至檐口处屋面顶面等。同时还需注出室内外地面的高差尺寸以及檐口至女儿墙压顶面等的尺寸。第三道尺寸为室外地面以上的总高尺寸,本例为女儿墙包檐屋顶,则其总高尺寸应注到女儿墙的粉刷完成后的顶面(如为挑檐平屋面,则注到挑檐檐口的粉刷完成面)。此外,还需注上某些局部尺寸,如内墙上的门、窗洞高度,窗台的高度,高引窗的窗洞高度以及有些不另画详图的如栏杆扶手的高度尺寸、屋檐和雨篷等的挑出尺寸以及剖面图上两轴线间的尺寸等。

建筑剖面图还须注明室内外各部分的地面、楼面、楼梯休息平台面、阳台面、顶层檐口顶面等的标高和某些梁的底面、雨篷的底面以及必须标注的某些楼梯平台梁底面等的标高。

在建筑剖面图上,标高所注的高度位置与立面图一样,有建筑标高和结构标高之分,即当标注构件的上顶面标高时,应标注到粉刷完成后的顶面(如各层的楼面标高),而标注构件的底面标高时,应标注到不包括粉刷层的结构底面(如各梁底的标高)。但门、窗洞的上顶面和下底面均应标注到不包括粉刷层的结构面。

在剖面图中,凡需绘制详图的部位,均应画上详图索引符号。

图 3-15 的 2—2 剖面图,其表达方法及要求与 1—1 剖面图相同。

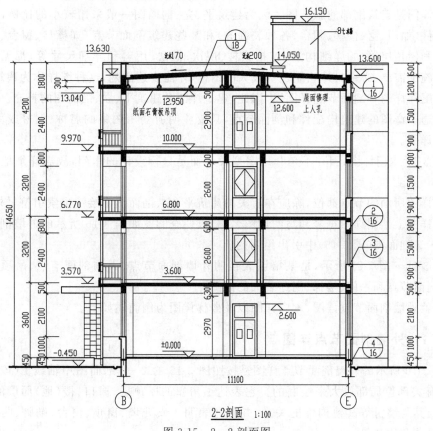

图 3-15　2—2 剖面图

3.5.2 剖面图的主要内容

(1) 图名、比例。

(2) 外墙(或柱)的定位轴线及其间距尺寸。

(3) 剖切到的室内外地面(包括台阶、明沟及散水等)、楼面层(包括吊天棚)、屋顶层(包括隔热通风防水层及吊顶)、剖切到的内外墙及其门、窗(包括过梁、圈梁、防潮层、女儿墙及压顶)、剖切到的各种承重梁和连系梁、楼梯梯段及楼梯平台、雨篷、阳台以及剖切到的孔道、水箱等的位置、形状及其图例;一般不画出地面以下的基础。

(4) 未剖切到的可见部分,如看到的墙面及其凹凸轮廓、梁、柱、阳台、雨篷、门、窗、踢脚、勒脚、台阶(包括平台踏步)、水斗和雨水管,以及看到的楼梯段(包括栏杆扶手)和各种装饰等的位置及形状。

(5) 竖直方向的尺寸和标高。

(6) 详图索引符号。

(7) 某些用料注释。

3.6 建筑详图

建筑详图是建筑细部的施工图。因为建筑平、立、剖面图一般采用较小的比例,因而某些建筑构配件(如门、窗、楼梯、阳台、各种装饰等)和某些建筑剖面节点(如檐口、窗台、明沟以及楼地面层和屋顶层等)的详细构造(包括式样、层次、做法、用料和详细尺寸等)都无法表达清楚。根据施工需要,必须另外绘制比例较大的图样,才能表达清楚,这种图样称为建筑详图(包括建筑构配件详图和剖面节点详图)。因此,建筑详图是建筑平、立、剖面图的补充。对于套用标准图或通用详图的建筑构配件和剖面节点,只要注明所套用图集的名称、编号或页次,就可不必再画详图。

如图3-19木门详图,因并不是套用定型设计而是自行设计的木门,故需详细地画出它的详图。

建筑详图所画的节点部位,除应在有关的建筑平、立、剖面图中绘注出索引符号外,并需在所画建筑详图上绘制详图符号和写明详图名称,以便查阅。如图3-16所示的外墙剖面节点详图是从2—2剖面图(图3-15)中引出绘制的。

如图3-16~图3-21所示,是某培训大楼的外墙剖面节点、天沟剖面节点、吊顶、雨篷、花台、踏步剖面节点和木门、楼梯、门厅装饰的详图。

现仅就外墙剖面节点详图、木门详图以及楼梯详图为例简述如下。

3.6.1 外墙剖面节点详图

如图3-16所示的外墙剖面节点详图是按照图3-15的2—2剖面图中轴线E(该房屋的北外墙)的有关部位局部放大来绘制的。它表达了房屋的屋顶层、檐口、楼(地)面层的构造、尺寸、用料及其与墙身等其他构件的关系,并且还表明了女儿墙、窗顶、窗台、勒脚、明沟等的构造、细部尺寸和用料等。

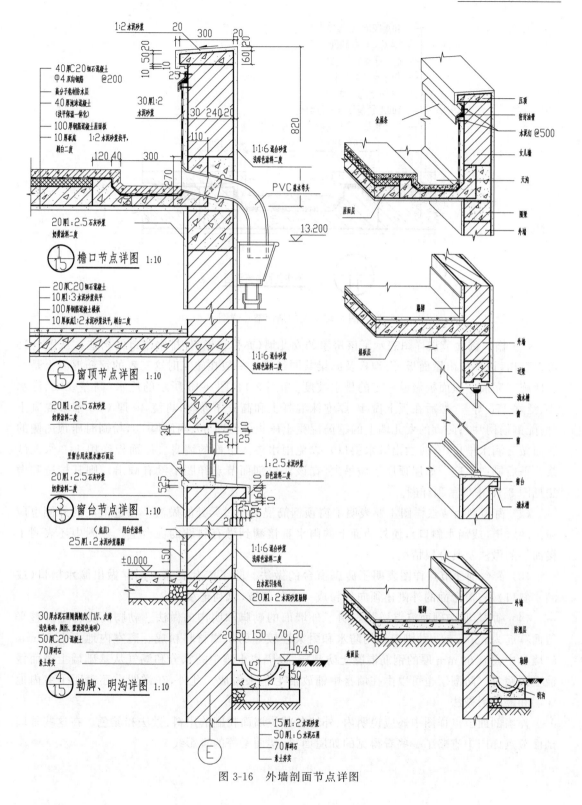

图 3-16　外墙剖面节点详图

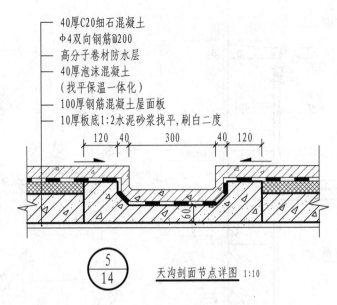

图 3-17　天沟剖面节点详图

（1）檐口剖面节点详图表示了该房屋的女儿墙（亦称包檐）外排水檐口的构造。从图 3-16 可以看出，该部位由屋面板、天沟板及圈梁共同组成。一般在施工时这三者的钢筋混凝土是一次性施工完成。屋面板做成一定的排水坡度［如图 3-14、图 3-15 所示的泛水（高差）200、泛水 50、泛水 170 等］。然后在板上做 40 厚泡沫混凝土和高分子卷材，再浇 40 厚 C20 细石混凝土（内配钢筋网片）；砖砌的女儿墙上的钢筋混凝土压顶外侧厚 60、内侧厚 50，粉刷时压顶内侧的底面做有滴水槽口（有时做出滴水斜口），以免雨水渗入下面的墙身。屋面板底用 1:2 水泥砂浆找平后刷白二度。如屋顶层下做吊顶（在该檐口剖面节点详图中没有画出），则其构造和做法见图 3-18 中的吊顶详图。

（2）窗顶剖面节点详图主要表明了窗顶钢筋混凝土过梁处的做法。在过梁底的外侧也应粉出滴水槽（或滴水斜口），使外墙面上的雨水直接滴到做有斜坡的窗台上。在图中还表明了楼面层的做法及其分层情况。

（3）窗台剖面节点详图表明了砖砌窗台的做法。除了窗台底面也同样做出滴水槽口（或滴水斜口）外，窗台面的外侧还须向外粉成一定的斜坡，以利排水。

（4）勒脚、明沟剖面节点详图表明了外墙面的勒脚和明沟的做法。勒脚高度自室外整平地面算起为 450 mm。勒脚应选用防水和耐久性较好的粉刷材料粉成。离室内地面下 30 mm 的墙身中设有 60 mm 厚的钢筋混凝土防潮层，以隔离土壤中的水分和潮气从基础墙上升而侵蚀上面墙身。防潮层也可以由在墙身中铺放油毛毡来做成。此外，在详图中还表明了室内地面层和踢脚的做法。

外墙剖面节点详图中还应说明内、外墙各部位墙面粉刷的用料、做法和颜色。在这些外墙剖面节点详图中省略了一些看得见的如屋面梁、楼面梁等的投影线。

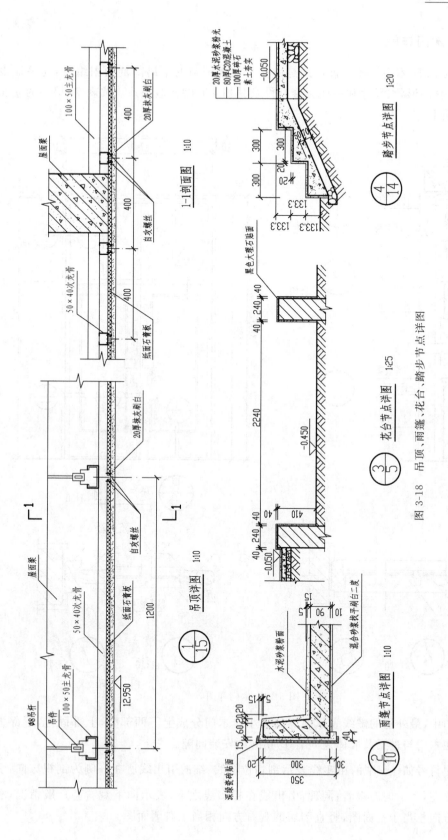

图 3-18　吊顶、雨篷、花台、踏步节点详图

3.6.2 木门详图

图 3-19 为 ZM1 木门详图。该详图是由一个立面图与七个局部剖面图组成,完整地表达出不同部位材料的形状、尺寸和一些五金配件及其相互间的构造关系。按规定,该门的立面图是一幅外立面图。

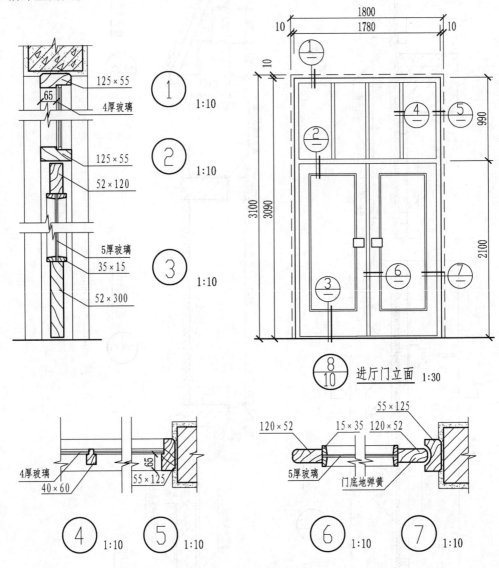

图 3-19 木门详图

在立面图中,最外围的虚线表示门洞的大小。木门分成上下两部分,上部固定,下部为双扇弹簧门。在木门与过梁及墙体之间有 10 mm 的安装间隙。

详图索引符号如 ②/— 中的粗实线表示剖切位置线,细的引出线所在一侧为剖视方向,引出线在粗实线之左,表示向左观看;同理,引出线在粗实线之下,表示向下观看。一般情况,水平剖切的观看方向相当于平面图,竖直剖切的观看方向相当于右侧面图。

3.6.3　楼梯详图

对二层以上的建筑物必须设置楼梯。过去不少房屋采用预制的钢筋混凝土楼梯,也有部分现浇、部分为预制构件相结合的楼梯。该培训大楼的楼梯不论是梯段板还是两梯段间的休息平台均是用现浇的钢筋混凝土制成。

楼梯详图主要表示楼梯的类型、结构形式以及梯段、栏杆扶手、防滑条、底层起步梯级等的详细构造方式、尺寸和用料。楼梯详图一般由楼梯平面图(或局部)、剖面图(或局部)和节点详图组成。一般楼梯的建筑详图和结构详图是分别绘制的,但是对于比较简单的楼梯,有时可将建筑详图与结构详图合并绘制,列入建筑施工图或者结构施工图中。该培训大楼的楼梯段的整体部分列入结构施工图中,而该楼梯的一些建筑配件及其与梯段之间的构造和组合,则必须画出建筑详图,如图 3-20 所示。

3.6.4　建筑详图的主要内容

(1)详图名称、比例。

(2)详图符号及其编号以及再需另画详图时的索引符号。

(3)建筑构配件的形状以及与其他构配件的详细构造、层次、有关的详细尺寸和材料图例等。

(4)详细注明各部位和各层次的用料、做法、颜色以及施工要求等。

(5)需要画上的定位轴线及其编号。

(6)需要标注的标高等。

3.7　绘制建筑平、立、剖面图的步骤和方法

建筑平、立、剖面图的绘制,除了应按第 1 章所述制图的一般步骤和方法外,现按房屋图的特点补充说明如下。

3.7.1　建筑平、立、剖面图之间的相互关系

绘制时一般先从平面图开始,然后再画立面、剖面图。画时要从大到小,从整体到局部,逐步深入。

绘制建筑平、立、剖面图必须注意它们的完整性和统一性。例如:立面图上外墙面的门、窗布置和门、窗宽度应与各层平面图上相应的门、窗布置和门、窗宽度相一致;剖面图上外墙面的门、窗布置和门、窗高度应与平面图、立面图上相应的门、窗布置和门、窗高度相一致。同时,立面图上各部位的高度尺寸,是以剖面图中构配件的构造关系来确定的,因此在设计和绘图中,立面图和剖面图相应的高度关系必须一致,立面图和平面图相应的宽度关系也必须一致。

对于小型的房屋,当平、立、剖面图能够画在同一张图纸上时,则利用它们相应部分的一致性来绘制,就更为方便。

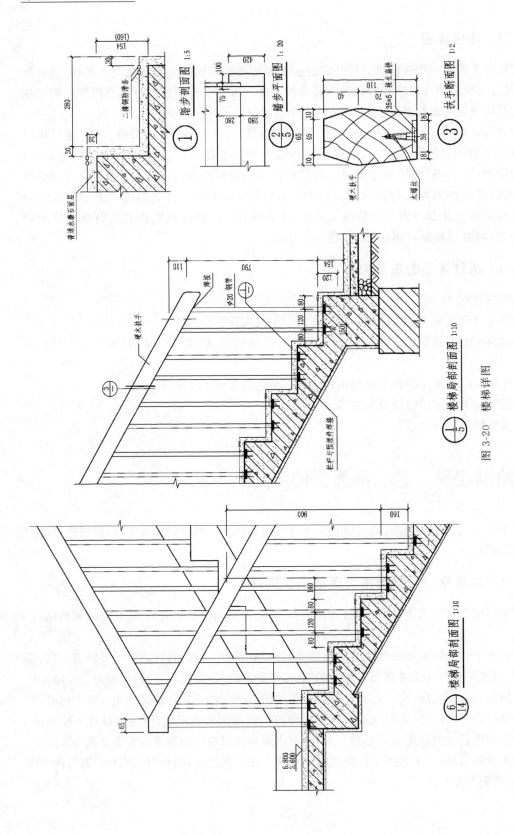

图 3-20　楼梯详图

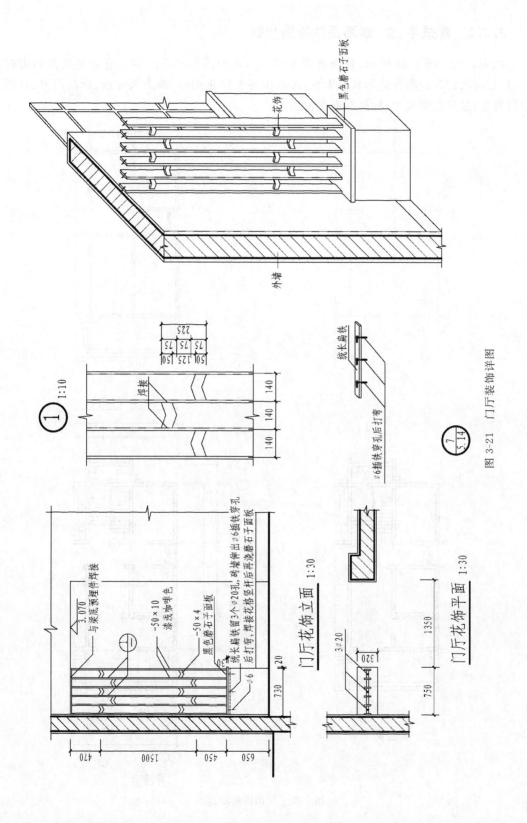

图 3-21　门厅装饰详图

3.7.2 建筑平、立、剖面图的绘图步骤

如图 3-22～图 3-24 所示,分别表明了平、立、剖面图的绘图步骤。它们都是先画定位轴线,然后画出建筑构配件的形状和大小,再画出各个建筑细部,画上尺寸线、标高符号、详图索引符号等,最后注写尺寸、标高和有关说明等。

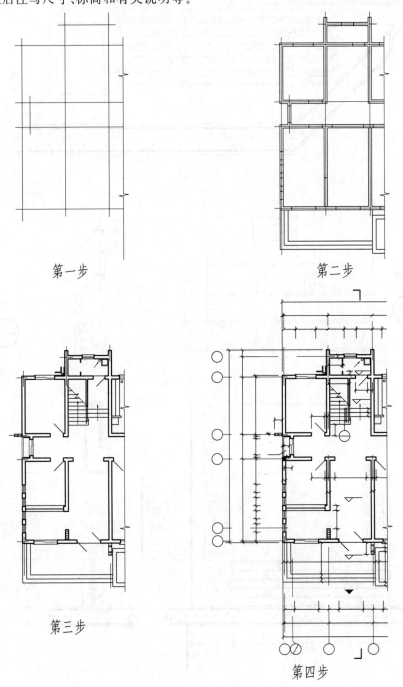

第一步

第二步

第三步

第四步

图 3-22 平面图绘制步骤

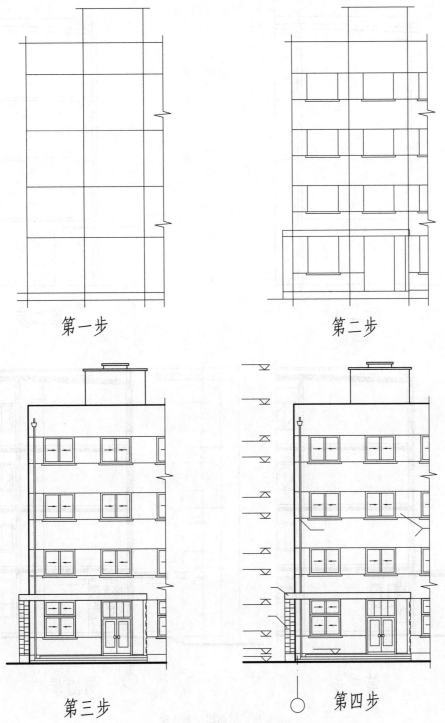

第一步

第二步

第三步

第四步

图 3-23　立面图绘制步骤

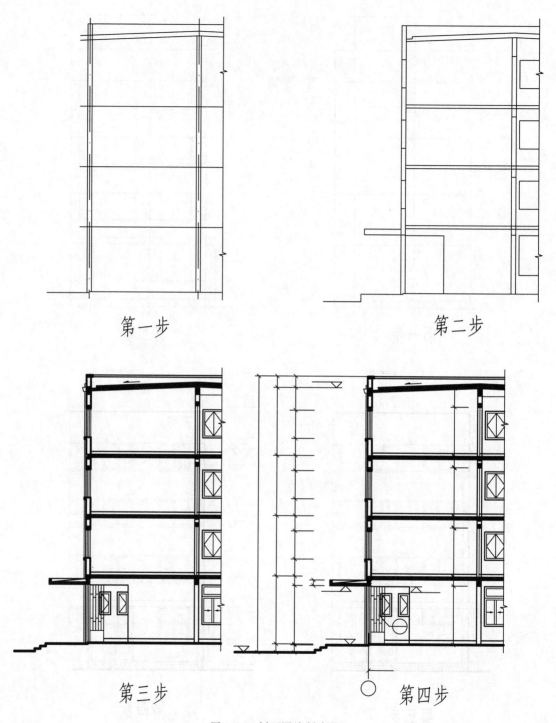

图 3-24　剖面图绘制步骤

3.8 楼梯图画法

现仍以某培训大楼的楼梯为例,来说明楼梯图的内容及画法。

3.8.1 楼梯平面图

1. 楼梯平面图的图示内容

楼梯平面图实际上是水平剖切平面位于各层窗台上方的剖面图,如图 3-25、图 3-27 和图 3-29 所示。它表明梯段的水平长度和宽度、各级踏步的宽度、平台的宽度和栏杆扶手的位置以及其他一些平面的形状。

楼梯梯段被水平面剖切后,其剖切交线主要是水平线,而各级踏步也是水平线,为了避免混淆,剖切处应按《建筑制图标准》(GB/T 50104—2010)规定,在平面图中用倾斜折断线表示。

楼梯平面图中,除注出楼梯间的开间和进深尺寸、楼地面和平台面的尺寸和标高外,还需注出各细部的详细尺寸。通常,用踏面数和踏面宽度的乘积来表达梯段的长度尺寸。

1) 底层楼梯平面图(图 3-5、图 3-26)

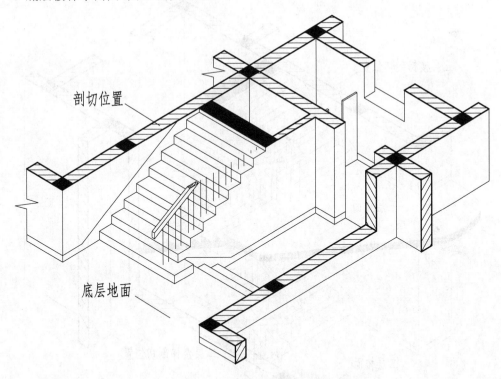

图 3-25 底层楼梯平面图的剖切位置

在底层楼梯平面图中,除表明梯段的布置情况和栏杆位置外,还应用箭头表明梯段向上或向下的走向,同时标出楼梯的踏级总数。如图 3-26 中注写"上 23 级",即从底层往上走 23 级到达第二层;"下 3 级",即从底层往下走 3 级到达女厕所门外地面。

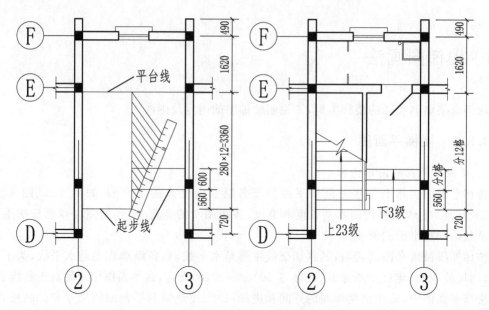

图 3-26　底层楼梯平面图的画法

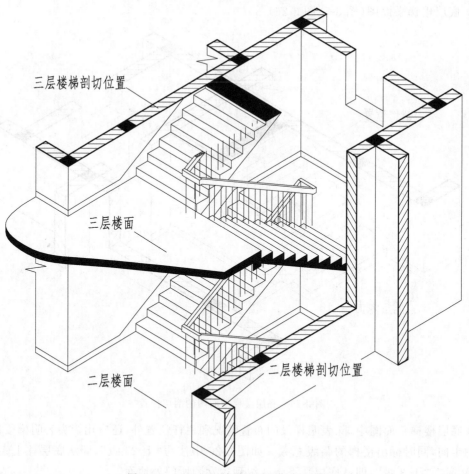

图 3-27　二(三)层楼梯平面图的剖切位置

2) 二(三)层楼梯平面图(图 3-6、图 3-28)

当各层的楼梯位置及其梯段数、踏级数及其断面大小都相同时,通常把相同的几层合画成一个标准层楼梯平面图,其图示方法与前述完全相同。图 3-28 所示的二(三)层楼梯平面图,即为该培训大楼的标准层楼梯平面图。

从图中可以看出,二(三)层楼梯段经剖切后,不但看到本层上行梯段的部分踏级,也看到下一层的下行梯段的部分踏级(图 3-28),故用箭头分别标出"上 20 级"及"下 23 级(或 20 级)",即从二层(或三层)往上走 20 级到达三层(或四层),往下走 23 级(或 20 级)到达底层(或二层)。

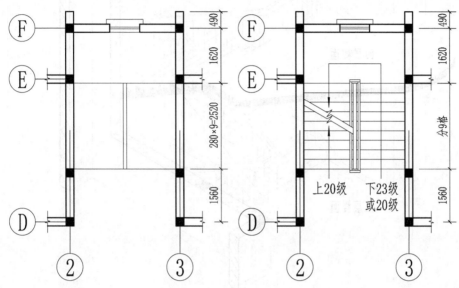

图 3-28　二(三)层楼梯平面图的画法

3) 四层顶层楼梯平面图(图 3-7、图 3-30)

四层楼梯梯段经剖切后,能看到下行梯段的全部梯级以及四层楼面上的楼梯栏杆(或栏板)、扶手等,因此,图中仅画下行箭头方向。

2. 楼梯平面图的画法

各层楼梯平面图可采用画平行格线的方法,较为简便和准确,所画的每一分格,表示梯段的一级踏面。由于梯段端头一级的踏面与平台面或楼面重合,所以平面图中每一梯段画出的踏面格数比该梯段的级数少一,即楼梯梯段长度＝每一级踏步宽×(梯段级数−1)。

现以顶层楼梯平面图(图 3-30)为例,说明其具体作图步骤。

第一步,根据楼梯平台宽度,先定出平台线,再由平台线以踏步数减 1 乘以踏级宽度,得出梯段另一端的梯级起步线。本例梯段踏级数为 10,踏级宽度为 280 mm,则平台线至梯段另一端起步线的水平距离为 280×(10−1)＝2520 mm。

第二步,采用第 1 章中等分两已知平行线间距离的方法来分格。

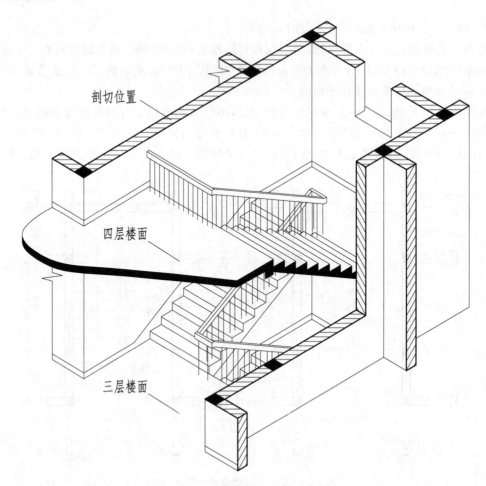

图 3-29　顶层楼梯平面图的剖切位置

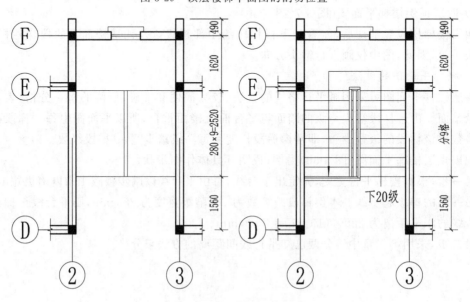

图 3-30　顶层楼梯平面图的画法

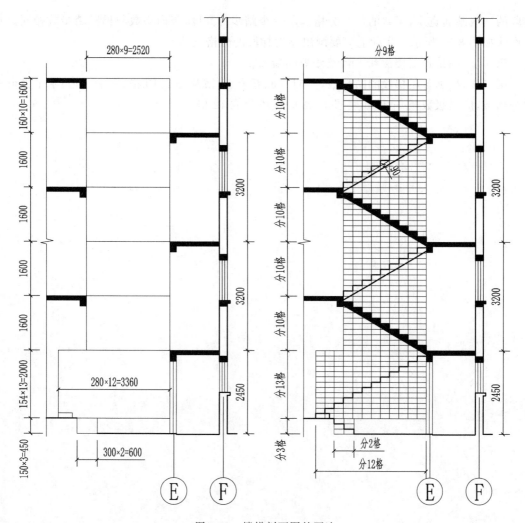

图 3-31　楼梯剖面图的画法

3.8.2　楼梯剖面图的内容及画法

1. 楼梯剖面图的内容

楼梯剖面图可清晰地表示出各梯段的踏步数、踏步的高度和宽度、楼梯的构造、各层平台面及楼面的高度以及它们之间的相互关系,见图 3-14。

图 3-14 是按底层平面图中 1—1 剖切位置及其剖视方向来画出的,每层楼梯的上行第二梯段被剖切到,可以看到每层楼梯的上行第一梯段。

楼梯剖面图中应标注每层地面、平台面、楼面等的标高以及梯段、栏杆(或栏板)的高度尺寸。

楼梯的高度尺寸可以踏步数与踏步高度尺寸的乘积来标注,例如底层第一楼段的楼梯高度为 $154 \times 13 \approx 2\,000\,\text{mm}$。

2. 楼梯剖面图的画法

各层楼梯剖面图也是利用画平行格线的方法来绘制的,所画的水平方向的每一分格表示梯段的一级踏面宽度;竖向的每一分格表示一个踏步的高度,竖向格数与梯段踏步数相同。具体作法如图 3-31 所示。实际上只要画出靠近梯段的分格线即可。

第一步,画出各层楼面和平台及楼板的断面。

第二步,根据各层梯段的踏步数,竖向分成五个 10 格及一个 13 格、一个 3 格;水平方向中的分格数,应是级数减一,例如底层 13 级的楼段分成 12 格。

第4章　结构施工图

4.1　概述

房屋的建筑施工图表达了房屋的外部造型、内部布置、建筑构造和内外装修等内容,而房屋的各承重构件(如基础、承重墙、梁、板、柱以及其他结构构件)的布置、结构构造等内容都没有表达出来。因此,在房屋设计中,除了进行建筑设计、画出建筑施工图外,还要进行结构设计、绘制出结构施工图。

4.1.1　结构施工图的内容和用途

结构施工图主要表达结构设计的内容,它是表示建筑物各承重构件(如基础、承重墙、梁、板、柱、屋架等)的布置、形状、大小、材料、构造及其相互关系的图样。它还要反映出其他专业(如建筑、给排水、暖通、电气等)对结构的要求。结构施工图主要用来作为施工放线、挖基槽、支模板、绑扎钢筋、设置预埋件和预留孔洞、浇捣混凝土、安装结构构件以及编制施工预算和施工组织设计的依据。

结构施工图一般由基础图、上部结构布置图和结构详图组成。

本章以第3章的某培训大楼为例来说明结构施工图的内容和图示方法。该培训大楼的主要承重构件,除承重砖墙外,均采用钢筋混凝土结构。砖墙的布置和尺寸已在建筑施工图中表明,故不必再画其结构施工图,而只要在施工总说明中写明砖和砌筑砂浆的规格和强度等级。钢筋混凝土构件的布置图和结构详图是本章的主要内容。

此外,还有钢结构图和木结构图,它们均有各自的图示方法和特点。关于钢结构图和木结构图本章从略。

4.1.2　钢筋混凝土结构的基本知识和图示方法

混凝土是由水、水泥、黄砂、石子按一定比例配合搅拌而成的;把它浇入定型模板,经振捣密实和养护凝固后就形成坚硬如石的混凝土构件。混凝土抗压强度高,但抗拉强度比抗压强度低得多,容易因受拉而断裂。为了提高混凝土构件的抗拉能力,常在混凝土构件的受拉区配置一定数量的钢筋。由混凝土和钢筋两种材料构成整体的构件,叫做钢筋混凝土构件。钢筋混凝土构件按施工方法的不同,可分为现浇和预制两种。现浇是在建筑工地上现场浇捣,预制是在混凝土制品厂(也有在工地现场)预制的,分别称为现浇钢筋混凝土构件和预制钢筋混凝土构件。此外,有的构件在制作时通过张拉钢筋对混凝土施加一定的压应力,以提高构件的抗拉和抗裂性能,称为预应力钢筋混凝土构件。

1. 混凝土强度等级[①]

混凝土按其抗压强度的高低分为不同的强度等级。混凝土强度等级分为 C15,C20,C25,C30,C35,C40,C45,C50,C55,C60,C65,C70,C75 和 C80 十四个等级,数字越大,表示混凝土的抗压强度越高。

2. 钢筋等级

钢筋按其强度分成不同的等级,并分别用不同的直径符号表示:

(1) Ⅰ级钢筋,HPB300 为热轧光圆钢筋,用φ表示。

(2) Ⅱ级钢筋,HRB335 为热轧带肋钢筋,用Φ表示。

(3) Ⅲ级钢筋,HRB400 为热轧带肋钢筋,用Φ表示。

(4) Ⅳ级钢筋,HRB500 为热轧带肋钢筋,用Φ表示。

(5) 冷拔低碳钢丝,冷拔是使φ6-φ9 的光圆钢筋通过钨合金的拔丝模进行强力冷拔,钢筋通过拔丝模时,受到拉伸和压缩双重作用,使钢筋内部晶体产生塑性变形,因而能较大幅度地提高抗拉强度(可提高 50%～90%)。光圆钢筋经冷拔后称为冷拔低碳钢丝,用φ[b] 表示。

3. 钢筋的分类和作用

如图 4-1 所示,按钢筋在构件中所起的不同作用,可分为:

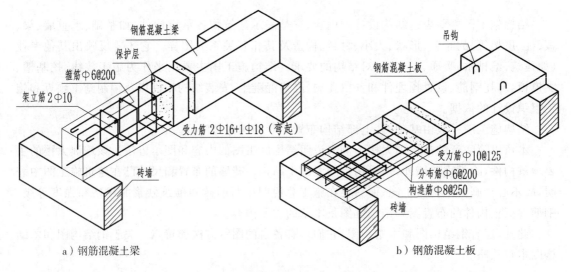

a) 钢筋混凝土梁   b) 钢筋混凝土板

图 4-1 钢筋混凝土构件的配筋构造

(1) 受力筋——是构件中主要的受力钢筋。承受构件中拉力的钢筋,叫做受拉筋;在梁、柱等构件中有时还需要配置承受压力的钢筋,叫做受压筋。

(2) 箍筋——是构件中承受剪力或扭力的钢筋,同时用来固定纵向钢筋的位置,一般用于梁和柱中。

(3) 架立筋——一般用于梁中,它与梁内的受力筋、箍筋一起构成钢筋的骨架。

(4) 分布筋——一般用于板中,它与板内的受力筋一起构成钢筋骨架。

[①] 混凝土强度等级应按立方体抗压强度标准值确定。立方体抗压强度标准值系指按照标准方法制作、养护的边长为 150 mm 的立方体试件,在 28 d 或设计规定的龄期以标准试验方法测得的具有 95%保证率的抗压强度值。
C30 表示立方体强度标准值为 30 N/mm² 的混凝土强度等级。

（5）构造筋——因构件的构造要求或施工安装需要而配置的钢筋。

构件中若采用Ⅰ级钢筋（表面光圆钢筋），为了加强钢筋与混凝土的粘结力，钢筋的两端都要做成弯钩，如梁内上部架立钢筋端部的半圆形弯钩、箍筋端部的45°斜弯钩和板内上部构造筋端部的直角弯钩等；若采用Ⅱ级或Ⅱ级以上的钢筋（表面带肋的人字形或螺纹钢筋），则钢筋的两端不必做成弯钩。

4．混凝土保护层

为了保护钢筋（防锈、防火、防腐蚀）和确保钢筋和混凝土之间的黏结力，钢筋的外边缘至构件表面应留有一定厚度的混凝土，叫做保护层。

构件中受力钢筋的保护层厚度不应小于钢筋的公称直径。设计使用年限为 50 年的混凝土结构，最外层钢筋的保护层厚度应符合表 4-1 的规定；设计使用年限为 100 年的混凝土结构，最外层钢筋的保护层厚度不应小于表 4-1 中数值的 1.4 倍。

表 4-1　　　　　　　　　　　　混凝土保护层的最小厚度　　　　　　　　　　　　（mm）

环境类别	板、墙、壳	梁、柱、杆
一	15	20
二 a	20	25
二 b	25	35
三 a	30	40
三 b	40	50

混凝土强度等级不大于 C25 时，表 4-1 中保护层厚度数值应增加 5mm；钢筋混凝土基础宜设置混凝土垫层，基础中钢筋的混凝土保护层厚度应从垫层顶面算起，且不应小于 40mm。

5．图示方法

钢筋混凝土构件的外观只能看到混凝土表面和它的外形，而内部钢筋的形状和布置是不可见的（如图 4-1 中梁、板的右半部分）。为了表达构件内部钢筋的配置情况（如图 4-1 中梁、板的左半部分），可假设混凝土为透明体。主要表示构件内部钢筋配置的图样，称为配筋图；配筋图通常由立面图和断面图组成。立面图中构件的轮廓线用中实线画出，钢筋用粗实线表示；断面图中剖切到的钢筋圆截面画成黑圆点，未剖到的钢筋仍画成粗实线，并规定不画材料图例。钢筋混凝土构件的配筋图将在本章梁、板、柱的结构详图中详细阐述。

对于外形比较复杂或设有预埋件（因构件安装或与其他构件连接需要，在构件表面预埋钢板、螺栓或吊钩等）的构件，还要另外画出表示构件外形和预埋件位置的图样，叫做模板图。在模板图中，应标注出构件的外形尺寸和预埋件的型号及其定位尺寸，它是制作构件模板和安放预埋件的依据。而对于外形比较简单、又无预埋件的构件，因在配筋图中已标注出构件的外形尺寸，就不需再画出模板图。

6．钢筋的尺寸注法

钢筋的直径、根数或相邻钢筋中心距一般采用引出线方式标注，其尺寸标注有下列两种形式：

（1）标注钢筋的根数、等级和直径，如梁内受力筋和架立筋。

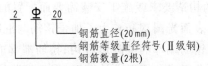

（2）标注钢筋的等级、直径和相邻钢筋中心距，如梁内箍筋和板内钢筋。

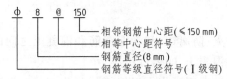

　　钢筋的长度在配筋图中一般不予标注，常列入构件的钢筋材料表中，而钢筋材料表通常由施工单位编制。

4.1.3　常用构件代号

　　《建筑结构制图标准》（GB/T 50105—2010）中规定，预制或现浇钢筋混凝土构件、钢构件和木构件，一般可以采用表4-2中所列的常用构件代号。在绘图中，除混凝土构件可以不注明材料代号外，其他材料的构件可在构件代号前加注材料代号，并在图纸中加以说明。预应力钢筋混凝土构件的代号，应在构件代号前加注"Y"，如 YKB 表示预应力钢筋混凝土多孔板。

表 4-2　　　　　　　　　　　　　　　　常用构件代号

序号	名　称	代号	序号	名　称	代号	序号	名　称	代号
1	板	B	15	吊车梁	DL	29	框架柱	KZ
2	屋面板	WB	16	圈梁	QL	30	构造柱	GZ
3	空心板	KB	17	过梁	GL	31	桩	ZH
4	槽形板	CB	18	连系梁	LL	32	挡土墙	DQ
5	折板	ZB	19	基础梁	JL	33	地沟	DG
6	密肋板	MB	20	楼梯梁	TL	34	柱间支撑	ZC
7	楼梯板	TB	21	框架梁	KL	35	垂直支撑	CC
8	盖板或沟盖板	GB	22	屋架	WJ	36	水平支撑	SC
9	挡雨板或檐口板	YB	23	托架	TJ	37	梯	T
10	吊车安全走道板	DB	24	天窗架	CJ	38	雨篷	YP
11	墙板	QB	25	框架	KJ	39	阳台	YT
12	天沟板	TGB	26	刚架	GJ	40	梁垫	LD
13	梁	L	27	支架	ZJ	41	基础	J
14	屋面梁	WL	28	柱	Z	42	设备基础	SJ

4.2　基础图

　　基础是房屋的地下承重结构部分，它把房屋的各种荷载传递到地基，起到了承上传下的作用。基础图是表示建筑物室内地面以下基础部分的平面布置和详细构造的图样，它是施工时在基地上放灰线、开挖基坑和施工基础的依据。基础图通常包括基础平面图和基础详图。

基础的形式一般取决于上部结构的形式。如本章实例某培训大楼的上部结构是砖墙和钢筋混凝土柱承重,因而它们的基础相应地设计成墙下的条形基础和柱下的独立基础。基础的形式众多,不仅与上部结构形式有关,而且与房屋的荷载大小和地基的承载能力有关,还有诸多不同的基础形式,如筏板基础、箱形基础、桩基础等。

4.2.1　基础平面图

基础平面图是表示基槽未回填土时基础平面布置的图样,如图 4-2 所示,它是采用剖切在房屋室内地面下方的一个水平剖面图来表示的。

1. 图示内容和要求

在基础平面图中,只要画出基础墙、构造柱、承重柱的断面以及基础底面的轮廓线,至于基础的细部投影都可省略不画。这些细部的形状,将具体反映在基础详图中。基础墙和柱的外形线是剖到的轮廓线,应画成中粗实线或中实线。由于基础平面图常采用 1∶100 的比例绘制,故材料图例的表示方法与建筑平面图相同,即剖到的基础墙可不画砖墙图例(也可在透明描图纸的背面涂成淡红色)、钢筋混凝土柱涂成黑色。条形基础和独立基础的底面外形线是可见轮廓线,则画成中实线。

当房屋底层平面中开有较大门洞时,为了防止在地基反力作用下门洞处室内地面的开裂隆起,通常在门洞处的条形基础中设置基础梁,如图 4-2 中 JL_1,JL_2 等。同时为了满足抗震设防的要求,在基础平面图中设置基础圈梁 JQL,与基础梁拉通,并用粗点画线表示基础梁或基础圈梁的中心线位置。构造柱可从基础梁(或基础圈梁)的底面开始设置。

2. 尺寸注法

基础平面图中必须注明基础的大小尺寸和定位尺寸。基础的大小尺寸即基础墙宽度、柱外形尺寸以及基础的底面尺寸,这些尺寸可直接标注在基础平面图上,也可以用文字加以说明(如基础墙宽均为 240,构造柱断面为 240×240)和用基础代号 J_1,J_2 等形式标注。基础代号注写在基础剖切线的一侧,以便在相应的基础断面图(即基础详图)中查到基础底面的宽度。基础的定位尺寸也就是基础墙、柱的轴线尺寸(应注意它们的定位轴线及其编号必须与建筑平面图一致)。在图 4-2 中,定位轴线都在墙身或柱的中心位置。

3. 剖切符号

在房屋的不同部位,由于荷载或地基承载力的不同,基础的形式或断面尺寸可能不同。因此,在基础平面图中,应相应地画出剖切符号并注明断面编号,本例中采用基础代号表示。断面编号或基础代号一般采用阿拉伯数字连续编号,如图 4-2 所示。

4.2.2　基础平面图的主要内容

(1) 图名、比例。

(2) 纵横定位轴线及其编号。

(3) 基础的平面布置,即基础墙、构造柱、承重柱以及基础底面的形状、大小及其与轴线之间的关系。

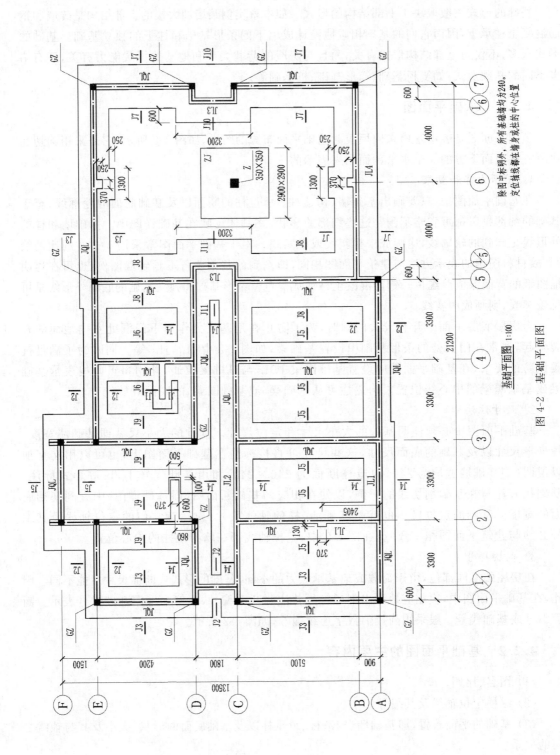

基础平面图 1:100

图 4-2 基础平面图

除图中标明外，所有基础墙均为240。
定位轴线都在墙身或柱的中心位置

（4）基础梁或基础圈梁的位置及其代号。

（5）断面图的剖切线及其编号。

（6）轴线尺寸、基础大小尺寸和定位尺寸。

（7）施工说明。

（8）当基础底面标高有变化时，应在基础平面图对应部位的附近画出一段基础的垂直剖面图，来表示基底标高的变化，并标注相应基底的标高。

4.2.3　基础详图

基础平面图只表明了基础的平面布置，而基础各部分的断面形状、大小、材料、构造以及基础的埋置深度等均未表达出来，这就需要画出各部分的基础详图。

基础详图一般采用垂直断面图来表示。图 4-3 为承重墙的基础（包括基础梁）详图。该承重墙基础是钢筋混凝土条形基础，由于各条形基础的断面形状和配筋形式是类似的，因此只要画出一个通用断面图，再附上如表 4-3 中列出的基础底面宽度 B 和基础受力筋①（基础梁受力筋②、基础梁长 l），就能把各个条形基础的形状、大小、构造和配筋表达清楚了。

表 4-3　　　　　　　　　　　　　　　　基础与基础梁

J		
基础	宽度 B	受力筋①
J_1	800	素混凝土
J_2	1 000	ϕ 8@200
J_3	1 300	ϕ 8@150
J_4	1 400	ϕ 10@200
J_5	1 500	ϕ 10@170
J_6	1 600	ϕ 12@200
J_7	1 800	ϕ 12@180
J_8	2 200	ϕ 12@150
J_9	2 300	ϕ 14@180
J_{10}	2 400	ϕ 14@170
J_{11}	2 800	ϕ 16@180
JL		
基础梁	梁长 l	受力筋②
JL_1	2 800	4 ϕ 18
JL_2	3 500	4 ϕ 22
JL_3	2 040	4 ϕ 14
JL_4	8 240	4 ϕ 25

1. 图示内容和要求

如图 4-3 所示，钢筋混凝土条形基础底面下铺设 70 mm 厚混凝土垫层。垫层的作用是使基础与地基有良好的接触，以便均匀地传布压力，并且使基础底面处的钢筋不与泥土直接接触，以防止钢筋的锈蚀。钢筋混凝土条形基础的高度由 350 mm 向两端减小到 150 mm。带半

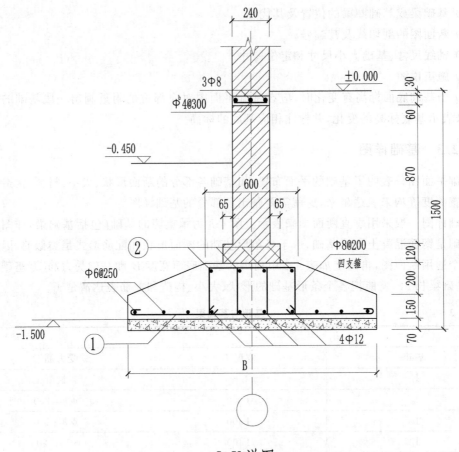

J,JL详图 1:20

图 4-3　钢筋混凝土条形基础

圆形弯钩的横向钢筋是基础的受力筋,受力筋上面均匀分布的黑圆点是纵向分布筋（ϕ6@250）。基础墙底部两边各放出 1/4 砖长、高为二皮砖厚（包括灰缝厚度）的大放脚,以增大承压面积。基础墙、基础、垫层的材料规格和强度等级见施工总说明。为防止地下水的渗透,在接近室内地面的高度设有 60 mm 厚、C20 防水混凝土的防潮层,并配置纵向钢筋 3ϕ8 和横向分布筋ϕb4@300。

　　基础梁（JL）的高度,若小于或等于条形基础的高度（本例高度相等）,则基础梁的配筋可直接画在条形基础的通用详图中。如图 4-3 所示,各基础梁的高度均等于条形基础高度,即 350 mm,宽度为 600 mm。各基础梁的受力筋②和梁长 L（即受力筋和架立筋 4ϕ12 的长度）如表 4-3 中所列。图中所注的四支箍ϕ8@200 是由两个矩形箍筋组成的,如图 4-4 所示。

　　基础圈梁可设置在室外地坪以下 500 mm 处,并从基础圈梁底面开始设置构造柱。钢筋混凝土圈梁的横断面宽度通常采用 240 mm,高度可根据实际工程确定,但不应小于 120 mm（对建造在软弱地基上的多层砖房,高度不应小于 180 mm）。本例基础圈梁高度等于条形基础高度,与基础梁部分拉通,即 240 mm×350 mm。圈梁内纵向钢筋采用 4ϕ12,箍筋采用ϕ6@250。构造柱与基础圈梁的连接详如图 4-5 所示。

　　图 4-6 为楼梯的基础详图。由于荷载较小,基础宽度只有 500 mm,故采用不配置钢筋的

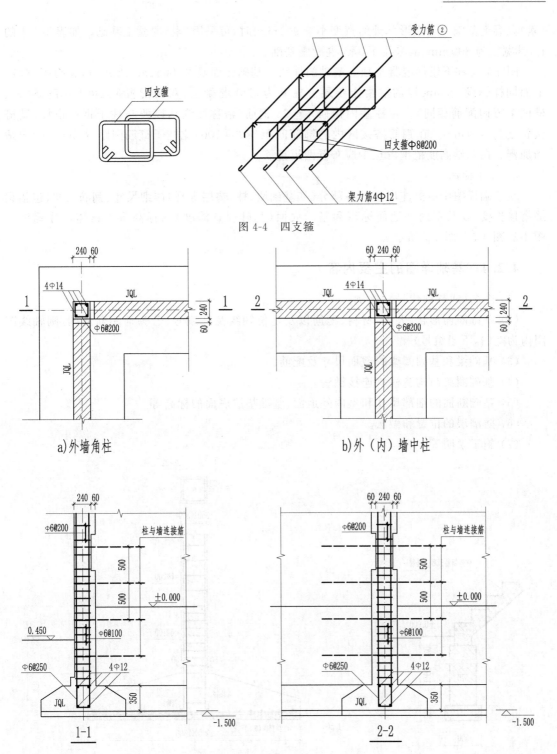

图 4-4　四支箍

a)外墙角柱　　　　　　　　　　b)外（内）墙中柱

构造柱与基础圈梁连接详图　1:20

图 4-5　构造柱与基础圈梁连接详图

(素)混凝土基础。当条形基础的宽度小于900mm时,可采用(素)混凝土基础。如表4-3中的J_1,其宽度为800mm,故采用了(素)混凝土基础。

图4-7为柱下钢筋混凝土独立基础的详图。基础底面是2900mm×2900mm的正方形,下面同样铺设70mm厚的混凝土垫层。柱基为C20混凝土,双向配置φ12@150钢筋(纵、横两个方向配筋相同)。在柱基内预插4Φ22钢筋(俗称插铁),以便与柱子钢筋搭接,其搭接长度为880mm。在钢筋搭接区内的箍筋间距(φ6@100)比柱子箍筋间距(φ6@200)要适当加密。在基础高度范围内至少应布置两道箍筋。

2. 尺寸标注

在基础详图中应标注出基础各部分(如基础墙、柱、垫层等)的详细尺寸、钢筋尺寸(包括钢筋搭接长度)以及室内外地面标高和基础底面(基础埋置深度)的标高等。具体尺寸标注如图4-3、图4-5~图4-7所示。

4.2.4　基础详图的主要内容

(1)图名(或基础代号)、比例。

(2)基础断面形状、大小、材料、配筋以及定位轴线及其编号(若为通用断面图,则轴线圆圈内为空白,不予编号)。

(3)基础梁和基础圈梁的截面尺寸及配筋。

(4)基础圈梁与构造柱的连接做法。

(5)基础断面的细部尺寸和室内外地面、基础垫层底面的标高等。

(6)防潮层的位置和做法。

(7)施工说明等。

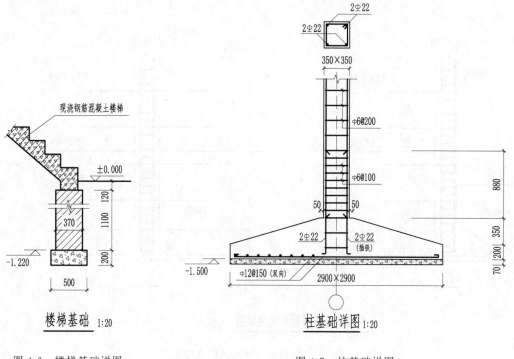

图4-6　楼梯基础详图　　　　　　　　图4-7　柱基础详图

4.3 结构平面图

表示房屋上部结构布置的图样,叫做结构布置图。在结构布置图中,采用最多的是结构平面图的形式。

结构平面图是表示建筑物室外地面以上各层平面承重构件布置的图样。在楼层结构中,当底层地面直接做在地基上(无架空层)时,它的地面层次、做法和用料已在建筑图(如明沟、勒脚详图)中表明,无需再画底层结构平面图,只要画出楼层结构平面和屋顶结构平面图,用来分别表示各层楼面和屋面承重构件(如梁、板、柱、墙、构造柱、门窗过梁和圈梁等)的平面布置情况。它是施工时布置和安放各层承重构件的依据。

4.3.1 楼层结构平面图

现以某培训大楼的二层结构平面图为例,来说明楼层结构平面图所表达的内容和图示要求,如图 4-8 所示。

1. 图示内容和要求

该培训大楼的楼面荷载是通过楼板传递给墙或楼面梁的。走廊板搁置在轴线ⓒ,ⓓ的纵墙和纵梁 L_4,L_5 上。轴线①—⑤间的宿舍、男厕、盥洗室以及楼梯间楼面部分的楼板都搁置在相邻的横墙上(对照图 3-6 二层建筑平面图)。轴线⑤—⑦间的底层平面是开间较大的活动室、阅览室(图 3-5),中间设一钢筋混凝土承重柱,并在纵、横方向布置楼面梁 L_1 和 L_3,楼板则搁置在横墙和横梁 L_3 上。轴线⑤—⑦之间的二层平面用砖墙分隔成宿舍、走廊和会议室,砖墙砌筑在梁的顶面上。为了承受二层会议室与走廊间的半砖隔墙的重量,在轴线ⓓ上再加设纵梁 L_2。出入口雨篷由外挑雨篷梁 YPL_{2A},YPL_{4A},YPL_{2B} 和雨篷板 YPB_1 组成,阳台由阳台梁 YTL_1 和外挑阳台板 YTB 组成。此外,为了加强房屋的整体刚度,在各层楼板和屋面板下的砖墙中均需设置一道钢筋混凝土圈梁(QL,QL_A)以及门窗洞上过梁 YGL($YGL209$,$YGL215$ 等)。

楼板有预制板和现浇板两种。预制楼板 YKB 通常采用定型的预应力多孔板;为满足厕所、盥洗室上下水管道留孔的需要,在靠近轴线ⓔ处分别有一块宽 560 mm 和 500 mm 的现浇板 B_1 和 B_2。

楼梯间的结构布置一般在楼层结构平面图中不予表示,而用较大比例(如 1:50)单独画出楼梯结构平面图,本例将在后面结构详图中再作说明。

二层结构平面图是采用在二层楼面上方的一个水平剖面图来表示的。为了画图方便,习惯上也可把楼板下的不可见墙身线和门窗洞位置线(应画虚线)改画成细实线。各种梁(如楼面梁、雨篷梁、阳台梁、圈梁和门窗过梁等)用粗点画线表示它们的中心线位置。预制楼板的布置不必按实际投影分块画出,而简化为一条细对角实线来表示楼板的布置范围,并沿着对角线方向注写预制楼板的块数和型号。

楼层结构平面图的定位轴线及其编号,必须与相应的建筑平面图相一致。

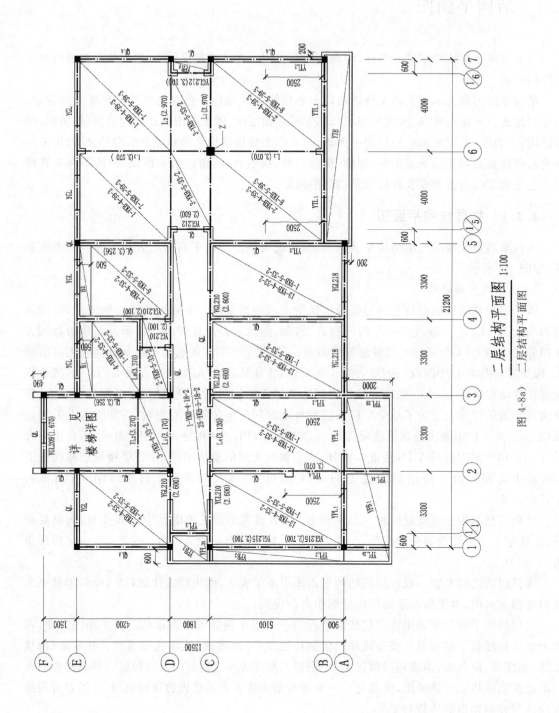

二层结构平面图 1:100

二层结构平面图

图（4-8a）

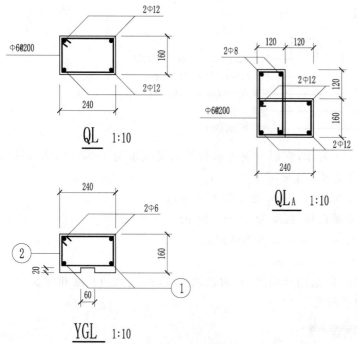

YGL 表格及说明：

YGL			
型号	梁长 L	受力筋①	箍筋②
YGL209	1400	2 φ 10	φ 6@150
YGL210	1500		
YGL212	1700	2 φ 10	φ 6@200
YGL215	2000		ϕ^b 4@200
YGL218	2300	2 φ 12	

现浇圈梁 QL、QLA 的梁底标高除图中括号内注明外，其余均为 3.285；现浇雨篷梁 YPL 的梁底标高除图中括号内注明外，其余均为 3.100；阳台梁 YTL 的梁底标高均为 3.100。

当 YPL、YTL 的位置与圈梁重叠时，则应与圈梁拉通。预应力多孔板 YKB 的板底标高除厕所、盥洗部分为 3.425 外，其余均为 3.445。

雨篷板 YPB 的板底标高为 3.100。

阳台板 YTB 的板底标高为 3.440。

图 4-8b)　QL、YGL 详图

在多层以砖墙承重的混合结构房屋中，在墙的拐角处、内外墙交接处及楼梯间的四周设置构造柱，构造柱的断面尺寸同两侧的墙厚，在本例中为 240 mm×240 mm，以代号 GZ 表示，构造柱在结构平面图中一般以涂黑表示。构造柱与基础、墙体及圈梁等构件的可靠连接，提高了房屋的整体性和砌体的抗剪强度。

为了进一步阅读二层结构平面图，现把该层楼面的各种梁、板、柱的名称、代号和规格说明如下：

L——现浇楼面梁[L_1, L_2 为矩形断面 240×600；L_3 为十字形断面（花篮梁），其断面形状及尺寸详见图 4-14；L_4 为矩形断面 240×450；L_5 为矩形断面 240×400；L_6 为矩形断面 240×200]。

TL——现浇楼梯梁（TL_2 为矩形断面 200×300，详见图 4-17）。

YPL——现浇雨篷梁（YPL_1，YPL_{2B}，YPL_{3A} 为矩形断面 240×300；YPL_2，YPL_3 为矩形断面 240×370；YPL_4 为矩形断面 240×500；YPL_{2A}，YPL_{4A} 为矩形变截面梁 240×200～300）。

YTL——现浇阳台梁（YTL_1 为矩形断面 240×450；YTL_2，YTL_3 为矩形断面 240×370）。

QL，QLA——现浇圈梁[QL 为矩形断面 240×160；QLA 为山墙缺口圈梁，详见图 4-8b)]。当圈梁与其他梁（如雨篷梁、阳台梁等）的平面位置重叠时，则应连接拉通。

YGL——预制门窗过梁（详见图 4-8）。

如：

YGL　2　09

门窗洞宽度为 900 mm

断面尺寸为 240 mm × 160 mm

预制过梁

YKB——预制预应力多孔板。

如：

6 - YKB - 5 - 33 - 2

两圆孔间预应力钢筋数量(2根)
板长代号(实际长度3 280 mm)
板宽代号(实际宽度480 mm)
预应力多孔板
构件数量(6块)

板宽代号用数字 4,5,6,8,9,12 表示,它们分别表示板的名义宽度为 400,500,600,800,900 和 1200 mm,而板的实际宽度比名义宽度减小 20 mm。

YPB——现浇雨篷板(YPB$_1$，YPB$_2$，YPB$_3$ 板厚均为 90 mm)。

YTB——现浇阳台板(上坡变截面板,板厚为 100~120 mm)。

Z——现浇柱(二层为 250 mm×250 mm 正方形断面)。

GZ——构造柱(断面均为 240 mm×240 mm)。

图 4-8b)为 QL,QL$_A$ 和 YGL 的通用断面图,并附表说明 YGL 过梁的长度和配筋。

图 4-9 为全现浇的楼层结构平面图。

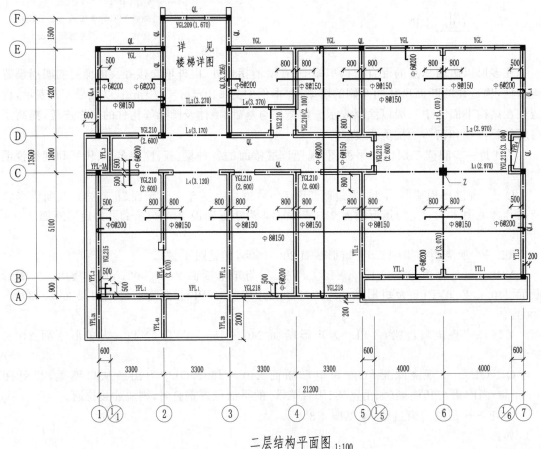

二层结构平面图 1:100

图 4-9 二层结构平面图(现浇)

2. 尺寸注法

结构平面图中应标注出各轴线间尺寸和轴线总尺寸,还应标明有关承重构件的平面尺寸,如雨篷和阳台的外挑尺寸、雨篷梁和阳台梁伸进墙内的尺寸、楼梯间两侧横墙的外伸尺寸和局部现浇板的宽度尺寸等。此外,还必须注明各种梁、板的结构底面标高,作为安装或支模的依据。梁、板的底面标高可以注写在构件代号后的括号内,也可以用文字作统一说明。

4.3.2 其他的结构布置图

1. 屋顶结构平面图

屋顶结构平面图是表示屋面承重构件平面布置的图样,其内容和图示要求与楼面结构平面图基本相同(图略)。由于屋面排水需要,屋面承重构件可根据需要按一定的坡度布置,并设置天沟板。此外,屋顶结构平面图中常附有屋顶水箱等结构以及上人孔等。

2. 柱、吊车梁、连系梁(或墙梁)、柱间支撑结构布置图

单层厂房应画出柱、吊车梁、柱间支撑的结构平面布置图,还需另外画出外墙连系梁(或墙梁)、柱间支撑的结构立面布置图(详见附录七有关图纸)。

3. 屋架及支撑结构布置图

单层厂房的跨度较大,一般设有屋架及屋架支撑。屋架及支撑结构布置图除了由平面图表示外,还需另画出它们的纵向垂直剖面图。屋架及支撑平面图也可以与屋面结构平面图合并在一起绘制(详见附录七有关图纸)。

4.3.3 结构平面图的主要内容

(1) 图名、比例。

(2) 定位轴线及其编号。

(3) 下层承重墙和门窗洞的布置,本层柱子的位置。

(4) 楼层或屋顶结构构件的平面布置,如各种梁(楼面梁、屋面梁、雨篷梁、阳台梁、门窗过梁、圈梁等)、楼板(或屋面板)的布置和代号等。

(5) 单层厂房则有柱、吊车梁、连系梁(或墙梁)、柱间支撑结构布置图和屋架及支撑布置图。

(6) 轴线尺寸和构件定位尺寸(含标高尺寸)。

(7) 附有有关屋架、梁、板等与其他构件连接的构造图。

(8) 施工说明等。

4.4 钢筋混凝土构件结构详图

结构布置图只表示出建筑物各承重构件的布置情况,至于它们的形状、大小、构造和连接情况等则需要分别画出各承重构件的结构详图来表示。

某培训大楼的承重构件除砖墙外,主要是钢筋混凝土结构。钢筋混凝土构件有定型构件和非定型构件两种。定型的预制构件或现浇构件可直接引用标准图或本地区的通用图,只要在图纸上写明选用构件所在的标准图集或通用图集的名称、代号,便可查到相应的结构详图,因而不必重复绘制。自行设计的非定型预制构件或现浇构件,则必须绘制结构详图。

钢筋混凝土构件的图示方法和要求以及钢筋尺寸注法见4.1节4.1.2的说明。

下面选择该培训大楼工程中具有代表性的梁、板、柱构件以及构造柱与墙体连接、构造柱与圈梁连接来说明钢筋混凝土构件的结构详图所表达的内容。

4.4.1 钢筋混凝土梁

钢筋混凝土梁的结构一般用立面图和断面图表示。图4-10为两跨钢筋混凝土梁的立面图和断面图。该梁的两端搁置在砖墙上，中间与钢筋混凝土柱（Z）连接。由于两跨梁上的断面、配筋和支承情况完全对称，则可在中间对称轴线（轴线⑥）的上下端部画上对称符号。这时只需要在梁的左边一跨内画出钢筋的配置详图（图4-10中右边一跨也画出了钢筋配置，当画出对称符号后，右边一跨可以只画梁外形），并标注出各种钢筋的尺寸。梁的跨中下面配置三根钢筋（即2Φ16+1Φ18），中间的一根Φ18钢筋在近支座处按45°方向弯起，弯起钢筋上部弯平点的位置离墙或柱边缘距离为50mm。墙边弯起钢筋伸入到靠近梁的端面（留一保护层厚度）；柱边弯起钢筋伸入梁的另一跨内，距下层柱边缘为1000mm。由于Ⅱ级钢筋的端部不做弯钩，因此在立面图中当几根纵向钢筋的投影重叠时，就反映不出钢筋的终端位置。现规定用45°方向的短粗线作为无弯钩钢筋的终端符号。梁的上面配置两根通长钢筋（即2Φ18），箍筋为Φ8@150。按构造要求，靠近墙或柱边缘的第一道箍筋的距离为50mm，即与弯起钢筋上部弯平点位置一致。在梁的进墙支座内布置两道箍筋。梁的断面形状、大小及不同断面的配

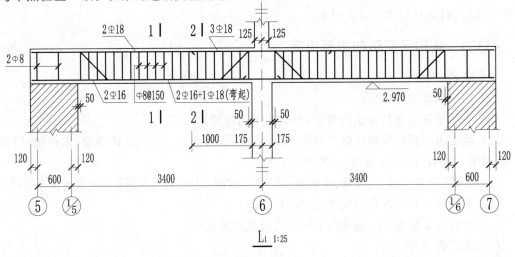

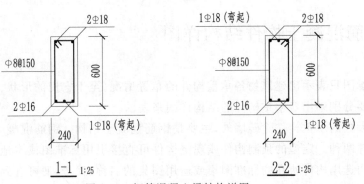

图4-10 钢筋混凝土梁结构详图

筋,则用断面图表示。1—1 为跨中断面,2—2 为近支座处断面。除了详细注出梁的定形尺寸和钢筋尺寸外,还应注明梁底的结构标高。

4.4.2　钢筋混凝土板

图 4-11 是预制的预应力多孔板(YKB－5－××－2)的横断面图。板的名义宽度应是 500 mm,但考虑到制作误差(若板宽比 500 mm 稍大时,可能会影响板的铺设)及板间构造嵌缝,故板宽的设计尺寸定为 480 mm。YKB 是某建筑构配件公司下属混凝土制品厂生产的定型构件,因此不必绘制结构详图。

图 4-12 是用于屋面的预制天沟板(TGB)的横断面图。它是非定型的预制构件,故需画出结构详图。本例天沟板的板长有 3 300 mm 和 4 000 mm 两种。

图 4-13 是现浇雨篷板(YPB$_1$)的结构详图,它是采用一个剖面图来表示的,非定型的现浇构件。YPB$_1$ 是左端带有外挑板(轴线①的左面部分)的两跨连续板,它支撑在外挑雨篷梁(YPL$_{2A}$,YPL$_{4A}$,YPL$_{2B}$)上。由于建筑上要求,雨篷板的板底做平,故雨篷梁设在雨篷板的上方(称为逆梁)。YPL$_{2A}$,YPL$_{4A}$ 是矩形变截面梁,梁宽为 240 mm,梁高为 200～300 mm;YPL$_{2B}$ 为矩形等截面梁,断面为 240 mm×300 mm。

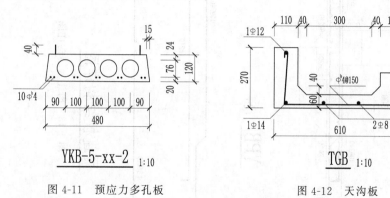

图 4-11　预应力多孔板　　　　　　　　图 4-12　天沟板

雨篷板(YPB$_1$)采用弯起式配筋,即板的上部钢筋是由板的下部钢筋直接弯起,为了便于识读板的配筋情况,现把板中受力筋的钢筋图画在配筋图的下方。在钢筋混凝土构件的结构详图中,除了配筋比较复杂外,一般不另画钢筋图。

若板中的上、下部受力筋分别单独配置(无弯起钢筋),则称为分离式配筋,如图 4-1b)所示。

板的配筋图中除了必须标注出板的外形尺寸和钢筋尺寸外,还应注明板底的结构标高。

当结构平面图采用较大比例(如 1:50)时,也可以把现浇板配筋(受力筋)的钢筋图直接画在板的平面图上,从而省略了板的结构详图。

4.4.3　钢筋混凝土柱

图 4-14 是现浇钢筋混凝土柱(Z)的立面图和断面图。该柱从柱基起直通四层楼面。底层柱为正方形断面 350 mm×350 mm。受力筋为 4 ϕ 22(见 3—3 断面),下端与柱基插铁搭接,搭接长度为 880 mm;上端伸出二层楼面 880 mm,以便与二层柱受力筋 4 ϕ 22(见 2—2 断面)搭接。二、三层柱为正方形断面 250 mm×250 mm。二层柱的受力筋上端伸出三层楼面 880 mm 与三

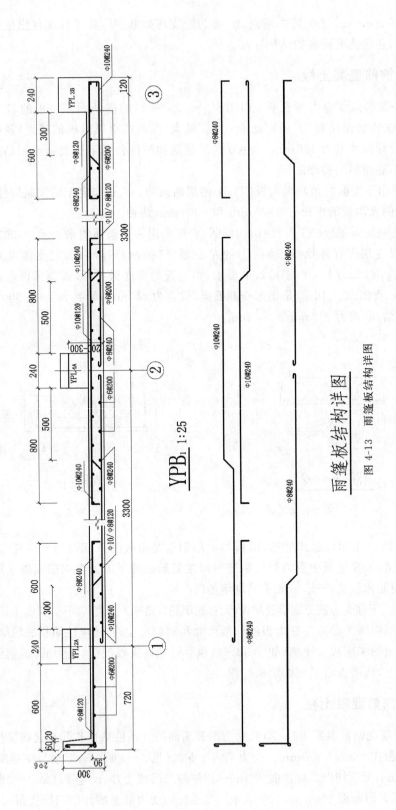

图 4-13　雨篷板结构详图

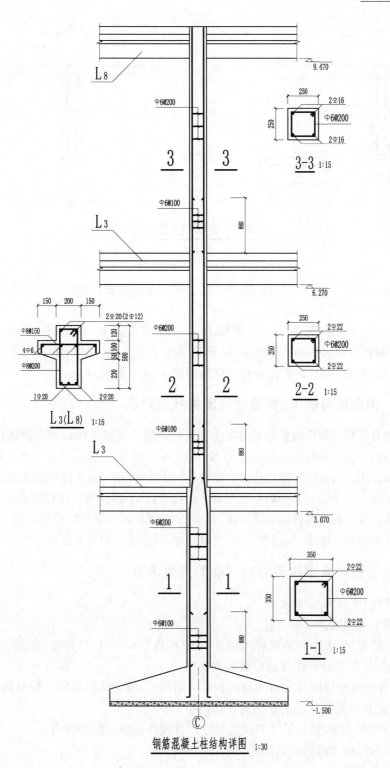

图 4-14　钢筋混凝土柱结构详图

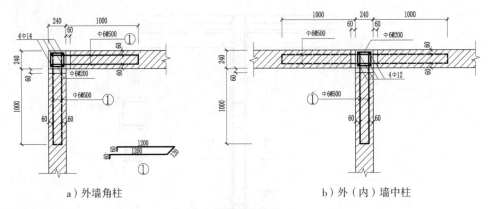

a）外墙角柱   b）外（内）墙中柱

构造柱与墙体连接详图 1:20

图 4-15 构造柱与墙体连接详图

层柱的受力筋 4 ф 16（见 1—1 断面）搭接。受力筋搭接区的箍筋间距需适当加密为 ф 6@100；其余箍筋均为 ф 6@200。

在柱（Z）的立面图中还画出了柱连接的二、三层楼面梁 L_3 和四层楼面梁 L_8 的局部（外形）立面。因搁置预制楼板（YKB）的需要，同时也为了提高室内梁下净空高度，把楼面梁断面做成十字形（俗称花篮梁），其断面形状和配筋如图 4-14 左侧所示。

4.4.4 构造柱与墙体、构造柱与圈梁连接详图

在多层混合结构房屋中设置钢筋混凝土构造柱是提高房屋整体延性和砌体抗剪强度、使之增加抗震能力的一项重要措施。构造柱与基础、墙体、圈梁必须保证可靠连接。图 4-15 为构造柱与墙体连接详图。构造柱与墙连接处沿墙高每隔 500 mm 设 2 ф 6 拉结钢筋，每边伸入墙内不宜小于 1000 mm。图 4-15a）为外墙角柱与墙体连接图，图 4-15b）为外（内）墙中柱与墙体连接图。构造柱与墙体连接处的墙体宜砌成马牙槎，在施工时先砌墙，后浇构造柱的混凝土。在墙体砌筑时应根据马牙槎的尺寸要求，从柱角开始，先退后进，以保证柱脚为大截面。

4.4.5 钢筋混凝土构件结构详图的主要内容

（1）构件代号（图名）、比例。

（2）构件定位轴线及其编号。

（3）构件的形状、大小和预埋件代号及布置（模板图）。当构件的外形比较简单、又无预埋件时，可只画配筋图来表示构件的形状和钢筋配置。

（4）梁、柱的结构详图通常由立面图和断面图组成，板的结构详图一般只画它的断面图或剖面图，也可把板的配筋直接画在结构平面图中。

（5）构件外形尺寸、钢筋尺寸和构造尺寸以及构件底面的结构标高。

（6）各结构构件之间的连接详图。

（7）施工说明等。

4.5　楼梯结构详图

　　某培训大楼的楼梯为钢筋混凝土的双跑板式楼梯。双跑楼梯是指从下一层楼(地)面到上一层楼面需要经过两个梯段,两梯段之间设一楼梯平台;板式楼梯是指梯段的结构形式,每一梯段是一块梯段板(梯段板中不设斜梁),梯段板直接支承在基础或楼梯梁上。

　　楼梯结构详图由各层楼梯平面图和楼梯剖面图组成。

4.5.1　楼梯结构平面图

　　楼层结构平面图中虽然也包括了楼梯间的平面位置,但因比例较小(1∶100),不易把楼梯构件的平面布置和详细尺寸表达清楚,而底层又往往不画底层结构平面图。因此楼梯间的结构平面图通常需要用较大的比例(如1∶50)另行绘制,如图4-16所示。楼梯结构平面图的图示要求与楼层结构平面图基本相同,它也是用水平剖面图的形式来表示的,但水平剖切位置有所不同。为了表示楼梯梁、梯段板和平台板的平面布置,通常把剖切位置放在层间楼梯平台的上方;底层楼梯平面图的剖切位置在一、二层间楼梯平台的上方;二(三)层楼梯平面图的剖切位置在二、三(三、四)层间楼梯平台的上方;本例四层(即顶层)楼面以上无楼梯,则四层楼梯平面图的剖切位置就设在四层楼面上方的适当位置。

　　若把图4-16的楼梯结构平面图与图3-5、图3-6和图3-7建筑平面图中的楼梯间部分相对照,就可以看出由于水平剖切平面位置的不同,所得到的楼梯平面图中梯段的表示也有差异。

　　楼梯结构平面图应分层画出,当中间几层的结构布置和构件类型完全相同时,则只要画出一个标准层楼梯平面图。如图4-16所示的中间一个平面图,即为二、三层楼梯的通用平面图。

　　楼梯结构平面图中各承重构件,如楼梯梁(TL)、楼梯板(TB)、平台板(YKB)、窗过梁(YGL)和圈梁(QL)等的表达方式和尺寸注法与楼层结构平面图相同,这里不再赘述。在平面图中,梯段板的折断线按投影法理应与踏步线方向一致,为避免混淆,按制图标准规定画成倾斜方向。在楼层结构平面图中除了要注出平面尺寸外,通常还需注出各种梁底的结构标高。

4.5.2　楼梯结构剖面图

　　楼梯的结构剖面图是表示楼梯间的各种构件的竖向布置和构造情况的图样。由楼梯结构平面图中所画出的1—1剖切线的剖视方向而得到的楼梯1—1剖面图,如图4-17所示。它表明了剖切到的梯段(TB_1,TB_2)的配筋、楼梯基础墙、楼梯梁(TL_1,TL_2,TL_3)、平台板(YKB)、部分楼板、室内外地面和踏步以及外墙中窗过梁(YGL209)和圈梁(QL)等的布置,还表示出未剖切到梯段的外形和位置。与楼梯平面图相类似,楼梯剖面图中的标准层可利用折断线断开,并采用标注不同标高的形式来简化。

　　在楼梯结构剖面图中,应标注出轴线尺寸、梯段的外形尺寸和配筋、层高尺寸以及室内外地面和各种梁、板底面的结构标高等。

　　在图4-17的右侧,还分别画出了楼梯梁(TL_1,TL_2,TL_3)的断面形状、尺寸和配筋。

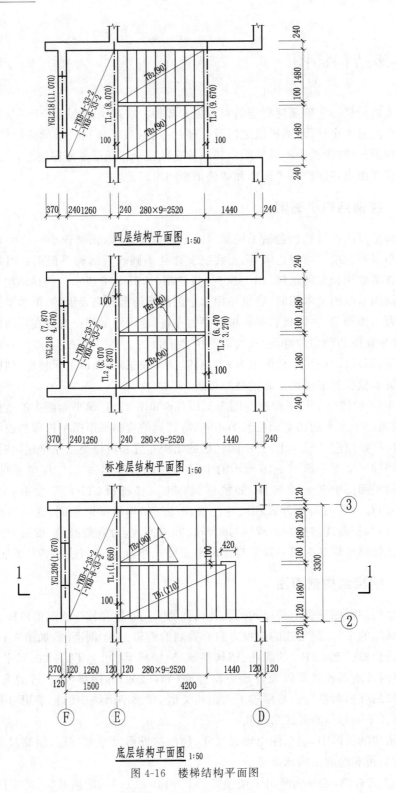

四层结构平面图 1:50

标准层结构平面图 1:50

底层结构平面图 1:50

图 4-16　楼梯结构平面图

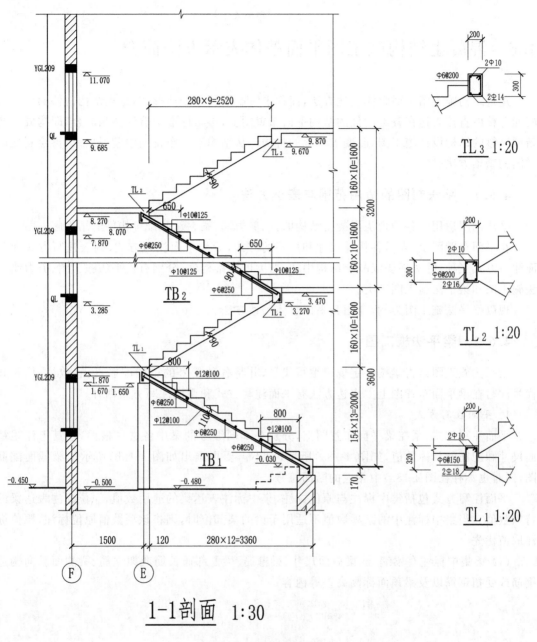

图 4-17　楼梯剖面图

4.5.3　楼梯结构详图的主要内容

（1）楼梯平面图表明各构件（如楼梯梁、梯段板、平台板以及楼梯间的门窗过梁等）的平面布置和代号、大小和定位尺寸以及它们的结构标高。

（2）楼梯剖面图表明各构件的竖向布置和构造、梯段板和楼梯梁的形状和配筋（当平台板和楼板为现浇板时的配筋）、断面尺寸、定位尺寸和钢筋尺寸以及各构件底面的结构标高等。

4.6　混凝土结构施工图平面整体表示方法简介

建筑结构施工图平面整体表达方法,简称平法制图。其表达形式,是把结构构件的尺寸和配筋等整体直接表达在各类构件的结构平面布置图上,再与标准构造详图相配合,即构成一套新型完整的结构设计施工图,改变了传统的将构件从结构平面布置图中索引出来,再绘制配筋详图的繁琐方法。

4.6.1　平法制图的适用范围与表达方法

平法制图适用于各种现浇混凝土结构的柱、剪力墙、梁、板、基础等构件的结构施工图。

在平面布置图上,表示各构件尺寸和配筋的方式,分为平面注写方式、列表注写方式和截面注写方式三种;针对现浇混凝土结构中柱、剪力墙和梁构件,分别有柱平法施工图、剪力墙平法施工图和梁平法施工图三类。

现以梁平法施工图为例,介绍其平面整体表达方法。

4.6.2　梁平法施工图

梁平法施工图是将梁按一定规律编写代号,并将各种代号的梁的配筋直径、数量、位置和代号注写在梁平面布置图上。表达方法有平面注写方式和截面注写方式两种。

1. 平面注写方式

平面注写方式,系在梁平面布置图上,分别在不同编号的梁中各选一根梁,在其上注写截面尺寸和配筋的具体数值,如图 4-18a)所示,而不需要再画出如图 4-18b)所示的梁截面配筋图,同时也不存在图 4-18a)中相应的断面符号。

平面注写方式包括集中标注与原位标注,集中标注表达梁的通用数值,原位标注表达梁的特殊数值。当集中标注中的某项数值不适用于梁的某部位时,则将该项数值原位标注,原位标注取值优先。

(1)梁集中标注有梁编号、梁截面尺寸、梁箍筋、梁上部通长筋或架立筋、梁侧面纵向构造钢筋或受扭钢筋以及梁顶面标高高差等内容。

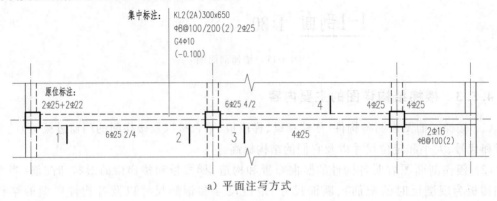

a)平面注写方式

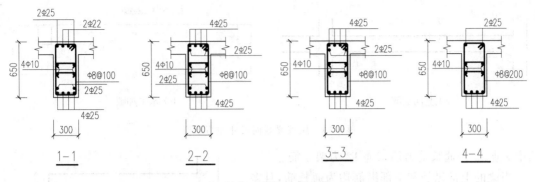

b) 梁截面配筋表达方式

图 4-18　梁平面注写方式

① 梁编号,由梁类型代号、序号、跨数及有无悬挑代号几项组成,其含义如表 4-4 所示。

表 4-4　　　　　　　　　　　　　　　　梁编号

梁类型	代号	序号	跨数及是否带有悬挑	备注
楼层框架梁	KL	××	(××)、(××A) 或(××B)	(××A)为一端有悬挑, (××B)为两端有悬挑, 悬挑不计入跨数
楼层框架扁梁	KBL			
屋面框架梁	WKL			
框支梁	KZL			
托柱转换梁	TZL			
非框架梁	L			
悬挑梁	XL			
井字梁	JZL			

如 KL2(3A)表示该梁为框架梁,序号为 2,共有三跨,且一端带有悬挑。

非框架梁 L、井字梁 JZL 表示端支座为铰接;当非框架梁 L、井字梁 JZL 端支座上部纵筋为充分利用钢筋的抗拉强度时,在梁代号后加"g",如 Lg7(5)表示第 7 号非框架梁,5 跨,端支座上部纵筋为充分利用钢筋的抗拉强度。

② 梁截面尺寸。当为等截面梁时,用 $b \times h$ 表示,300×650 表示这根梁宽 300mm,高650mm;当为竖向加腋梁时,用 $b \times h$　$Yc_1 \times c_2$ 表示,其中 c_1 为腋长,c_2 为腋高,如图 4-19a)所示;当为水平加腋梁时,一侧加腋时用 $b \times h$　$PYc_1 \times c_2$ 表示,其中 c_1 为腋长,c_2 为腋宽,加腋部位应在平面图中绘制,详见图 4-19b)所示。当有悬挑梁且根部和端部高度不同时,用斜线分隔根部与端部的高度值,即为 $b \times h_1/h_2$,其中 h_1 为根部高度,h_2 为端部高度,如图 4-20所示。

③ 梁箍筋,包括钢筋等级、直径、加密区与非加密区的间距及肢数。箍筋加密区与非加密区的不同间距及肢数需用斜线"/"分隔,箍筋肢数应写在括号内。如 φ10@100/200(2),表示直径为 10mm 的Ⅰ级钢筋,加密区间距为 100mm,非加密区间距为 200mm,均为双肢箍;又如φ8@100(4)/150(2)则表示加密区箍筋间距为 100,四肢箍,非加密区间距为 150,双肢箍。

④ 梁上部通长筋或架立筋根数和直径。如 2φ25,表示梁上部有 2 根直径为 25 通长的Ⅱ级钢筋;当同排钢筋中既有通长筋,又有架立筋时,应用加号"+"相连,如 2φ22+2φ12,

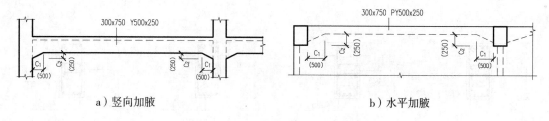

a）竖向加腋   b）水平加腋

图 4-19   加腋梁截面尺寸注写示意

其中 2Φ22 为通长受力筋，2Φ12 为架立筋。

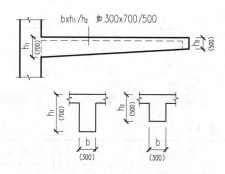

图 4-20   悬挑梁不等高截面尺寸注写示意

当梁的上部纵筋和下部纵筋均为通长筋，且多数跨配筋相同时，可将梁上部与下部通长筋同时标注，中间用分号";"隔开，分号前表示梁上部通长筋，分号后表示下部通长筋。

⑤ 梁侧面纵向构造钢筋或受扭钢筋，纵向构造钢筋以 G 打头，纵向受扭钢筋以 N 打头。如 G4Φ12，表示梁的两个侧面共配置 4Φ12 的纵向构造钢筋，每侧各配置 2Φ12；N6Φ22 则表示梁的两个侧面共配置 6Φ22 的受扭纵向钢筋，每侧各配置 3Φ22。

⑥ 梁顶面标高高差，指梁顶面相对于结构层楼面标高的差值，写在括号内，此项为选注值。如（－0.100）表示该根梁顶面比楼面标高低 0.100 m；如（＋0.150）则表示该梁顶面比楼面标高高 0.150 m；若无高差，则无此项内容。

（2）梁原位标注有以下几项内容：

① 梁支座上部纵筋的数量、等级和规格，包括上部通长筋，写在梁的上方，且靠近支座。上部纵筋多于一排时，用斜线"/"将各排纵筋自上而下分开，如 6Φ22 4/2 表示上一排纵筋为 4Φ22，下一排纵筋为 2Φ22。

当同排纵筋有两种直径时，用加号"＋"将两种直径的纵筋相连，将角部纵筋写在前面。如 2Φ25＋2Φ22/3Φ22，表示上一排纵筋为 2Φ25 和 2Φ22，其中 2Φ25 放在角部，下一排纵筋为 3Φ22。

当梁中间支座两边的上部纵筋不同时，须在支座两边分别标注；当梁中间支座两边的上部纵筋相同时，可仅在支座的一边标注配筋值，另一边省去不注。

② 梁下部纵筋的数量、等级和规格，写在梁的下方，且靠近跨中。

当下部纵筋多于一排时，用斜线"/"将各排纵筋自上而下分开，如 6Φ25 2/4，则表示上一排纵筋为 2Φ25，下一排纵筋为 4Φ25，全部伸入支座。

当同排纵筋有两种直径时，用加号"＋"将两种直径的纵筋连在一起，放在角部的钢筋放在前面。如 2Φ22/2Φ25＋2Φ22，表示上一排纵筋为 2Φ22，下一排纵筋为 2Φ25 和 2Φ22，其中 2Φ25 放在角部。

当梁下部纵筋不全部伸入支座时，将梁支座下部减少的数量写在括号内。如 6Φ25 2(-2)/4，则表示上一排纵筋为 2Φ25，且不伸入支座；下一排纵筋为 4Φ25，全部伸入支座。

如果梁的集中标注中分别注写了梁上部和下部均为通长的纵筋值时，则不需在梁下部重复做原位标注。

③ 附加箍筋或吊筋,可将其直接画在平面图的主梁上,并用引线注明配筋值,如 2 ϕ 18 吊筋,8 ϕ 8(2)箍筋。当多数附加箍筋或吊筋相同时,可在梁平法施工图上统一注明,少数有变化时,再原位引注。

④ 如在梁上集中标注的内容,在原位标注中出现,且与集中标注内容不同时,表示集中标注中相关的内容不适用于该处,此时应按原位标注数值取用。

图 4-21 为梁平法施工图平面注写方式的实例。

2. 截面注写方式

在绘制的梁平面布置图上,分别在不同编号的梁上各选择一根梁用剖面号(单边截面号)引出配筋图,在截面配筋详图上注写截面尺寸 $b \times h$、上部筋、下部筋、侧面构造筋或受扭筋以及箍筋等,其表达形式与平面注写方式相同。

截面注写方式既可以单独使用,也可与平面注写方式结合使用。

图 4-22 为应用截面注写方式表示的梁平面施工图。

4.6.3 柱平法施工图

柱平法施工图系指在柱平面布置图上采用列表注写方式或截面注写方式表达。

柱平面布置图,可采用适当比例单独绘制,也可与剪力墙布置图合并绘制。

在柱平法施工图中,应注明各结构层的楼面标高、结构层高及相应的结构层号,尚应注明上部结构嵌固部位位置。

1. 列表注写方式

在柱平面布置图上,分别在同一编号的柱中选择一个截面标注几何参数代号;在柱表中注写柱编号、柱段起止标高、几何尺寸与配筋的具体数值,并配以各种柱截面形状及其箍筋类型图。柱表注写内容如下。

(1)柱编号。由类型代号和序号组成,应符合表 4-5 的规定。

表 4-5 柱编号

柱类型	代号	序号
框架柱	KZ	
转换柱	ZHZ	
芯柱	XZ	××
梁上柱	LZ	
剪力墙上柱	QZ	

(2)各段柱的起止标高。自柱根部往上以变截面的位置或截面未变但配筋改变处为界分段注写。

(3)截面尺寸。对应矩形柱,注写截面尺寸 $b \times h$ 及与轴线关系的几何参数代号 b_1、b_2 和 h_1、h_2 的具体数值,需对应于各段柱分别注写。对于圆柱,$b \times h$ 一栏改用在圆柱直径数字前加 d 表示;为表达简单,圆柱截面与轴线的关系也用 b_1、b_2 和 h_1、h_2 表示,并使 $d = b_1 + b_2 = h_1 + h_2$。

建筑工程制图(第7版)

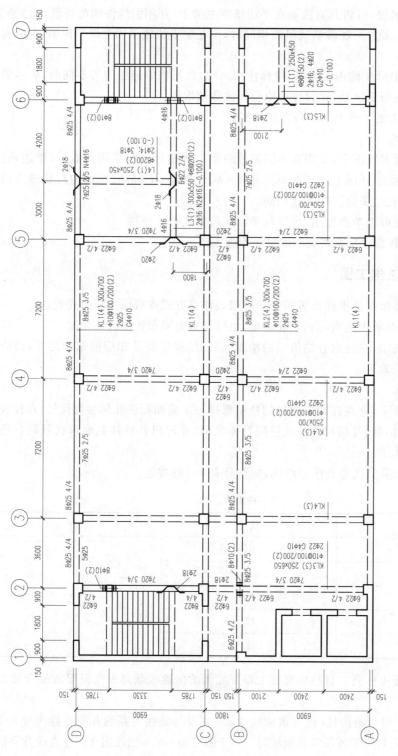

图 4-21 梁平法施工图平面注写方式

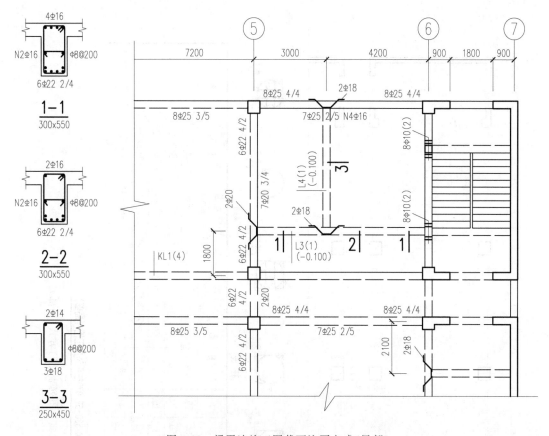

图 4-22 梁平法施工图截面注写方式(局部)

（4）柱纵筋。当柱纵筋直径相同，各边根数也相同时，将纵筋注写在"全部纵筋"一栏中；除此之外，柱纵筋分角筋、截面 b 边中部筋和 h 边中部筋三项分别注写。

（5）柱箍筋。包括箍筋类型号及肢数、钢筋级别、直径与间距。用斜线"/"区分柱段箍筋加密区与柱身非加密区长度范围内的不同间距。如 $\phi10@100/200$，表示箍筋 I 级钢筋，直径为 10mm，加密区间距为 100mm，非加密区间距为 200mm。

图 4-23 为采用列表注写方式表达的柱平法施工图示例。

2. 截面注写方式

在柱平面布置图的柱截面上，分别在同一编号的柱中选择一个截面，以直接注写截面尺寸和配筋具体数值的方式来表达柱平法施工图。

按表 4-5 对柱截面进行编号，从相同编号的柱中选择一个截面，按另一种比例原位放大绘制柱截面配筋图，并在各配筋图上继其编号后再注写截面尺寸 $b \times h$、角筋或全部纵筋、箍筋的具体数值，以及在柱截面配筋图上标注柱截面与轴线关系 b_1、b_2、h_1、h_2 的具体数值。

图 4-24 为采用截面注写方式表达的柱平法施工图示例。

建筑工程制图(第7版)

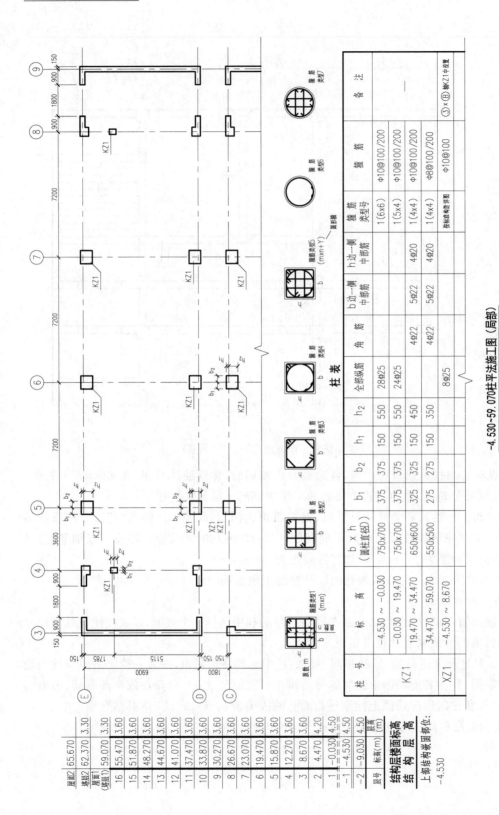

图 4-23　柱平法施工图列表注写方式（局部）

146

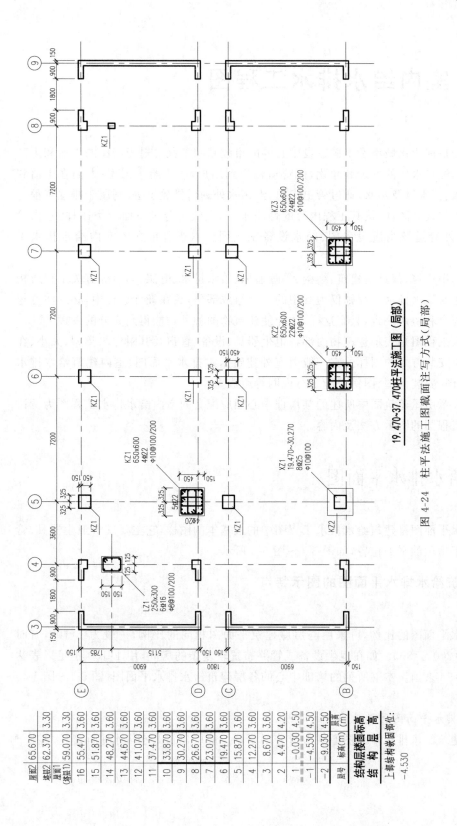

19.470~37.470柱平法施工图（局部）

图 4-24　柱平法施工图截面注写方式（局部）

层号	结构层楼面标高 结 构 层 高		层高 (m)
	标高(m)		
屋面2	65.670		3.30
塔层2	62.370		3.30
屋面1 (塔层1)	59.070		3.60
16	55.470		3.60
15	51.870		3.60
14	48.270		3.60
13	44.670		3.60
12	41.070		3.60
11	37.470		3.60
10	33.870		3.60
9	30.270		3.60
8	26.670		3.60
7	23.070		3.60
6	19.470		3.60
5	15.870		3.60
4	12.270		3.60
3	8.670		3.60
2	4.470		4.20
1	-0.030		4.50
-1	-4.530		4.50
-2	-9.030		4.50

上部结构嵌固部位:
-4.530

第 5 章　室内给水排水工程图

　　给水排水工程是现代化城市及工矿建设中必要的市政基础工程。对于居民的生活和生产用水,从水源取水,经过水厂的处理和净化,由管道输送到用户,属于给水工程;人们在生活和生产中产生的废水、污水以及雨水,通过管道汇总,经污水处理后排放出去,则属于排水工程。

　　给水排水工程的设计图样,按其工程内容的性质来分,大致可分为下面三类图样:室内给水排水工程图、室外管道及附属设备图、净水设备工艺图。本章着重介绍室内给水排水工程图。

　　现代工业或民用建筑,都是由建筑、结构、采暖通风、给水排水、电照、动力等有关工程所构成的综合体。而建筑给水排水工程则仅为其中的一个组成部分,故在设计过程中,必须注意与其他工程的紧密配合和协调一致,只有这样,才能使建筑物的各种功能得到充分的发挥。

　　室内给水排水工程图是表示建筑物内部各卫生器具、设备、管道及其附件的类型、大小、在建筑物内的位置及安装方式的图样。它一般由室外建筑给水排水平面图、室内建筑给水排水平面图、管道系统图、安装详图、图例及施工总说明等组成。

　　本章将以第 3 章房屋建筑图中所述的某培训中心相应配套的室内给水排水工程图为例讨论建筑给水排水工程图的图示方法及内容。

5.1　建筑给水排水平面图

　　建筑给水排水平面图是建筑给水排水工程图中的最基本的图样,它主要反映卫生器具、管道及其附件相对于房屋的平面位置,如图 5-1～图 5-5 所示。

5.1.1　建筑给水排水平面图的图示特点

1. 比例

　　建筑给水排水平面图的比例,可采用与房屋建筑平面图相同的比例,一般为 1∶100,有时也可采用 1∶50,1∶200,1∶300。如在卫生设备或管路布置较复杂的房间,用 1∶100 不足以表达清楚时,可选择 1∶50 来画。本书所列的培训中心的各层建筑给水排水平面图(图 5-1～图 5-4)均采用 1∶100 绘制。

2. 建筑给水排水平面图的数量和表达范围

　　多层房屋的建筑给水排水平面图原则上应分层绘制。底层建筑给水排水平面图应单独

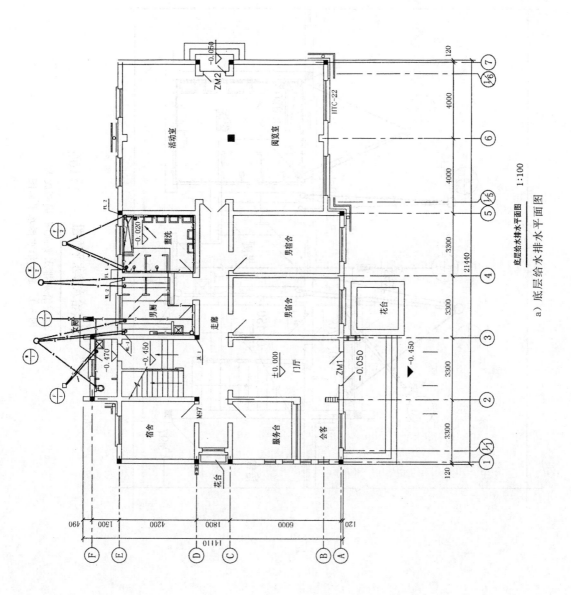

a) 底层给水排水平面图

底层给水排水平面图　1:100

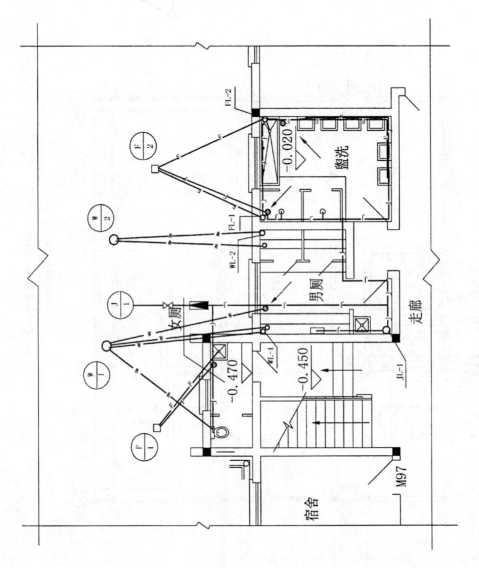

底层给水排水平面图　1:100

b) 底层给水排水平面图（局部放大）

图 5-1　底层给水排水平面图

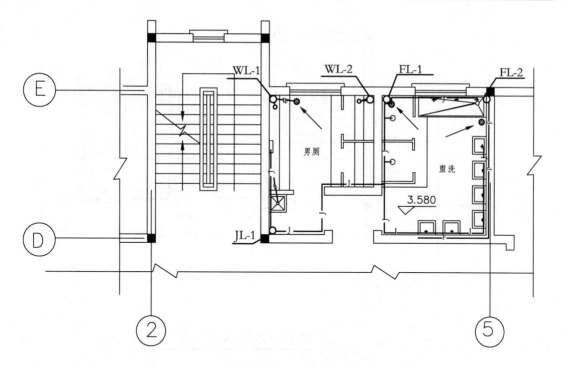

二层给水排水平面图　1:100

图 5-2　二层给水排水平面图

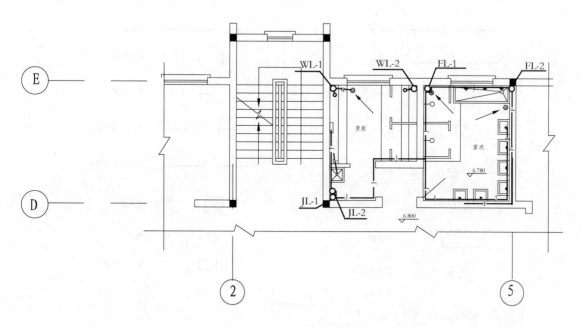

三层给水排水平面图　1:100

图 5-3　三层给水排水平面图

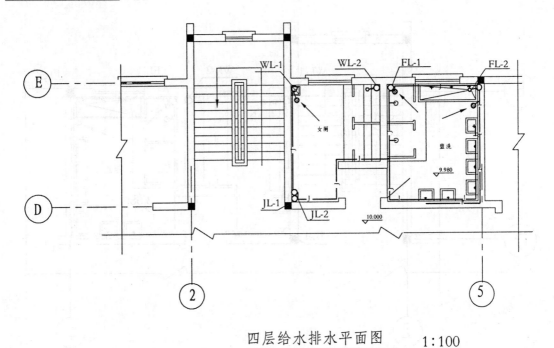

四层给水排水平面图   1:100

图 5-4 四层给水排水平面图

图 例

—J——J— 给水管		—F———F— 废水管	
—W———W— 污水管		Ⓙ 给水管系	
Ⓦ 污水管系		Ⓕ 废水管系	
洗脸盆		阀门井及检查井	
淋浴器		阀门井及检查井	
自动冲洗水箱		污水池	
小便槽		地漏	
坐式大便器		蹲式大便器	

说 明

① 标高以米计，管径和尺寸均以毫米计。

② 底、二、三层由管网供水，四、五层由水箱供水。

③ 卫生器具安装按《给水排水标准图集——卫生设备安装》(09S304)，管道安装按国家验收规范执行。

④ 屋面水管需用草绳石棉灰法保温，见《管道和设备保温、防结露及电伴热》(16S401)。

图 5-5 图例及说明

绘制。楼层平面的管道布置若相同,可绘制一个标准层建筑给水排水平面图,但在图中必须注明各楼层的标高。如设有屋顶水箱及管路布置时,应单独画屋顶层建筑给水排水平面图;当管路布置不太复杂时,也可将屋面上的管道系统附画在顶层建筑给水排水平面图中(用双点画线表示水箱的位置)。本书所示的培训中心各层建筑给水排水平面图因楼层虽然房屋相同,但男、女厕所及管路布置均有不同,故均单独绘制。另外,因屋顶层水箱管路布置不太复杂,本书屋顶层水箱的管路参见相应的建筑给水排水平面图和管道系统图即可。

　　一般由于底层建筑给水排水平面图中的室内管道需与户外管道相连,所以必须单独画出一个完整的平面图。而各楼层的(如培训中心的二、三、四层)建筑给水排水平面图,则只需把有卫生设备和管路布置的盥洗房间范围的平面图画出即可,不必画出整个楼层的平面图,如图 5-2~图 5-4,只绘出了轴线②—⑤和轴线①和⑤之间的局部平面图。

　　3. 房屋平面图

　　在建筑给水排水平面图中所画的房屋平面图不是用于房屋的土建施工,而仅作为管道系统各组成部分的水平布局和定位的基准。因此,仅需抄绘房屋的主要轴线、墙身、柱、门窗洞、楼梯、台阶等主要构配件,至于房屋的细部及门窗代号等均可省去。房屋平面图的轮廓图线都用细线(0.25b)绘制。

　　4. 卫生器具平面图

　　室内的卫生设备一般已在房屋设计的建筑平面图上布置好,可以直接抄绘于卫生设备的平面布置图上。如从相应的房屋建筑平面图中可以看出:该建筑物底层楼梯平台下设有一个女厕所,内设有一个坐式大便器和一个污水池;在男厕所中设有两个蹲式大便槽、一条小便槽、一个污水池;在盥洗室中设有六个台式洗脸盆、两个淋浴器、一个洗手槽。另外,二、三层均设有男厕所、盥洗室,并且布置与底层相同;四层设有女厕所。以上设备均可抄绘于图 5-1~图 5-4 中。

　　常用的配水器具和卫生设备,如洗脸盆、大便器、污水池、淋浴器等均系有一定规格的工业定型产品,不必详细画出其形体,可按表 5-1 所列的图例画出;施工时可按给水排水国家标准图集来安装。而盥洗槽、大便槽和小便槽等是现场砌筑的,其详图由建筑设计人员绘制,在建筑给水排水平面图中仅需画出其主要轮廓。屋面水箱可在屋顶平面图中按实际大小用一定比例绘出;如未另画屋顶平面图,水箱也可在顶层建筑给水排水平面图上用双点画线画出,其具体结构由结构设计人员另画详图。所有的卫生器具图线都用细实线(0.25b)绘制;也可用中实线(0.5b),按比例画出其平面图形的外轮廓,内轮廓则用细实线(0.25b)表示。

表 5-1　　　　　　　　　给水排水工程中的常用图例

名称	图例	说明
生活给水管	——— *J* ———	
废水管	——— *F* ———	
污水管	——— *W* ———	

续表

名称	图例	说明
雨水管	——— *Y* ———	
阀门井、检查井	J-xx W-xx ○ Y-xx J-xx W-xx □ Y-xx	以代表区别管道
矩形化粪池	⊙ HC	HC 为化粪池代号
立管	●—— 平面 XL-1 系统	X:管道类别,L:立管,1:编号
放水龙头	——+平面 ⊤ 系统	
淋浴器		
自动冲洗水箱		
水表井	◀	
立管检查口	⊢	
清扫口	——◎ 平面 ⊤ 系统	
通气帽	↑成品 ↑蘑菇形	
存水弯	S形 P形	
圆形地漏	——⊘ 平面 Ⴘ 系统	通用,如无水封,地漏应加存水弯
截止阀	——▷◁—— ——•——	

续表

名称	图例	说明
闸阀		
污水池		最好按比例绘制
坐式大便器	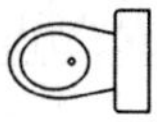	最好按比例绘制
壁挂式小便器		最好按比例绘制
蹲式大便器		最好按比例绘制
小便槽		最好按比例绘制
方沿浴盆	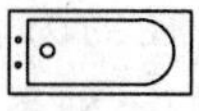	最好按比例绘制
台式洗脸盆	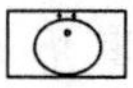	最好按比例绘制
室内消火栓	平面　　系统	白色为开启面
盥洗槽	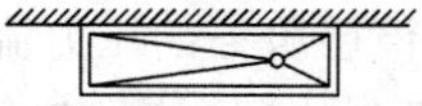	
浮球阀	 平面 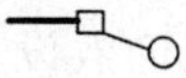　　系统	
止回阀	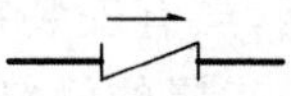	
水表		

5. 给水排水管道平面图

为了便于读图,在底层建筑给水排水平面图中各种管道要按系统予以编号。系统的划分视具体情况而异。一般给水管可以每一室外引入管(即从室外给水干管上引入室内给水管网的水平进户管)为一系统,污、废水管道以每一个承接排水管的检查井为一系统。系统的编号方式如图 5-6 所示,用细实线(0.25b)画直径为 10～12mm 的圆圈,可直接画在管道的进出口端部,也可用指引线与引入管或排出管相连。圆圈上部的文字代表管道系统的类别,用汉语拼音的第一个字母表示,如"J"代表给水系统,"W"代表污水系统,"F"代表废水系统,圆圈下部的数字表示系统编号。如给水室外引入管总的有两根,则可分别标为 $\frac{J}{1}$ 和 $\frac{J}{2}$。

<table>
<tr><td>图 5-6   给水引入(排水排出)管编号表示法</td><td>图 5-7   立管编号表示法</td></tr>
</table>

卫生设备管道系统中的管道一般较细,直管的割切、绞丝、粘接都比较方便,并且连接管件又都是工业产品,所以只要在施工说明中写明管材和连接方式,就无需另外画出管件及接口符号,而用各种线宽来表示不同性质、系统的管道。如表 5-1 所列:给水管用线宽 0.7b 表示,废水管、污水管、雨水管均用线宽 b 表示,线宽宜为 0.7 或 1.0mm,并在其上分别标以 J,F,W,Y 等。建筑物内穿越楼层的立管,其数量超过一根时应编号,编号宜按图 5-7 所示的方法表示:在平面图中以空心小圆圈(按习惯也可用黑圆点,其直径约为 3b)表示,并用指引线标上管道类别代号 XL[X 表示的是管道类别(如 J,W 或 F)];若一种系统的立管数在两根或两根以上时,应予以编号,如 WL-1 表示 1 号污水立管。

各种管道不论在楼面(地面)之上或之下,均不考虑其可见性,仍按管道类别,用规定的线型画出。当在同一平面布置有几根上下不同高度的管道时,若严格按投影来画平面图,会重叠在一起,此时可以画成平行排列,即使明装的管道也可画入墙线内,但要在施工说明中注明该管道系统是明装的。

每层卫生设备平面布置图中的管路,是以连接该层卫生设备的管路为准,而不是以楼、地面作为分界线的。即敷设在该层的各种管道和为该层服务的压力流管道均应绘制在该层的平面图上;敷设在下一层而为本层器具和设备排水服务的污水管、废水管和雨水管应绘制在本层平面图上。如有地下层时,各种排出管、引入管可绘制在地下层平面图上。如图 5-1 所示底层建筑给水排水平面图中,不论给水管或排水管,也不论敷设在地面以上或地面以下的,凡是为底层服务的管道,以及供应或汇集各层楼面而敷设在地面下的管道,都应画在底层建筑给水排水平面图中。同样,凡是连接某楼层卫生设备的管路,虽有安装在楼板上面或下面的,均要画在该楼层的建筑给水排水平面图中。如在图 5-2 中,二层的管路系指二层楼板上面的给水管和楼板下面的排水管(底层顶部的),而且不论管道投影的可见性如何,都按原线型来画。

给水系统的室外引入管和污、废水管系统的室外排出管仅需在底层建筑给水排水平面图中画出,楼层建筑给水排水平面图中一概不需绘制。

管道系统上的附件及附属设备都按表 5-1 所示的图例绘制。

6. 尺寸和标高

房屋的水平方向尺寸,一般在底层建筑给水排水平面图中只需注出其轴线间尺寸。至于标高,只需标注室外地面的整平标高和各层地面标高。

卫生器具和管道一般都是沿墙、靠柱设置的。必要时,以墙面或柱面为基准标注其定位尺寸。卫生器具的规格可用文字标注在引出线上,或在施工说明中写明。

管道的长度在备料时只需用比例尺从图中近似量出,在安装时则以实测尺寸为依据,所以图中均不标注管道的长度。至于管道的管径、坡度和标高,因本书在给水排水管道轴测图中予以标注,故建筑给水排水平面图中不标(特殊情况除外)。但是,当采用展开系统原理图时,在建筑给水排水平面图上应标注管道的管径、给水管的标高、排水横管的管道终点标高。

5.1.2　建筑给水排水平面图的画图步骤

绘制给水排水施工图一般都先画建筑给水排水平面图。建筑给水排水平面图的画图步骤一般为:

(1) 先画底层建筑给水排水平面图,再画楼层建筑给水排水平面图。

(2) 在画每一层建筑给水排水平面图时,先抄绘房屋平面图和卫生器具平面图(因这都已在建筑平面图上布置好),再画管道布置,最后标注尺寸、标高、文字说明等。

(3) 抄绘房屋平面图的步骤与画建筑平面图一样,大致步骤为:

① 根据民用房屋或工业房屋的室内给水排水设计的要求,首先得确定所须抄绘房屋平面图的层数和部位,选用适当的比例,各层平面图尽可能布置在同一张图纸内,以便于对照。

② 如采用与房屋建筑图相同的比例,则可将描图纸直接覆盖在蓝图上描绘。先抄绘底层房屋平面图的墙、柱等定位轴线,再画出各楼层所需盥洗房屋平面图的墙、柱等定位轴线。

③ 画出墙柱和门窗洞。

④ 抄绘楼梯、台阶、明沟等以及底层平面图的指北针等。

⑤ 标注轴线编号及轴线间尺寸,但不必抄绘门窗尺寸及外包总尺寸,标注室内外地面、楼面以及盥洗房屋的标高。在图 5-1 中,注意厕所的地面标高,为了防止积水外溢,它比室内地面低 0.020m,其他各楼面也如此。

(4) 画管路布置时,先画立管,再画引入管和排水管,最后按水流方向画出横支管和附件。给水管一般画至各卫生设备的放水龙头或冲洗水箱的支管接口;排水管一般画至各设备的污、废水的排泄口。

5.2　管道系统图

建筑给水排水平面图主要显示室内给水排水设备的水平安排和布置,而连接各管路的管道系统因其在空间转折较多,上下交叉重叠,往往在平面图中无法完整且清楚地表达,因此,需要有一个同时能反映空间三个方向的图来表示。这种图被称为管道轴测系统图,简称管道系统图。管道轴测系统图能反映各管道系统的管道空间走向和各种附件在管道上的位置,如图5-8～图 5-10 所示。

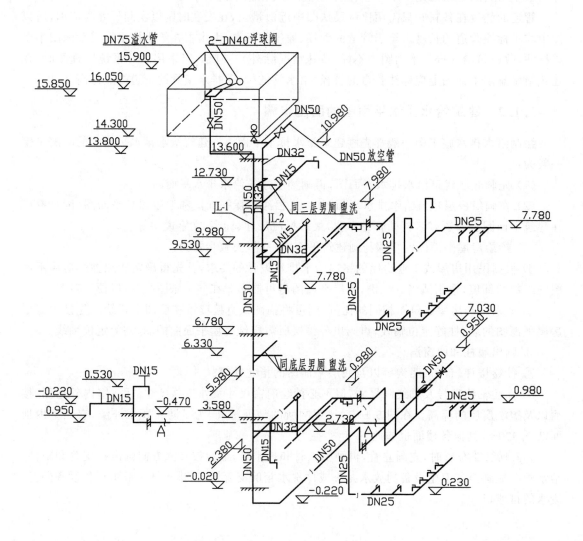

给水管道系统图　1:100

图 5-8　给水管道系统图

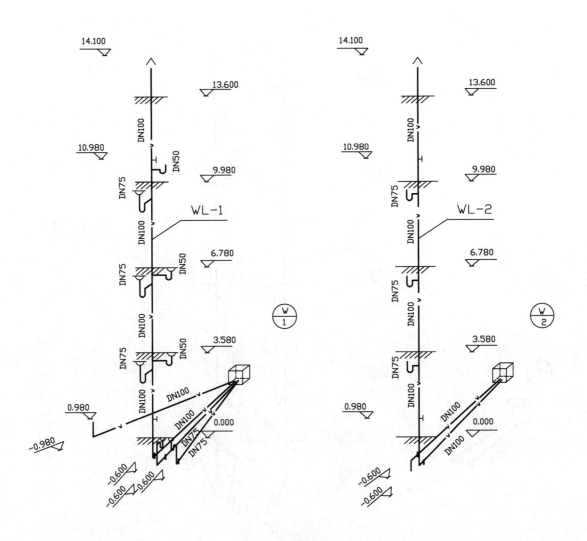

污水管道系统图　1:100

图 5-9　污水管道系统图

建筑工程制图（第7版）

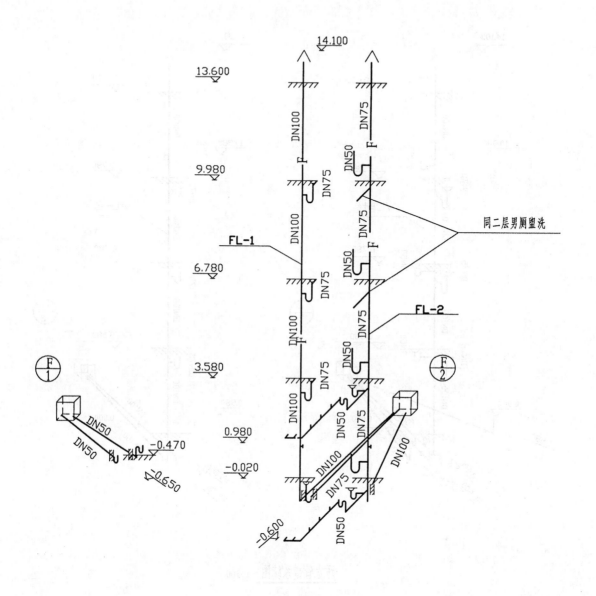

废水管道系统图 1:100

图 5-10 废水管道系统图

5.2.1　管道系统轴测图的图示特点

1. 比例

一般采用与建筑给水排水平面图相同的比例 1:100。当管道系统较简单或复杂时，也可采用 1:50 或 1:200，必要时也可不按比例绘制。总之，视具体情况而定，以能清楚表达管路情况为准。如图 5-8～图 5-10 所示的某培训中心的管道轴测系统图均采用 1:100 绘制。

2. 轴向和轴向变形系数

为了完整、全面地反映管道系统，选用能反映三维情况的轴测图来绘制管道轴测系统图。目前，我国一般采用三等正面斜轴测图。即 O_pX_p 轴处于水平位置；O_pZ_p 轴垂直；O_pY_p 轴一般与水平线组成 45° 的夹角，如图 5-11。（有时也可 30° 或 60°）。三轴的轴向变形系数 $p_x = p_y = p_z = 1$。管道系统轴测图的轴向要与管道平面图的轴向一致，也就是说 O_pX_p 轴与管道平面图的水平方向一致，O_pZ_p 轴与管道平面图的水平方向垂直。

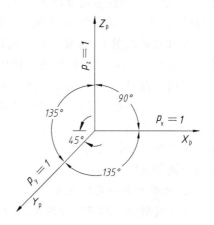

图 5-11　三等正面斜轴测图

根据三等正面斜轴测图的性质，在管道系统图中，与轴测轴或 XOZ 坐标平面平行的管道均反映实长，与轴测轴或 XOZ 坐标平面不平行的管道均不反映实长。因此，作图时这类管路不能直接画出，可用坐标定位法。即将管段起、止两个端点的位置，分别按其空间坐标在轴测图上一一定位，然后连接两个端点即可。如在图 5-1 中，女厕中的污水池及地漏的两根废水排水管通向窨井 ⓕ₁，它们是不平行于空间任何一坐标轴的，所以在轴测图上也不平行于任一轴测轴。作此管

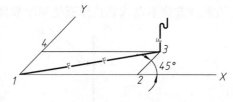

图 5-12　坐标定位法

道轴测图可按图 5-12 所示方法，从图 5-1 中量取污水池及地漏排泄口至窨井间的水平距离 (1—2 段)，定为 X 向；量取另一 Y 向垂直距离为 (1—4 段)。作 4—3//1—2，作 2—3//1—4，则连 1—3 段 (粗线) 即为该排水管的轴测图。

3. 管道系统

各给水排水管道系统图的编号应与底层建筑给水排水平面图中相应的系统编号相同。编号表示法如图 5-6 所示。

管道系统图一般应按系统分别绘制，这样可避免过多的管道重叠和交叉，但当管道系统简单时，有时可画在一起。某培训中心的管道系统图是按系统分别绘制的。图 5-8 为给水管道系统图，图 5-9 为污水管道系统图，图 5-10 为废水管道系统图。

管道的画法与建筑给水排水平面图一样，用各种线型来表示各个系统。管道附件及附属构筑物也都用图例表示（表 5-1）。当空间交叉的管道在图中相交时，应鉴别其可见性，可见管道画成连续，不可见管道在相交处断开。当管道被附属构筑物等遮挡时，可用虚线画出，此虚线粗度应与可见管道相同，以示区别。

在管道系统图中，当管道过于集中，无法画清楚时，可将某些管道断开，移至别处画出，并

在断开处用细点画线（0.25b）连接。如图 5-8 中，通向女厕的管道，如按正确画法，将与后面的引入管混杂在一起，使图样不清楚，故采用"移置画法"。即在 A 点将管道段开，把前面的管道平移至空白处画出。图中移向右边，中间连以点画线，断开处画以断裂符号"波浪线"，并注明连接点的相应符号"A"，以便对应阅图。

在管道系统图上只需绘制管路和配水器具，可用图例画出水表、闸阀、截止阀、放水龙头、淋浴龙头以及连接洗脸盆、大小便槽冲洗水箱的角阀连接支管等。有时，如图 5-8 中，图面有空隙时，也可将冲洗水箱及冲洗管画出，但不必每层都画，可选择不同布置的典型楼层画得较完整些，该图中二层、四层的男厕、男盥洗室的配置都已省略。

在排水系统图上，如图 5-9 中，可用相应图例画出用水设备上的存水弯管、地漏或连接支管等。排水横管虽有坡度，但由于比例较小，不易画出坡降，故可仍画成水平管路。所有卫生设备或用水器具，已在平面布置图中表达清楚，故在排水系统图中就没有必要再予画出。

在同一管道系统图中，邻层间的管道往往相互交叉，为使绘图简捷和读图清晰，对于用水设备和管路布置完全相同的楼层，可以只画一个楼层的所有管道，而其他楼层的管道予以省略。如在图 5-8 中，由于底层与二层的管道完全相同，故在二层中可省画，并以指引线注明"同底层男厕盥洗"。

4. 房屋构件位置的表示

为了反映管道与房屋的联系，在给水排水系统轴测图中还要画出被管道穿过的墙、梁、地面、楼面和屋面的位置，其表示方法如图 5-13 所示。这些构件的图线均用细线（0.25b）画出，中间画斜向图例线。如不画图例线时，也可在描图纸背面，以彩色铅笔涂以蓝色或红色，使其在晒成蓝图后增深其色泽而使阅图醒目。

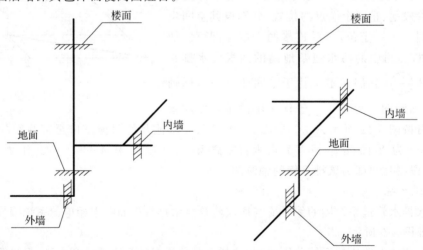

图 5-13　管道系统图中房屋构件的画法

5. 管径、坡度、标高

管道系统中所有管段的直径、坡度和标高均应标注在管道系统图上。横管的管径宜标注在管道的上方；竖向管道的管径宜标注在管道的左侧。

1）管径

各管段的管径可直接标注在该管段旁边或引出线上。管径尺寸应以毫米为单位。管径的表达方式应符合下列规定：

（1）水煤气输送钢管（镀锌或非镀锌）、铸铁管等管材，管径宜以公称直径 DN 表示（如 DN15，DN50）。

（2）无缝钢管、焊接钢管（直缝或螺旋缝），管径宜以外径 $D*$ 壁厚表示（如 $D108*4$、$D159*4.5$ 等）。

（3）铜管、薄壁不锈钢管等管材，管径宜以公称外径 Dw 表示。

（4）建筑给水排水塑料管材，管径宜以公称外径 dn 表示。

（5）钢筋混凝土（或混凝土）管，管径宜以内径 d 表示（如 $d230$，$d380$ 等）。

（6）复合管、结构壁塑料管等管材，管径应按产品标准的方法表示。

（7）当设计中均用公称直径 DN 表示管径时，应有公称直径 DN 与相关产品规格对照表。本书中，给水系统管径的标注如图 5-8 中所示，排水系统的管径标注如图 5-9 和图 5-10 所示。

2）坡度

给水系统的管路因为是压力流，当不设置坡度时，可不标注坡度。排水系统的管路一般都是重力流，所以在排水横管的旁边都要标注坡度，坡度可注在管段旁边或引出线上，在坡度数字前须加代号"i"，数字下边再以箭头以示坡向（指向下游），如 $i=0.05$。当污、废水管的横管采用标准坡度时，在图中可省略不注，而在施工说明中写明即可。

3）标高

标高应以米为单位，宜注写到小数点后第二位。室内工程应标注相对标高；室外工程宜标注绝对标高，当无绝对标高资料时，可标注相对标高，但应与总图专业一致。压力管道应标注管中心标高；沟渠和重力流管道宜标注沟（管）内底标高。本书中，管道系统图中标注的标高都是相对标高，即以底层室内地面作为标高±0.000m。在管道系统图中，标高以管中心为准，一般要求标注横管、阀门、放水龙头、水箱等各部位的标高。在污、废水管道系统图中，横管的标高以管底为准，一般只标注立管上的通气网罩、检查口和排出管的起点标高，其他污、废水横管的标高一般由卫生器具的安装高度和管件的尺寸所决定，所以不必标注。当有特殊要求时，亦应注出其横管的起点标高。此外，还要标注室内地面、室外地面、各层楼面和屋面等的标高。

6. 图例

建筑给水排水平面图和管道系统图应统一列出图例，其大小要与图中的图例大小相同。某培训中心的建筑给水排水平面图和管道系统图的图例如图 5-6 和表 5-1 所示。图例和简要施工说明与平面图放在一起，方便读图。

5.2.2　给水排水系统轴测图的画图步骤

（1）为使各层建筑给水排水平面图与管道系统图容易对照和联系，在布置图幅时，将各管路系统中的立管穿越相应楼层的楼地面线，如有可能尽量画在同一水平线上，如图 5-9 所示。

（2）先画各系统的立管，定出各层的楼地面线、屋面线，再画给水引入管及屋面水箱的管路；排水管系中接画排出横管、窨井及立管上的检查口和通气帽等。

（3）从立管上引出各横向的连接管段。

（4）在横向管段上画出给水管系的截止阀、放水龙头、连接支管、冲洗水箱等；在排水管系中可接画承接支管、存水弯等。

（5）标注公称直径、坡度、标高、冲洗水箱的容积等数据。

5.2.3　给水排水平面图和给水排水系统图的读图方法

给水排水平面图和给水排水系统图是建筑给水排水工程图中的基本图样,两者必须互为对照和相互补充,从而将室内的卫生器具和管道系统组合成完整的工程体系,充分明确各种设备的具体位置和管路在空间的布置,最终搞清图样所表达的内容,付诸工程的施工和安装。

现以某培训大楼的室内给水排水工程图为例来进行识读。

1. 粗读各层给水排水平面图

要求搞清楚下列两个问题:

(1) 各层给水排水平面图中,哪些房间布置有卫生器具和管道? 这些房间的卫生器具又是怎样布置的? 楼(地)面的标高是多少?

从图5-1～图5-4各层给水排水平面图中,我们可以清楚地看到:该培训大楼为四层建筑。底、二、三层设有男厕所、盥洗室;四层设女厕所、盥洗室;底层楼梯间内设有女厕所。在底、二、三层的男厕所内,各设有两个蹲式的大便槽及冲洗水箱一个、污水池一个、小便槽及冲洗水箱一个、地漏一个;在盥洗室内设有六个台式洗脸盆、两个淋浴龙头、一个洗手槽及一个地漏。在四层的女厕所内只是将男厕所内的小便槽去掉,只保留污水池和地漏,其他均同。底层女厕内设有一个污水池、一个坐式大便器、一个地漏。

从图5-1～图5-4各层给水排水平面图中,我们还可以看到各层楼(地)面的标高:如底层室内地面标高为±0.000 m,男厕为−0.020 m(这主要是为了防止污水外溢),女厕为−0.470 m,室外地坪为−0.450 m。各楼层的标高见图。

(2) 有哪几个管道系统?

根据底层给水排水平面图(图5-1)的管道系统编号可知:给水管道系统有 $\frac{J}{1}$;废水管道系统有 $\frac{F}{1}$, $\frac{F}{2}$;污水管道系统有 $\frac{W}{1}$, $\frac{W}{2}$ 。

$\frac{J}{1}$ 系统:即室外给水引入管分南、西两支,供给男厕、盥洗室及女厕。

$\frac{F}{1}$ 系统:承接底层女厕内污水池和地漏的废水。

$\frac{F}{2}$ 系统:承接底层及各楼层内盥洗室里的所有废水。

$\frac{W}{2}$ 系统:承接底层及各楼层男厕内蹲式大便槽的所有污水。

$\frac{W}{1}$ 系统:承接底层及各楼层小便槽的污水立管 WL-1 及底层男厕所内小便槽的污水,还有底层女厕内坐式大便器的污水。

从供水方面来说:一、二层厕所均由立管 JL-1 供水,即是室外直接供水。三、四层厕所则由从水箱而来的设在墙角的立管 JL-2 供水,即是水箱供水。立管 JL-1 已通向屋顶水箱。

2. 识读各给水排水系统图(图5-8～图5-10)

识读给水排水系统图必须与给水排水平面图配合。在底层给水排水平面图中,可按系统编号找出相应的管道系统;在各楼层的给水排水平面图中,可根据该系统的立管代号及相应的位置找出相应的管道系统。

1) 给水系统图

根据水流流程方向,依次循序渐进,一般可按引入管、干管、立管、横管、支管、配水器具等顺序进行。如设有屋顶水箱分层供水时,则立管穿过各楼层后进入水箱,再从水箱出水管、干管、立管、横管、支管、配水器具等顺序进行。

由图 5-8,我们可以看到:$\frac{1}{1}$ 管道系统的室外总引入管为 DN50,其上装一闸阀,管中心标高为 -0.950 m。后分两支:其中一根 DN50 向南穿过 E 轴墙入男厕,另一根向西穿过 ③ 轴墙入女厕。DN50 的进水管进入男厕后,在墙内侧登高至标高 -0.220 m 后接水平干管弯至 ③ 轴与 D 轴的墙角处而后穿出底层地面(-0.020 m)成为立管 JL-1(DN50)。在 JL-1 标高为 2.380 m 处接一根沿 ③ 轴墙 DN15 的支管,其上接放水龙头一个、小便槽冲洗水箱一个,在 JL-1 标高为 2.730 m 处接一根沿男厕南墙 DN32 的支管,该支管沿男厕墙脚布置,其上接大便槽冲洗水箱一个,而后该管穿过 ④ 轴墙进入盥洗室,再分为两根 DN25 的支管,其一根降至标高为 7.030 m,上接洗脸盆六个,另一根降至标高为 0.980 m,其上分别接装淋浴器两个和放水龙头三个。

由图 5-8,我们还可以看到:立管 JL-1 在标高为 3.580 m 处穿出二层楼面,此后的读图就应配合二层给水排水平面图来读。JL-1 的位置亦在 ③ 轴墙与 D 轴墙的墙角处,在 JL-1 标高为 5.980 m 处接一 DN15 的支管,6.330 m 处接 DN32 的支管,这两支管而后的布置与底层男厕、盥洗室相同,这里不再重复。在图中也可用文字说明,而省略部分图示。

由图 5-8,我们可以看到:在 JL-1 穿过三层楼面(6.780 m)后,在三、四层均未接支管,而是该立管直接出屋面(13.600 m)后进入了水箱。从这里大家应清楚一点,即该培训大楼一、二层是靠室外城市管网供水,而三、四层是靠水箱供水的。本例的屋顶水箱画在四层建筑平面图中,故要和该图配合识读。从图中可看出:在屋面上,JL-1 以标高 13.800 m 朝西再登高至 14.300 m 处装一闸阀,登高至 15.850 m 处分成两根 DN50 的管道进入水箱,其上各装一浮球阀,这就是水箱的进水管,水箱的顶标高为 16.050 m,底标高为 14.300 m。在水箱西壁的标高为 15.900 m 处装一 DN75 的溢水管(这是水箱构造上的需要)。在水箱靠近底部处,有一 DN50 的出水管,经闸阀向东弯成一丁字管分为两支,一根 DN50 上再装一闸阀,成为放空管(水箱构造上的需要),另一根则穿过屋面、四层、三层楼面,成为倒挂的立管 JL-2,供四、三层的给水。

三、四层管道系统的布置识读应分别配合相应的给水排水平面图来进行。由这些图可知:三、四层的支管布置与一、二层基本相同,唯四层女厕无小便槽,故也无小便槽冲洗水箱,而是在 JL-2 的标高为 10.980 m 处接一 DN15 的支管,其上装一放水龙头供污水池用水。

再配合底层给水排水平面图,我们同样可以看到:引入管的另一根 DN15,管中心标高为 -0.950 m,穿过 ③ 轴墙后进入女厕,仍以 -0.950 m 沿 F 轴墙引至污水池的西面,再登高穿过地面(-0.470 m)成为立管,在立管标高为 -0.220 m 处沿 F 轴墙向西引 DN15 的支管,其上接一个坐式大便器,在立管标高为 0.530 m 处沿 F 轴墙向东引 DN15 的支管,其上接一放水龙头(上述几根管道的布置在图中和其他管道相互重叠,故将之断开,移出另画,如图 5-8 所示)。

2)污、废水系统图

污、废水系统的流程正好与给水系统的流程相反,一般可按卫生器具或排水设备的存水弯、器具排水支管、排水横管、立管、排出管、检查井(窨井)等的顺序进行。通常,先在底层给水排水平面图中看清各排水管道系统和各楼面、地面的立管,接着看各楼层的立管是如何伸展的。

下面试以 $\textcircled{\frac{W}{2}}$ 为例进行识读。配合底层给水排水平面图可知:本系统有两根排出管,起点标高均为 $-0.600\,m$,其中一根为底层男厕大便槽的污水单独排放管,它是由一根 DN100 的管道直接排入检查井,另一根是由立管 WL-2 排出的,WL-1 的位置在④轴墙和ⓔ轴墙的墙角,这样可在各楼层给水排水的平面图中的同一位置找到 WL-2。

配合各层给水排水平面图可知:四层的女厕,三层、二层男厕大便槽的污水都在各层楼面下面,经 DN100 的 P 字存水弯管排入立管,WL-2 的管径为 DN100,立管一直穿出屋面,顶端标高为 14.000 m 处装有一通气帽,在标高为 10.980 m 和 0.980 m 处各装一检查口,底层无支管接入立管。排出管的管径也为 DN100。

5.2.4 给水排水系统轴测图和展开系统原理图

由于高层建筑越来越多,管道系统的轴测图已较难适应,这时可绘制给水排水展开系统原理图代替,这种表示方法见国家建筑标准设计图集《民用建筑工程给水排水设计深度图样》(S901~902)当采用展开系统原理图表示时,建筑给水排水平面图还应标注管道管径和安装标高,压力管道标注管中心标高,沟渠和重力管道宜标注沟(管)内底标高。

《给水排水制图标准》(GB/T 50106—2001)中所述的轴测图(本书管道轴测图)和系统原理图,在建设部颁布的《建筑工程设计文件编制深度规定》(2016 年版)中称为系统轴测图和展开系统原理图。

1. 绘制方法

多层建筑、中高层建筑和高层建筑的管道以立管为主要表示对象,按管道类别分别绘制。

展开系统原理图以建筑给水排水平面图左端立管为起点,顺时针自左向右按编号依次顺序均匀排列,不按比例绘制。立管在平面图中用注明管道类别和编号的圆圈表示,在系统原理图中用原规定的线型垂直线表示,并标明立管的管道类别和编号,与平面图中一致。

立管上的引出管在该层水平绘出,管道上的阀门、各种设备等均应按图例绘制在所在层内,立管与横管的连接不反映管件的形式,管件形式以平面图为准。如支管上的用水或排水器具另有详图时,其支管可在分户水表后画上折断线,并注明详见图号。管道须标明管径、排水立管上的检查口及通气帽距楼地面或屋面的高度。

楼地面线用细线绘制,并在楼地面线的左端注明楼层层数和建筑标高。当层高相同时,楼地面线应等距;如果个别层内管道较多,为表达清晰可适当加大距离。楼层层数:地面以上用 1F,2F,3F,…由下向上按序编号;地面以下用 B1,B2,…由上向下按序编号。

系统的引入管、排出管绘出穿墙轴线号。

2. 展开系统原理图表示方法示例

图 5-14 是根据某商办楼建筑给水排水平面图绘制的给水系统原理图,由室外市政给水管网直接供水。给水系统:编号为 1 的给水引入管(DN50)从室外穿 1/4 轴线上的墙进入大楼后,接入立管 JL-2(DN40),穿出地面、到达四层接阀门和水表、接入男女卫生间水平支管(DN32)的阀门后折断;JL-1(DN50)到二层分两路,一路接阀门和水表、支管(DN40)接入男女卫生间水平支管(DN32)的阀门后折断,另一路立管(DN40)到三层接阀门和水表后同二层。所有折断点都有引出线注明详见图号,该详图为卫生间放大的给水管道轴测图,它的表达内容可以看给水排水管道轴测图这一小节。在水平支管处折断后面的全部管路省略不画。

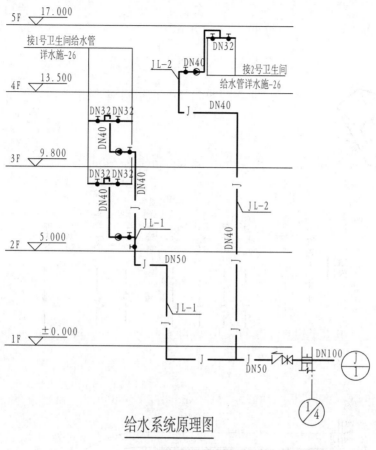

给水系统原理图

图 5-14　给水系统原理图

5.3　室外建筑给水排水总平面图

室外建筑给水排水总平面图主要表示建筑物室内外管道的连接和布置情况。图 5-15 为某培训中心的室建筑外给水排水总平面图。下面就此图说明以下几点：

5.3.1　室外建筑给水排水总平面图的图示特点

1. 比例

室外建筑给水排水平面图主要以能显示清楚该小区范围内的室外管道布置即可，常用 1:500~1:2000，视具体需要而定，一般可采用与该区建筑总平面图相同的比例。图 5-15 为 1:300。

2. 建筑物及各种附属设施

小区内的房屋、道路、草地、广场、围墙等，均可按建筑总平面图的图例，用 0.25b 的细实线画出其外框。但在房屋的屋角上，须画上小黑点以表示该建筑物层数，点数即为层数。如在图 7-17 中东楼为五层，西楼为四层。

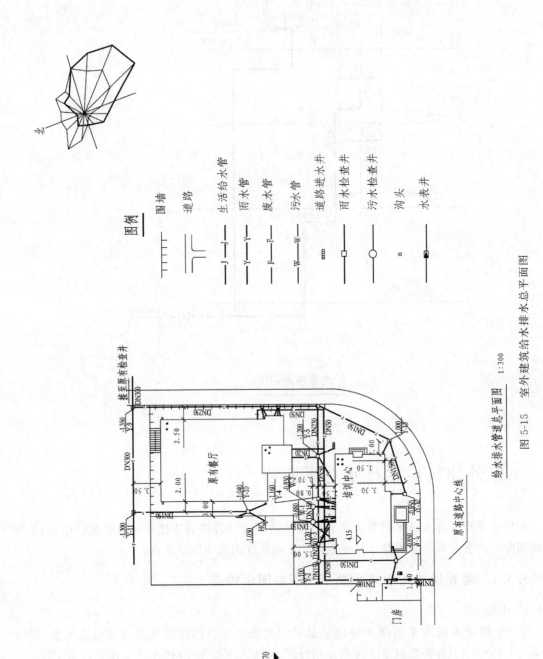

图 5-15　室外建筑给水排水总平面图

3. 管道及附属设备

一般把各种管道合画在一张总平面图上,各种管道及附属构筑物都按表 5-1 绘制。给水管用线宽 0.75b 表示,废水管、污水管、雨水管均用线宽 b 表示,并在其上分别标以 J,W,F,Y 等字母,以示区别。

附属构筑物都用细线(0.25b)画出。

4. 管径、检查井编号及标高

各种管道的管径均按本书第 5.2.1 节中的第 5 条所述方法标注,一般标在管道的旁边;当位置有限时,也可用引出线标出。

管道应标注起止点、转角点、连接点、变坡点等处的标高。给水管宜标注管中心标高;排水管道宜标注管内底标高。室外管道应标注绝对标高;当无绝对标高资料时,也可标注相对标高。

由于给水管是压力管,且无坡度,往往沿地面敷设,如在平地中统一埋深时,可在说明中列出给水管管中心的标高。

排水管为简便起见,可在检查井处引一指引线及水平线,水平线下面标以管道种类及编号;水平线上面标以井底标高。检查井编号应按管道的类别分别自编,如污水管代号为"W",雨水管代号为"Y"。编号顺序可按水流方向,自干管上游编向干管下游,再依次编支管。如 Y-4 表示 4 号雨水井,W-1 表示 1 号污水井。

管道及附属构筑物的定位尺寸可以以附近房屋的外墙为基准注出。对于复杂工程,可以用标注建筑坐标来定位。

5. 指北针或风玫瑰图

为表示房间的朝向,在建筑给水排水总平面图上应画出指北针(或风玫瑰图)。指北针(或风玫瑰图)应绘制在总图管道布图图样的右上角,以细实线(0.25b)画以直径 $\phi24$ 的圆圈,内画三角形指北针(指针尾部宽 3mm),以显示该房屋的朝向。

6. 图例

在室外建筑给水排水平面图上,应列出该图所用的所有图例,以便于识读。

7. 施工说明

施工说明一般有以下几个内容:标高、尺寸、管径的单位;与室内地面标高±0.000m 相当的绝对标高值;管道的设置方式(明装或暗装);各种管道的材料及防腐、防冻措施;卫生器具的规格,冲洗水箱的容积;检查井的尺寸;所套用的标准图的图号;安装质量的验收标准;其他施工要求等。

5.3.2　室外建筑给水排水总平面图的画图步骤

(1)若采用与建筑总平面图相同的比例,则可直接描绘建筑总平面图;否则,要按比例把建筑总平面图画出。

(2)根据底层管道平面图,画出给水系统的引入管和污、废水系统的排出管,并布置道路进水井(雨水井)。

(3)根据市政部门提供的原有室外给水系统和排水系统的情况,确定给水管线和排水管线。

(4)画出给水系统的水表、闸阀、排水系统的检查井和化粪池等。

(5)标出管径和管底的标高,以及管道和附属构筑物的定位尺寸。

(6)画图例及注写说明。

5.4　卫生设备安装详图

　　建筑给水排水平面图和管道系统图仅表示卫生器具及各管道的规格及布置连接情况,至于卫生器具的镶接还要有安装详图来作为施工的依据。

　　常用的卫生设备安装详图,可套用国家建筑标准设计图集《给水排水标准图集——卫生设备安装》(09S304),不必另行绘制,只需在施工图中注明所套用的卫生器具的详图编号即可。

　　详图一般采用的比例较大,常用1∶25～1∶50以能表达清楚为准或按施工要求来定。详图必须画得详尽、具体、明确,尺寸注写充分,材料、规格清楚。

　　对于设计和施工人员,必须熟悉各种常用卫生器具的构造和安装尺寸,以及设备与管道的镶接位置和高度。应保证平面布置图和管道轴测图上的有关安装位置和尺寸,与安装详图上的相应位置和尺寸完全相同,以免施工时引起差错。

5.5　室内建筑给水排水工程图的计算机绘制

5.5.1　给水排水平面图的计算机绘制

　　由于建筑给水排水平面图中建筑物的墙体、门窗、轴线等均和建筑平面图一致,故完全可以利用前面已完成的建筑平面图,通过下列步骤将建筑平面图修改为符合给水排水图示要求的平面图。

　　(1)打开建筑平面图,用SAVE AS命令把该图另命名为"建筑给水排水平面图"。

　　(2)编辑该"建筑给水排水平面图"。

　　① 因为建筑给水排水平面图突出的是管道布置,而不需要像建筑平面图那样把房屋细部都表示清楚,故可通过关闭一些不需要的层或用ERASE和BREAK等命令将建筑平面图中凡是建筑给水排水平面图中不需要的部分删除。

　　② 用图层法将建筑平面图中的所有线通过编辑、修改全部变成相应的细线。

　　③ 开设新图层,在已修改好的平面图上布置给水和排水管道。一般,给水管道设一层,废水管道设一层,污水管各设一层。按给水排水管道的图示方法和要求,绘制出建筑给水排水平面图。在输出时,为突出管线,按给水、排水管线的规定,设置对应的线宽。

5.5.2　管道系统图的计算机绘制

　　在绘制管道系统图前,先利用LAYER命令设置层。一般,管道设一层,输出时用粗线;设备设一层;标高、尺寸等标注设一层,输出时用细线。

　　在绘制管道系统图时,先根据标高画主干管,然后画引入管和排出管,按系统图的绘制步骤逐段画出整个系统图。由于管道系统图是用正等斜轴测绘制的,故引入管和排出管的长度可根据正等斜轴测图的特点,对于平行于轴测轴的线段长度可按比例系数量取。如果系统图采用与平面图相同的比例,则可用LIST命令分别在平面图上直接得到那些平行于x或y方向的线段的长度。

　　对于系统图中常用到的一些图例,如地漏、存水弯、检查口、通气帽等,可预先画好一些图例作为图块,使用时直接插入,使整个绘图过程速度加快。

第6章 道路与桥梁工程图

6.1 概述

6.1.1 道路路线的基本概念

道路是一种供车辆行驶和行人步行的带状结构物。根据交通性质和所在位置,道路分为公路和城市道路两种。连接城市、乡村的道路称为公路,如高速公路,一、二、三和四级公路(按技术等级划分),又如国道、省道、县道和乡道(按行政等级划分)。位于城市范围以内的道路称为城市道路,如快速路、主干路、次干路、支路等。由于城市道路与公路路线工程图的图示方法相同,限于篇幅,本章有关道路路线工程图的讨论对象主要为公路。

1. 道路的组成

各类道路都是由道路线形和结构两部分组成的。

道路路线是指道路沿长度方向的行车道中心线,也称道路中(心)线、路中(心)线。由于地形、地物和地质条件的限制,道路路线的线形在平面和纵断面上都是由直线和曲线组合而成。平面上的曲线为平曲线,纵断面上的曲线为竖曲线。因此,从整体上看,道路路线是一条空间曲线。

道路结构是指能够承受自然因素和各种车辆荷载的结构物,包括路基、路面、桥梁、隧道、涵洞、排水防护工程、交通安全及沿线设施等。

2. 路线平面线形

道路为了绕避障碍、利用地形以及通过必要的控制点,在平面上常出现转折。这时就需要设置曲线,因此道路平面线形由直线、曲线组合而成。曲线又可分曲率半径为常数的圆曲线和曲率半径为变数的缓和曲线两种。通常直线与圆曲线直接衔接(相切)。当车速较高、圆曲线半径较小时,直线与圆曲线之间要设置回旋型的缓和曲线,保证行车安全、舒适。

图 6-1 所示路线平面线形包含直线、圆曲线和缓和曲线段,这三者称为路线平面线形三要素。将路线转弯处的直线段延长线交点标记为 JD,并沿前进方向依次编号为 $JD_1 \sim JD_n$。路线沿前进方向向左或向右偏转的交角 α 为偏角(α_Z 或 ΔL 为左偏角,α_Y 或 ΔR 为右偏角)。图中,缓和曲线在起点处与直线相切,在终点处与圆曲线相切。曲线部分的几何要素包括:圆曲线半径 R、切线长 T、外矩 E、缓和曲线长度 L_S 和曲线总长 L,它们都将反映在路线平面图的平曲线要素表中。整段曲线有 5 个基本桩点:ZH(第一缓和曲线起点、直缓)、HY(第一缓和曲线终点、缓圆)、QZ(圆曲线中点、曲中)、YH(第二缓和曲线起点、圆缓)、HZ(第二缓和曲线终点、缓直)。对不含缓和曲线的圆曲线,其基本桩点为:ZY(圆曲线起点、直圆)、QZ、YZ(圆曲线终点、圆直)。

在弯道上,为了抵消车辆在曲线路段上行驶时所产生的离心力,当采用了圆曲线半径小于不设超高的最小半径时,将曲线段的外侧路面横坡做成与内侧横坡同方向的单向横坡,称为超

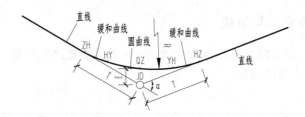

图 6-1　路线平面线形三要素

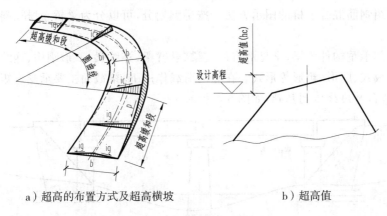

a）超高的布置方式及超高横坡　　　　　　　　b）超高值

图 6-2　平曲线上的超高

高。从直线段的路拱双向坡断面,过渡到小半径曲线上具有超高横坡的单向坡断面,要有一个逐渐变化的区段,称为超高缓和段,如图 6-2 所示。

3. 路线纵断线形

通过道路中心线的铅垂剖面称为纵断面,它反映路线竖向的走向、高程、纵坡大小,即道路的起伏情况。路线纵断线形是根据道路等级、性质、行车技术要求、排水,结合地形地物布置的需要所确定的直线和曲线的组合。路线纵断线形的设计需要确定道路的纵坡、变坡点位置、竖曲线和高程。

在纵断线形的变坡点处,为保证行车安全、缓和纵坡折线而设置的曲线称为竖曲线。变坡点处的转角称为变坡角,以 ω（弧度）表示,其值近似等于相邻两纵坡度的代数差 $\omega = i_1 - i_2$。式中,i_1 和 i_2 分别为相邻纵坡线的坡度值,上坡为正,下坡为负。如图 6-3 所示,$\omega_1 = i_1 - (-i_2) = i_1 + i_2$,$\omega_1$ 为正,变坡点在曲线上方,为凸形竖曲线；$\omega_2 = -i_2 - i_3$,ω_2 为负,变坡点在曲线下方,为凹形竖曲线。

图 6-3　竖曲线与变坡角

6.1.2 桥梁的分类与组成

当路线跨越河流、山谷以及道路互相交叉时,为了保证道路的畅通,一般需要架设桥梁。桥梁是道路工程的重要组成部分。

1. 桥梁的分类

桥梁的分类方式有很多。按建筑材料不同,可分为钢筋混凝土桥、预应力钢筋混凝土桥、钢桥、钢—混凝土组合桥、圬工桥、木桥等。其中,钢筋混凝土是应用最为广泛的建桥材料,因此本章重点介绍钢筋混凝土桥的图示方法。按桥型划分,可以分为梁桥、拱桥、斜拉桥、悬索桥及组合体系桥。

梁桥的上部承重构件为梁,常见的有简支梁、悬臂梁、连续梁、T形刚构、连续刚构等体系。梁截面可采用板式、肋形、箱形等形式。在竖向荷载作用下,梁截面主要承受弯矩和剪力,将荷载传到桥墩、桥台并最终传到基础,如图6-4所示。

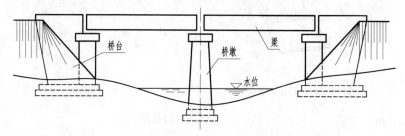

图 6-4 梁桥示意图

拱桥主要承重构件是主拱。在竖向荷载作用下,桥台(墩)承受水平推力,同时对主拱有一对水平反力,水平反力在主拱内产生的弯矩与竖向荷载引起的弯矩基本抵消,因此主拱是主要承受轴向压力的构件。主拱的线形一般采用圆弧、悬链线、抛物线等曲线形式。按照主拱与桥面的相对位置,可分为上承式、中承式和下承式拱桥。图6-5所示为下承式拱桥的示意图,其桥面完全位于主拱下方。

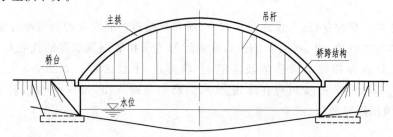

图 6-5 拱桥示意图

斜拉桥主要由主梁、桥塔和斜拉索三大部分组成。斜拉索的两端分别锚固在主梁和桥塔上,将主梁承受的竖向荷载传递给桥塔,再通过桥塔传给基础,如图6-6所示。大跨度的主梁在斜拉索的支承下,像多个弹性基础上的小跨径连续梁一样工作,所以相对于梁桥,斜拉桥跨越能力大幅提高。

悬索桥是用悬挂在两边桥塔之间的强大主缆作为主要承重构件的悬吊结构。在竖向荷载作用下,吊杆将荷载传递给主缆,使主缆承受很大的拉力,主缆支承在桥塔上并最终锚固于悬

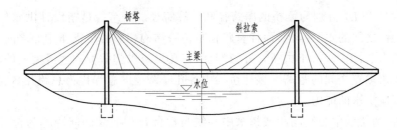

图 6-6　斜拉桥示意图

索桥两端的锚碇,将荷载通过桥塔和锚碇传至基础,如图 6-7 所示。有时也可将主缆直接锚固在主梁上,形成自锚式悬索桥。

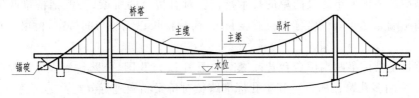

图 6-7　悬索桥示意图

2. 桥梁的组成

桥梁通常包括三个主要组成部分,如图 6-8 所示。

(1) 上部结构,又称桥跨结构,它是跨越河流、山谷或其他线路等障碍的结构物,其作用是供车辆和人群通行。

(2) 下部结构,包含桥墩、桥台和基础,它们是支承桥跨结构的建筑物,同时需承受地震、水流和船舶撞击等作用。桥台设在桥的两端,与路堤衔接,并防止路堤滑塌,桥墩则在两桥台之间。为保护路堤填土,桥台两侧通常设置锥形护坡。

(3) 附属设施,包括支座、桥面系(包括桥面铺装、桥面板、排水防水、人行道、栏杆、灯柱等)、伸缩缝、桥台搭板、锥形护坡等,以及交通与机电工程设施(包括标志标牌、景观系统、通信和监控系统、收费系统等)。附属设施对于保证桥梁正常使用也是必不可少的。

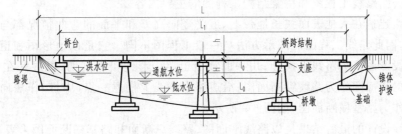

图 6-8　梁桥的组成

3. 桥梁尺寸的有关术语

下面介绍一些与桥梁布置和结构有关的主要尺寸和术语名称。

1) 跨径

跨径是指桥梁两相邻墩支座间的距离,表示桥梁的跨越能力。对多跨桥,最大跨度称为主跨,是表征桥梁技术水平的重要指标。

图 6-8 中 l_0 和 L_0 分别为梁桥的净跨径和计算跨径。净跨径是指设计洪水位线上相邻两个桥墩(或桥台)之间的水平净距,而计算跨径是桥跨结构相邻两个支座中心之间的距离,常用于桥跨结构的力学计算。对于拱桥,净跨径是指每孔拱跨拱脚截面内边缘之间的距离,计算跨径是指拱轴线两端点之间的距离。多孔桥梁中各孔净跨径的总和称为总跨径,也称桥梁孔径,它反映桥下宣泄洪水的能力。

对于梁桥,两桥墩中心线间距或桥墩中心线与桥台台背前缘的间距称为标准跨径。当跨径小于 50m 时,通常采用标准跨径设计,从 0.75m 至 50m,共 21 级,常用的为 10m、16m、20m、40m 等。

2) 桥长

桥长是衡量桥梁大小的最简单的技术指标。对有桥台的桥梁,一般把桥梁两端桥台的侧墙或八字墙尾端点之间的距离称为桥梁全长 L,简称桥长。无桥台的桥梁,桥梁全长为桥面系的长度。

桥梁总长是指桥梁两端桥台台背前缘间的距离 L_1。我国《公路桥涵设计通用规范》(JTG D60—2015)采用多孔跨径的总长和单孔标准跨径对桥梁涵洞进行分类。

3) 桥高

桥梁高度,简称桥高,是指桥面与低水位之间的高差,或为桥面与桥下路线路面之间的距离,它反映了桥梁施工的难易性。桥下净空高度 H 是指计算洪水位或设计通航水位至桥跨结构最下缘之间的垂直距离,它应保证能安全泄洪,并不得小于河流通航所规定的净空高度。桥梁建筑高度 h 是指桥上行车路面(或轨顶)高程至桥跨结构最下缘之间的距离,通常应小于容许建筑高度,即桥面高程与通航净空顶部高程之差。

6.1.3 路桥工程图的内容和用途

1. 路线工程图

由于道路设计涉及道路路线设计和道路结构设计两部分,因此道路工程图是由表达路线整体情况的路线工程图和表达沿线各工程实体结构的桥梁、隧道、涵洞等工程图组成。本章仅概括地叙述公路路线工程图和桥梁结构工程图的主要内容。

由于道路建造在大地表面狭长地带上,道路竖向高差和平面的弯曲情况都与地形起伏形状密切相关,因此路线工程图的图示方法与一般工程图不同。它是以地形图和道路中心线在水平面上的投影图作为路线平面图;用一曲面沿道路中心线铅垂剖切,再展开在一个 V 面平行面上投影的断面图作为路线纵断面图;沿道路中心线上任意一点(中桩)作法向剖切平面所得的断面图作为路基横断面图,如图 6-9 所示。

道路路线设计的最后结果是以路线平面图、路线纵断面和路基横断面图来表达的,这三张图都各自画在独立的图纸上,用它们来确定道路的空间位置、线形和尺寸。路线平面图综合反映了路线的平面位置、线形和几何尺寸,反映沿线人工构造物和重要工程设施的布置,公路与沿线地形、地物的关系等。从路线纵断面图可以获悉路线的纵向设计线以及沿线地面的高低起伏情况、地质和沿线设置构造物的概况。将路线平面图和纵断面图结合起来即可确定路线的空间位置。路基横断面图的作用是表达道路各中心桩处横向地面的起伏情况,以及路基横断面的设计情况。工程上要求在每一个中心桩(与纵断面桩号对应)处,根据测量资料和设计要求,顺次画出每一个路基横断面图,用来计算公路的土、石方量,作为设计概算、施工预算的

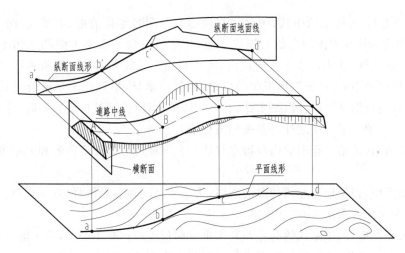

图 6-9 路线工程图的形成过程

依据。

2. 桥梁工程图

一座桥梁的图纸,应将桥梁的位置、整体形状、大小以及各部分的结构、构造、施工方法和所用材料等详细、准确地表达出来,涉及的内容较多,一般可分为桥位平面图、桥位地质纵断面图、桥梁总体布置图、桥梁构件结构图和大样图等几类。其中,桥位平面图通过绘制桥位处的道路、河流、水准点、钻孔及附近的地形、地物,主要表明桥梁和路线连接的平面位置关系;桥位地质纵断面图通过绘制桥位所在河床位置的断面线、地质情况、最高水位线、常水位线和最低水位线,主要表明桥位处的地质和水文情况,实际中常与总体布置图合并。这两种图的图示内容及方法与路线的平面图和纵断面图相近,本章不再单独叙述,重点叙述桥梁总体布置图和构件结构图的主要内容。

桥梁总体布置图是表达桥梁上部结构、下部结构和附属设施这三部分组成情况的总图,包括立面图、平面图和横剖面图。它主要表明桥型、跨径、跨数、总体尺寸、各主要构件的相互位置关系,桥梁各部分的高程、材料数量以及有关技术说明等,作为施工时确定墩台位置、安装构件、控制标高和施工组织的依据。

对于桥梁总体布置图无法详细完整表达的各部分构件,还必须另画图样,采用较大比例把构件的形状大小、材料、配筋情况完整地表达出来,作为施工的依据,这种图样称为构件结构图、构件结构详图或构件大样图,简称构件图。桥梁构件图包括主梁图、桥墩、桥台图、护栏图等。钢筋混凝土和预应力钢筋混凝土构件图通常包含构造图和钢筋或预应力钢筋结构图。钢筋结构图也称钢筋布置图,简称配筋图,一般置于构造图之后。当构件外形简单时,两者可绘于同一视图中。

6.1.4 路桥工程图的有关规定

路桥工程图表达设计思想、绘制工程图样的原理,同样采用前述制图基础的理论和方法,有关道路工程的图样应遵守《道路工程制图标准》(GB/T 50162—92)的规定。该标准与本书前述的《房屋建筑制图统一标准》(GB/T 50001—2017)的基本规定内容相近,但也存在一些不同之处,比如图线的线宽组只分粗(b)、中粗($0.5b$)和细($0.25b$)三档,其中中粗线宽相当于

GB/T 50001—2017 所规定的中线;图名底部应绘制与图名等长的粗、细实线,两线间距为净 1～2mm;比例宜标注在视图图名的右侧或下方;当竖直方向与水平方向的比例不同时,可用 V 表示竖直方向比例,H 表示水平方向比例;尺寸起止符号宜采用单边箭头表示,也可采用斜短线绘制;零标高前不冠以"±";图纸中的单位,标高以米计,里程以千米或公里计,百米桩以百米计,钢筋直径及钢结构尺寸以毫米计,其余均以厘米计(当不按以上采用时,应在图纸上予以说明)等等。其他未尽不同之处可参阅相关标准。

下面结合道路、桥梁工程图的内容特点叙述工程图样的有关规定内容和表示方法的要点。

1. 比例

路线平面图中,根据地形起伏情况的不同,为了能清晰地表示图样,在山岭区采用 1:2000 比例,在丘陵和平原区采用 1:5000 比例。

路线纵断面图中,由于路线的高差与其水平方向长度相比要小得多,为了能清楚地表示路线在高度方向上的变化,规定纵断面图中的距离与高程宜按不同比例绘制(一般垂直方向的比例是水平方向比例的 10 倍)。在山岭区水平方向比例采用 1:2000,垂直方向比例采用 1:200;丘陵和平原区因地形起伏较小,水平方向比例采用 1:5000,垂直方向比例采用 1:500。

路线横断面的纵、横向采用相同比例,一般用 1:200,也可采用 1:100 或 1:50。

桥梁总体布置图常用的比例为:1:50～1:500。

桥梁构件图常用的比例为:1:10～1:50。当某一局部在构件中不能完整清晰地表达时,可采用更大的比例,如 1:2～1:5 来画局部详图。

2. 图线

路线平面图中,道路设计线表达的是道路的平面中心线,用加粗实线绘制。采用等高线(细实线)表示地形起伏情况。每隔 4 条等高线画一条中粗的等高线并标有相应的高程数字,称为计曲线。

路线纵断面图中,道路设计线采用粗实线表示,原地面线采用细实线表示。

路基横断面图中,路面线、路肩线、边坡线、护坡线均采用粗实线表示,路面厚度应采用中粗实线表示。原有地面线应采用细实线表示,设计或原有道路中线应采用细点画线表示。

桥梁工程图中,一般构造图的轮廓线用粗实线;构造图剖切到的轮廓线用粗实线;未剖切到轮廓线用中粗实线;其他的尺寸线、标高符号和填充图例线采用细实线;中心线用细单点长画线。钢筋图的钢筋用粗实线,箍筋用中粗实线,钢筋断面用圆点,钢筋图的构件轮廓线用细实线表示。

3. 坐标网和指北针

为了表示图示区域的方位和路线的走向,路线平面图上需要画出坐标网和指北针。坐标网采用细实线绘制,南北方向轴线代号为 X,东西方向轴线代号为 Y。坐标网格也可采用十字线代替。坐标数值的标注靠近被标注点,书写方向应平行于网格或在网格的延长线上,数值前标注坐标轴线代号。当无坐标轴线代号时,图线上应绘制指北针(指北针的画法同第 3 章)。

4. 水准点和三角点

为便于道路施工,路线平面图还标有三角点、导线点和水准点的编号和位置。如"$\triangle c_1$"表示 1 号三角点;"⊡ $\frac{D153}{159.600}$"表示 153 号导线点,其高程为 159.600 米;"⊗ $\frac{BM2}{53.712}$——"表示 2 号水准点,其高程为 53.712 米。

5. 里程桩号

道路路线的长度是用里程表示的。在路线平面图中,里程桩号自路线起点至终点按从小到大、从左向右的顺序标注在公路中线上。里程桩分公里桩和百米桩两种。其中,公里桩标注在路线前进方向的左侧,用符号"●|"表示桩位,公里数注写在符号的上方,如 K50 表示离起点 50km;两个公里桩之间是百米桩,标注在路线前进方向的右侧,用垂直于路线的短线"|"表示桩位,用字头朝向路线的数字表示百米数,注写在短线的端部。例如,在 K50 公里桩的前进方向注写的"²|",表示桩号为"K50+200",说明该点离起点 50200m。

6. 平曲线和竖曲线

路线平面图中的平曲线特殊点如第一缓和曲线起点 ZH、圆曲线起点 HY、圆曲线中点 QZ、第二缓和曲线起点 YH、第二缓和曲线终点 HZ、圆曲线终点 YZ 的位置,宜在曲线内侧用引出线的形式表示,并应标注点的名称和桩号。在图纸的适当位置,应列表标注平曲线要素:交点编号和位置、偏角 α、圆曲线半径 R、缓和曲线长度 L_s、切线长 T、曲线总长 L 和外矩 E 等。

路线纵断面图中竖曲线分别用"┬"和"┴"符号来标注凹曲线和凸曲线,其中,中间的竖直细实线应对准变坡点所在桩号,线左侧标注桩号,右侧标注变坡点高程;两端的短竖直细实线应对准竖曲线的始、终点。竖曲线要素:半径 R、切线长 T 和外距 E 的数值均应标注在水平细实线上方,其中切线长 T 按水平距离计。变坡点用直径 2mm 中粗线圆圈表示,切线采用细虚线表示。

7. 路线纵断面资料表

路线纵断面图中,在图样下方绘有与图样上下对齐的资料表,能够较好地反映出纵断面设计在各桩号处的高程、填挖方量、地质条件、坡度以及平、竖曲线的配合关系。从上至下,资料主要包括地质情况、里程桩号、设计高程、地面高程、填挖高度、坡度及坡长、直线与平曲线、超高渐变图等。

表中"平曲线"一栏表示路线的平面线形,不设缓和曲线时用"┗┛"表示左转弯的圆曲线,用"┏┓"表示右转弯的圆曲线;设缓和曲线时用"——╱——"表示左转弯的曲线,用"——╲——"表示右转弯的曲线。在曲线的一侧标注平曲线要素。

8. 预应力钢筋

在预应力钢筋混凝土桥梁构件的配筋图中,预应力钢筋采用粗实线或直径 2mm 以上的黑圆点表示,构件轮廓线采用细实线表示(一般构造图中的构件轮廓线,应采用中粗实线表示)。当预应力钢筋与普通钢筋在同一视图中出现时,普通钢筋采用中粗实线表示。

在预应力钢筋布置图中,应标注预应力钢筋的数量、型号、长度、间距和编号。编号以阿拉伯数字表示,编号的格式如图 6-10 所示。在横断面中,可将编号标注在与预应力钢筋断面对应的方格内(a);当标注位置足够时,可将编号标注在直径为 4~8mm 的圆圈内(b)。

在纵断面图中,当结构简单时,可将冠以 N 字的编号标注在预应力钢筋的上方,当预应力钢筋的根数大于 1 时,也可将数量标注在 N 字之前。纵断面图中,可采用表格的形式,以每隔 0.5~1m 的间距,标出预应力钢筋纵、横、竖三维坐标值。对弯曲的预应力钢筋应列表或直接在预应力钢筋大样图(图 6-11)中标出弯起角度、弯曲半径切点的坐标(包括纵弯或既纵弯又平弯的钢筋)及预留的张拉长度。

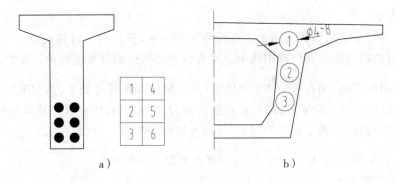

图 6-10 预应力钢筋的标注

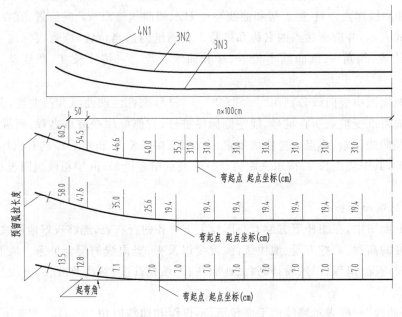

图 6-11 预应力钢筋大样

9. 图例

道路的路线工程图穿越的地理区域较大，其间的地物地貌多而复杂，常采用图例的形式表达。常见的地物包括：房屋，农田水利设施，既有道路、铁路、桥梁，电力、通信等；常见的结构物包括：桥梁、涵洞、隧道、立交等。此外，同一对象在平面图和纵断面中的表达也不同。具体可参阅附录七。

10. 其他

（1）路基横断面图的下方，标有地面中心桩处的挖土或填土深度 H，填挖方面积 A，里程桩号等，填土高度用 $H_T(\mathrm{m})$ 表示，挖土高度用 $H_W(\mathrm{m})$ 表示，填土面积用 $A_T(\mathrm{m}^2)$ 表示，挖土面积用 $A_W(\mathrm{m}^2)$ 表示。

（2）当路线较长，一张图不能完整表述清楚而需要绘制多张图时，在每张图样的右上角应绘制角标，用于注明图样的序号及总张数。此时指北针可用于拼接图样时核对。断开的图样两端均会有垂直于路线的接图线，用点划线表示，看图时应以相邻两张图样的道路中心线为准，并将接图线重合在一起，如图 6-12 所示。

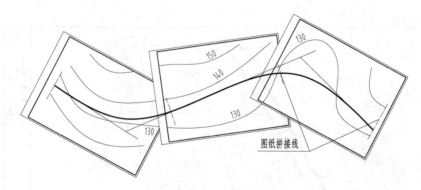

图 6-12　路线图纸拼接示意

6.2　公路路线工程图

6.2.1　路线平面图

图 6-13 为某改造公路 K17＋850 ～ K18＋200 段的路线平面图,其内容包括沿线地形、地物、路线和平曲线要素表等。

1. 地形、地物

该图用指北针来表示路线的走向,从图中可知新建道路的走向大致是由北向西南的。该路线所处地带的地形由等高线和图例表示。图中有一条沥青路面的原有公路与新建公路走向基本一致;成片房屋主要集中在该公路的西侧,并有水泥路面乡村公路和配电线分布其中;道路东侧设有沿线的通信线;东北侧有一条河流。沿线山上多为旱地,东南侧和西侧分别有少量菜地和疏林。

2. 路线

由于路线平面图所采用的绘图比例较小,公路的宽度未按实际尺寸画出,因此图中的设计路线是用加粗粗实线、沿着路线中心表示的。路线的长度用里程表示,其中整千米处设有公里桩(K18),整百米处设有百米桩。根据该段路线的起始桩号和终止桩号,可以算出该路线长为:18 200－17 850＝350m。该段路线的平面线形包含直线、圆曲线和缓和曲线组成,其平曲线的要素见要素表中所示。该段路线在交点 JD99 处向左转折,$\alpha_z = 19°4'54.25''$,在交点 JD100 处向右转折,$\alpha_Y = 49°6'50.38''$,两处平曲线均设有缓和曲线,圆曲线段的半径 R 分别为 180m 和 120m。

3. 结构物和控制点

平面图中还标识了道路沿线的结构物,如在里程 K17＋871.525、K18＋82.888 和 K18＋184.171 等三处各有一座直径 1m 的钢筋混凝土圆管涵洞。

6.2.2　路线纵断面图

图 6-14 为路线平面图对应路段的路线纵断面图。

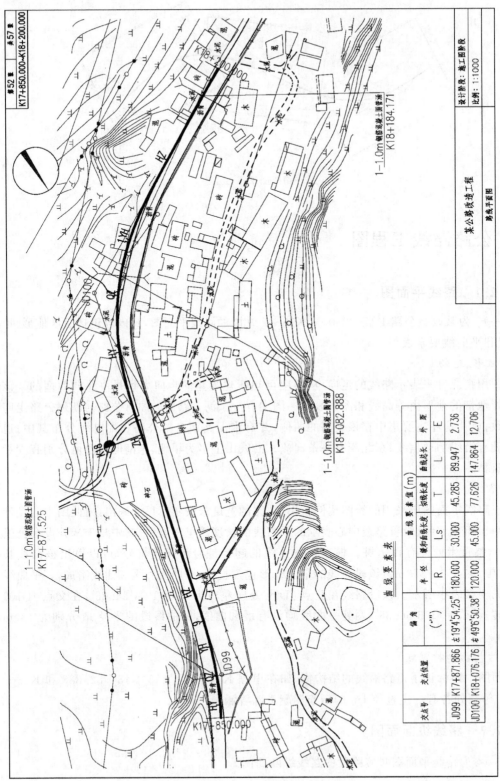

图 6-13　路线平面图

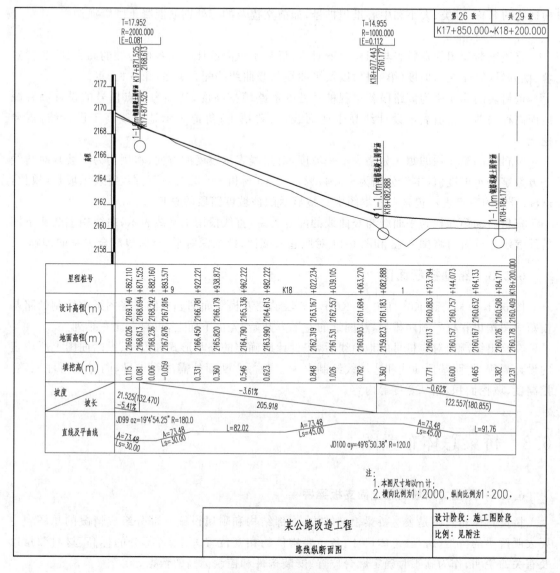

图 6-14　路线纵断面图

1. 图样部分

由于路线和地面的竖向高差比路线的长度小很多，为了在路线纵断面上清晰的显示出竖直方向上的高差，因此本图竖直方向的比例比水平方向的比例大 10 倍。纵断面图的左侧按竖向比例画出了高程的标尺。图中的粗实线为公路纵向设计线，由直线和竖曲线组成；不规则的细折线表示设计中心线处的地面线。比较设计线与地面线的相对位置，可以确定填、挖地段和填、挖高度。

该纵断面图的 K17+871.525 和 K18+77.443 两处各设有 $R=2000$m 和 1000m 的凹形竖曲线（切线长 $T=17.952$m 和 14.955m、外距 $E=0.081$m 和 0.112m），对应变坡点的高程为 2168.613m 和 2161.172m。变坡点的高程加上外距即为竖曲线中心的标高，也是该点的设计标高，如在 K17+871.525 处，设计标高为 2168.694m。

道路沿线的桥梁、涵洞等结构物应在其相应的设计里程和高程处绘制相应的图例，并注明构造物的名称、种类、大小和中心里程桩号,如前文提及的三处钢筋混凝土圆管涵洞。

2. 资料表部分

路线纵断面图的资料表与图样上下对应,反映了纵向设计线在各桩号处的高程(第2栏)、填、挖方量(第4栏),坡度(第5栏)以及平曲线与竖曲线的配合关系(第6栏)等。

资料表的第4栏为该路段各里程桩号处的道路填挖高度,其值为各点桩号的设计高程减地面高程的差。正值表示设计线高于地面线,需要填土;负值表示地面线高于设计线,需要挖土。

资料表的第5栏的每一分格表示一坡度,对角线表示坡度的方向(本例均为下坡),对角线上方数字表示坡度值(本例分别为−5.41%,−3.61%和−0.62%),下方数字表示坡长(单位:m,括号内的数字表示包含未在本图中完整显示的该坡度路段的总长)。

资料表的第6栏为平曲线与竖曲线的配合关系,直线段用水平线表示,曲线用上凸或下凹折线表示。读者可将图6-13和图6-14对照起来阅读,以加深对平、竖曲线配合关系的理解。

6.2.3 路基横断面图

图6-15为某公路K0+160 ～ K0+435段的路基横断面图。在同一张图纸内绘制的路基横断面图按里程桩号顺序排列,从图纸的左下方开始,先由下而上,再自左向右排列。

在绘出纵断面对应桩号的地面线后,按设计所确定的路基形式和尺寸、纵断面图上所确定的设计高程,将路基顶面线和边坡线绘制出来。在每个断面处需注明桩号,同时也可注明填、挖高度,填挖面积,路基宽度等内容。

6.3 桥梁总体布置图

6.3.1 预应力钢筋混凝土简支板梁桥

桥梁总体布置图是表达桥梁上部结构、下部结构和附属设施三部分组成情况的总图。主要表明桥梁的桥型、跨径、总体尺寸、各主要构件的相互位置关系、各部分的标高、材料数量以及有关的说明,作为施工时确定墩台位置、安装构件和控制标高的依据。

图6-16和6-17是一座全长73.04米、中心桩为K0+140.500的三孔预应力钢筋混凝土简支板梁桥的总体布置图,包括立面图,平面图和横剖面图,其中立面图和平面图用1:300的比例画出,横剖面图用1:100画出。

1. 立面图

立面图采用正投影法绘制,由于结构在立面上的对称性,本立面图中心桩所在位置为对称线,采用半立面半立剖面的画法,同时表达立面外轮廓和盖梁、桥台等构件的内部特征。全桥共有三孔,跨径组合为22+25+22(m),可按里程桩号分孔,例如左侧桥台台帽前伸缩缝的中心所在桩号为K0+106.000,左侧桥墩中心线桩号为K0+128.000,两者间距离为22m。从立面图中反映出上部结构为简支梁,每孔梁的实际长度,即梁在立面图的水平距离,分别为21.96m(边孔)和24.96m(中孔),梁段在每个桥墩和桥台处留有4cm间隙。由于中孔与边孔跨径的不同,它们采用的梁高也不同。中孔跨中处的桥面标高标在里程桩号右侧8.991m,梁底标高为7.624m,故该处的桥梁建筑高度为1.367m。下部结构包括河床中布置的两个桥墩

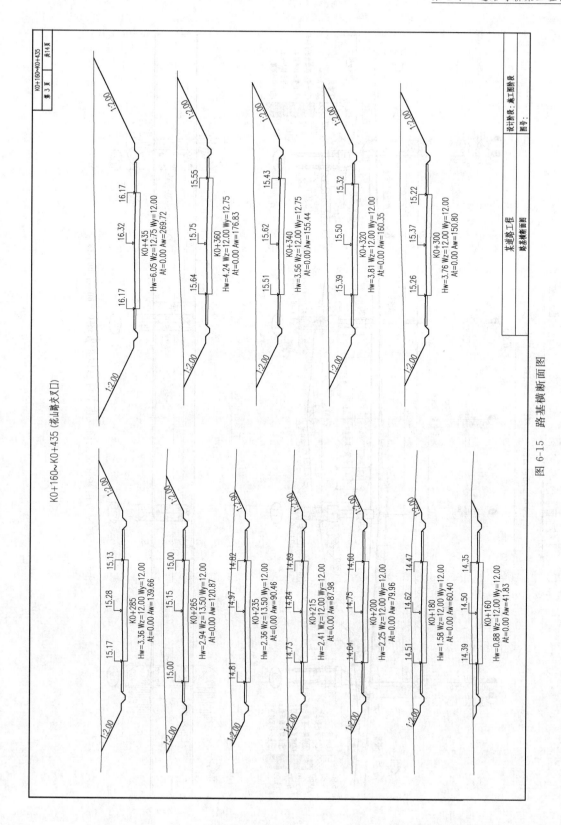

图 6-15　路基横断面图

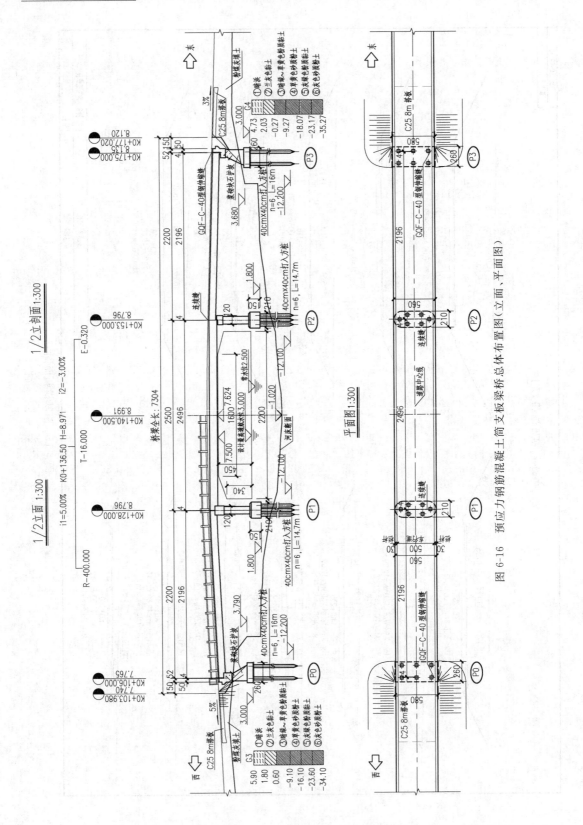

图 6-16 预应力钢筋混凝土简支板梁桥总体布置图（立面、平面图）

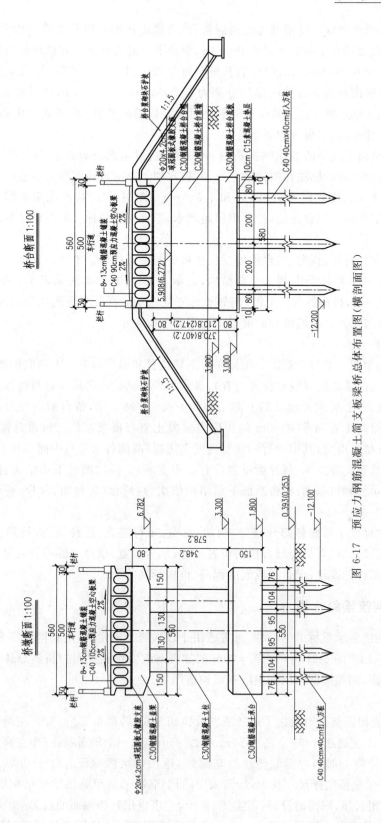

图 6-17　预应力钢筋混凝土简支板梁桥总体布置图（横剖面图）

(由盖梁、立柱和承台组成)、桥梁端部的两侧桥台(含锥形护坡),以及支承桥墩和桥台的桩基础。其中,桥墩台编号自左向右分别为 P0～P3,墩台下部的桩基础的方桩根数均为 6 根,且每根方桩截面尺寸为 0.4m×0.4m,但桥墩和桥台桩基础的排列方式不同,桥台下为两排,桥墩下为三排。桥台底面及其下方桩底标高分别为 3.000m 和－12.200m,桥墩底面及其下方桩底标高分别为 1.800m 和－12.100m。从半立面中可以看到栏杆,从半立剖面图中可以看到桥面铺装、支座、伸缩缝、搭板等附属设施。

此外,图中给出了地层的地质钻探资料、河床线、桥梁走向、纵坡(左侧上坡:5%,右侧下坡:3%)、竖曲线(凸曲线,标注在图样最上方,其要素如图所示)、通航净空示意(本例中中孔为通航孔、通航标高及高度分别为 7.624m 和 4.500m)。图中,尺寸标准采用细部定形尺寸、定位尺寸、标高和里程桩号综合注法,尺寸单位是厘米,里程桩号与标高的单位是米。

2. 平面图

平面图反映梁、桥墩、桥台、桥台护坡、桩、搭板等的平面投影。本例为整体平面画法,有时也可采用半平面图和半剖面图(揭去上部结构,显示下部结构)的画法来表示。平面图中注明了桥梁总宽度:5.6m,桥面各部件宽度,例如车行道宽 5.0m、栏杆宽每侧 0.3m;以及墩台及桩基础的平面布置与尺寸。两端桥台的锥形护坡用坡度线表示。

3. 横剖面图

桥梁的横剖面图一般与立面图中所标注的剖切位置和编号对应。本例取桥墩与桥台两个断面(断面所取的位置以里程桩号位置为宜),显示出所有结构的名称及材料特性,以 1∶100 比例绘制。结合立面图,桥墩断面处的上部结构为中孔 24.96m 梁,桥台断面处为边孔 21.96m 梁,分别采用了梁高 1.05m 和 0.90m 的预应力混凝土空心板梁结构。桥面总宽度为 5.6m,由 5 片空心板梁拼接而成,其中带有一侧悬挑的是边板(两侧各 1 片),中间 3 片为中板。梁底由 10 个圆板式橡胶支座支承(每片梁单侧设有 2 个支座)。桥墩断面下部结构自上而下依次为:盖梁、立柱、承台和桩基础;桥台断面下部结构依次为:桥台(含台帽、台身、桥台底板)和桩基础。

横剖面图中标注了桥面各部分宽度,例如:总宽、车行道宽、栏杆宽、人行道宽、分隔带宽等;桥面横坡;盖梁总宽、盖梁与墩台柱的位置尺寸;承台总宽、承台与桩的位置尺寸;桥墩台的总高、桥墩台各部件的高度;墩台顶或底的标高、桩底标高等。

6.3.2　钢箱梁斜拉桥

斜拉桥作为缆索承重桥梁的一种,通常适用于较大跨径的桥梁,是我国近年来广泛使用的一种桥型。图 6-18～图 6-21 为一主跨 420m 的独塔双索面钢箱梁斜拉桥的总体布置图,包含立面、平面布置图,钢箱梁断面图和主塔一般构造图等。

1. 立面图

图 6-18 的立面图概括地表达了该独塔斜拉桥的全貌,跨径布置为:420(主跨)＋220＋108＝748m,包含一个主通航孔(净空高度 50m、宽度 350m)和一个辅通航孔(净空高度 19.5m、宽度 73m)。除桥塔将上部结构荷载传递给基础外,还在桥梁两端设有 2 个边墩、在边跨设有 1 个辅助墩。由于全桥实际尺寸较大,绘图采用的比例较小,故仅画出桥梁结构的主要外形轮廓。图中,主梁用其顶、底面的投影(粗实线)表示,主塔也用其两侧面的投影(粗实线)画出,每根拉索用中粗实线表示。塔顶标高为 240m,斜拉索在钢箱梁上锚固点的标准间距为 16m、在

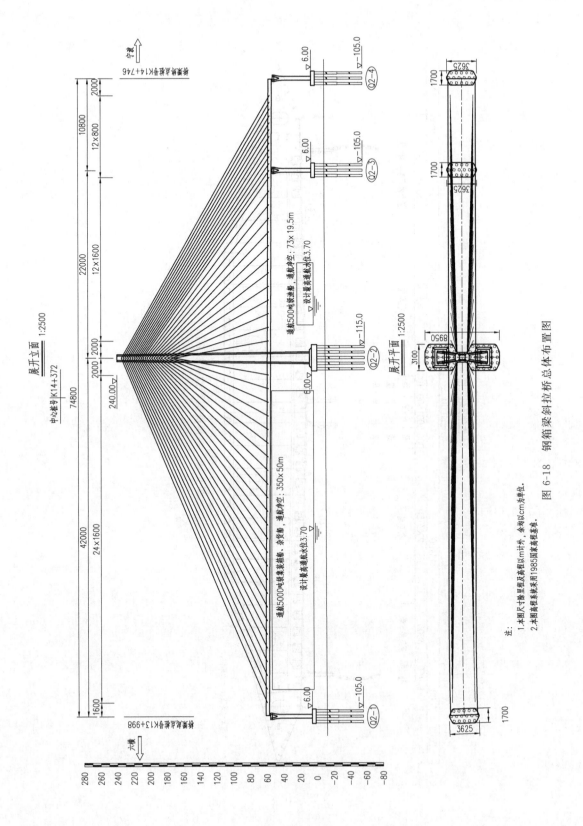

图 6-18　钢箱梁斜拉桥总体布置图

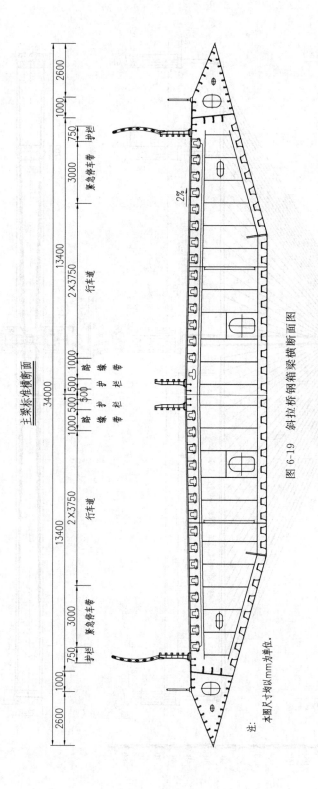

主梁标准横断面

图 6-19　斜拉桥钢箱梁横断面图

注：
本图尺寸均以mm为单位。

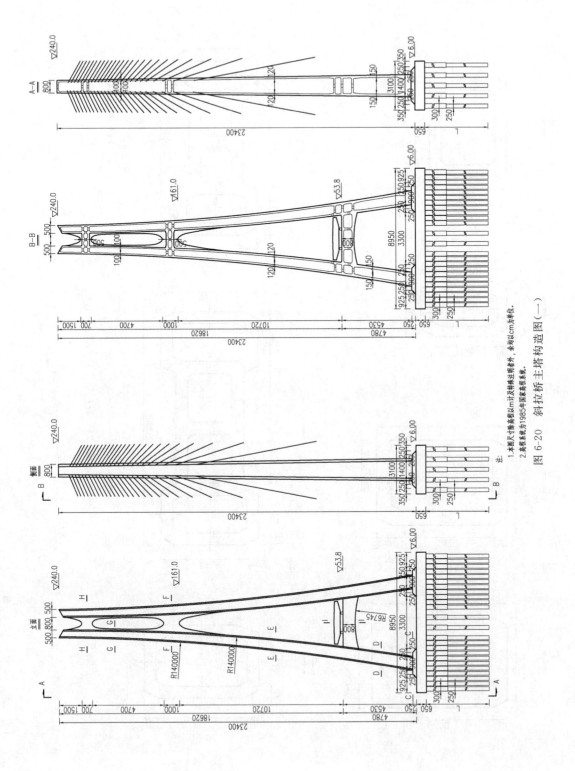

注：1.本图尺寸除高程以m计及钢筋注明者外，余均以cm为单位。
　　2.高程系统为1985年国家高程系统。

图 6-20　斜拉桥主塔构造图（一）

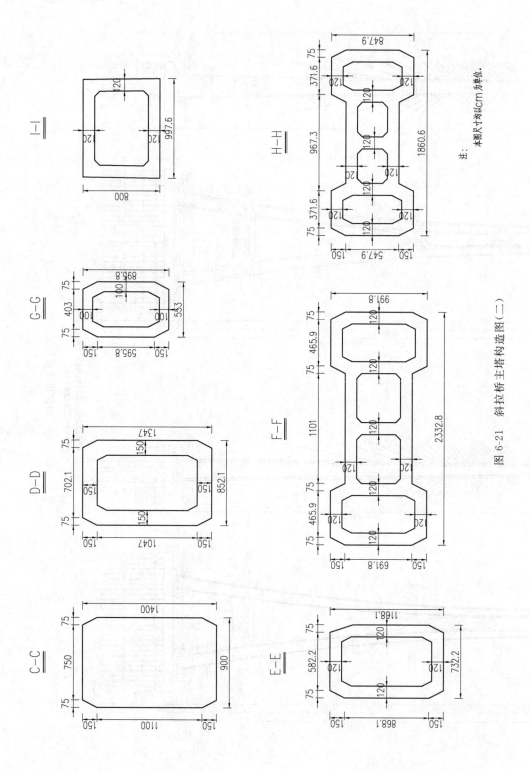

图 6-21 斜拉桥主塔构造图（二）

注：
本图尺寸均以cm为单位。

边跨尾索区间距为 8m。桥梁的下部结构由主塔、边墩(辅助墩)的承台(顶面标高为 6m)和钻孔灌注桩基础(主塔基础底面标高为 −115m,桥墩基础底面标高为 −105m)组成。立面图还给出了桥梁起、终点桩号和中点里程桩号,以及高度比例尺。

2. 平面图

图 6-18 的平面图主要表达了桥面的平面布置情况,可以看出桥梁靠近六横侧起点处设有一段平曲线,因此上文立面图称为展开立面图。平面图表达了桥面、斜拉索、主塔的主要轮廓线,并同时表示了桥面以下结构如辅助墩、边墩的横断面示意,主塔和墩柱承台的轮廓及平面尺寸,桩基础的平面布置情况等。该桥于桥面两侧并排布置两排拉索,形成对称的空间倾斜索面(故称双索面斜拉桥)。主塔基础有 60 根钻孔灌注桩,呈梅花形布置;辅助墩和边墩基础均为 18 根钻孔灌注桩,呈梅花形布置。

3. 钢箱梁横断面图

图 6-19 为钢箱梁标准横断面布置图,主要反映了钢箱梁的构造和桥面的布置情况。钢箱梁为抗风稳定性好的扁平流线型钢箱梁,并设有风嘴,桥面全宽 34m,不含风嘴顶板宽26.8m。钢箱梁顶板和底板根据受力需要分别设置了 L 形和 U 形加劲肋。钢箱梁内设置两道纵隔板,并每隔一段距离设置横隔板。

桥梁全线采用双向四车道高速公路标准,单向机动车道布置为:$3.0+2×3.75+1.0=11.5m$,桥面设有双向护栏,两侧护栏上还设有风屏障。图中还反映了桥面横坡、人行道栏杆等情况。

4. 主塔构造图

图 6-20 和 6-21 为主塔一般构造图,包括桥塔立面和侧面图,以及反映桥塔内部构造的两个断面图(A-A 和 B-B 断面)和塔柱典型断面图(C-C~I-I 断面)。从立面图中可知,主塔形状为倒 Y 形,并在主梁下方设置一道 8m 高的横梁。主塔总高 234m,其中桥面以上 186.2m,桥面以下 47.8m。塔柱在立面上为圆弧线,曲率半径 1400m。塔柱在横桥向宽度为由塔顶的5m 过渡到塔底的 9m,顺桥向宽度反映在侧面图中,由顶部的 8m 渐变至塔底的 14m。从总体布置图可知承台为哑铃形,本图显示其总高 6.5m,水平尺寸为 $89.5m×31m$。主塔桩基础采用变截面圆形断面,上、下段直径分别为 3m 和 2.5m。

A-A 和 B-B 断面图分别反映了主塔在侧面和立面的内部构造,两个剖切符号分别在桥塔立面和侧面图中。可以看出,塔柱采用空心箱形断面,为混凝土材料。图中还能反映不同段塔柱截面的形状和壁厚变化情况,其中标准塔柱为单箱单室截面,壁厚分别为 1m(G-G 断面)、1.2m(E-E 断面)和 1.5m(D-D 断面);F-F 和 H-H 断面为单箱四室截面,横梁(I-I 断面)为单箱单室截面,壁厚均为 1.2m。

6.4　桥梁构件结构图

对于桥梁总体布置图中无法完整表达的桥梁构件,需采用较大比例把构件的形状、大小和局部细节完整地表达出来,作为构件施工的依据。这种图称为桥梁构件结构图,简称构件图,如主梁构件图、桥墩构件图,桥台构件图、附属设施构件图等。每一种构件图均可采用多张图纸表示,钢筋混凝土构件图一般包含仅表示构件形状尺寸而未确定材料规格等级的一般构造图和表示结构内部钢筋布置情况的钢筋布置图。常用比例为 1∶50～1∶10。当构件的某一局部在构件图中还不能清晰完整的表达时，则应采用更大的比例如 1∶5～1∶2 来画局部放大图。

6.4.1 预应力钢筋混凝土空心板梁

预应力钢筋混凝土空心板梁是梁桥的常用主梁形式之一。它的两端支承在桥墩或桥台盖梁上，是梁桥的主要承重构件。

1. 空心板一般构造

图 6-22 为跨径为 10m 的装配式预应力钢筋混凝土空心板中板和边板的一般构造图，主要表达板的外部形状与尺寸，由半立面图、半平面图、断面图等组成。由于板纵向对称，所以图中采用了半立面图和半平面图。而边板和中板的立面图形状区别不大，故只画了中板的立面图和立面断面图。

板的理论跨径为 10m，两端各留有 3cm 的接头缝，所以板的实际跨径是 9.94 米。中板的理论宽度是 1.25 米，板的横向也留有 1cm 的铰缝，因此中板的实际宽度是 1.24 米。由于构件是预制后吊装至现场装配施工，平面图中还表示了吊装预留孔的位置和后浇混凝土封墙的位置。

2. 预应力钢束构造

图 6-23 为跨径为 10m 的装配式预应力钢筋混凝土空心板梁的预应力钢束构造图，主要反映预应力钢束的线形、数量、长度、材料用量等，由纵断面图、横断面图、预应力钢束坐标表、钢束及锚具明细表，以及材料数量表等组成。

本图 N1 为预应力钢筋，每块板中分别有两根，为承受拉力作用的主要受力筋。纵断面图与钢束大样图和钢束曲线坐标表配合，大样图中标出了弯曲半径切点的坐标、弯起角度、曲线半径和切线长、预留张拉工作长度等；曲线坐标表每隔 0.5m，标出了钢束的竖直坐标（钢束重心至梁底距离）。横断面分别给出了跨中和端部预应力钢束的管道断面位置。

图中 N1 每束长度为 1096cm，对应一块边板或中板的钢束总长为 21.9m，由于边板和中板的钢绞线规格不同，相应的预应力材料总重分别为 120.6kg 和 96.4kg。

6.4.2 钢筋混凝土桥墩

1. 桥墩构造图

图 6-24 为跨径 10m 的装配式预应力混凝土空心板桥桥墩构造图，由立面图、平面图、侧面图组成。通常，桥墩的立面图为桥墩正面的主视图，即总体布置图中的横剖面方向作为视图方向。由立面图可以看出，单幅桥墩形式为变截面双柱式桩式桥墩，由盖梁、墩柱、系梁和桩基组成。另外，桥墩构造图中通常要表示支座的位置。墩柱和桩基横断面为圆形，直径分别为 1.1m 和 1.3m；系梁高度为 1.2m；单幅桥总宽 12m，桥面横坡 2%。平面图反映了支座（垫石）、墩柱和桩基的平面尺寸和布置情况，两墩柱（桩基）中心距为 7.2m。侧面图中可以看出系梁横截面为矩形，宽度为 1m。

立面图中，墩柱和桩基较长，采用折断画法处理。由于桥梁不同跨所在的地形和地质情况不同，立柱高度和桩基长度会发生改变，因此图中采用墩高 H 和桩长 L 等符号来标注示意，具体值可另列表给出。相应地，梁底标高、墩底和桩底的标高也用符号 M1～M4 来表示。对于不同跨相同的构件尺寸，如盖梁尺寸以及墩柱和桩基直径、系梁尺寸等，则在图中直接标注。

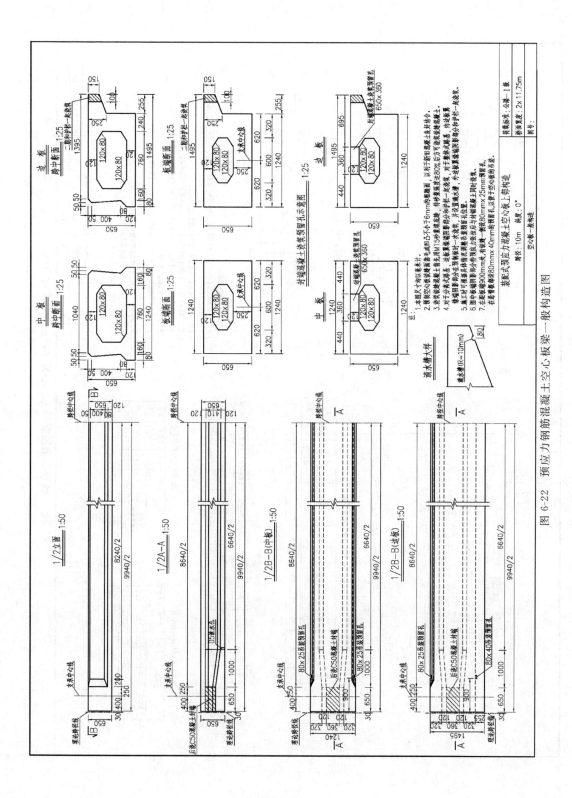

图 6-22　预应力钢筋混凝土空心板梁一般构造图

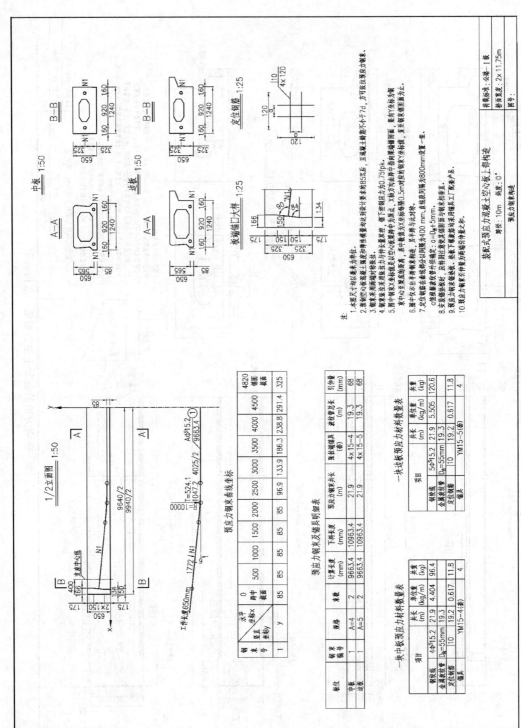

图 6-23　预应力钢筋混凝土空心板梁预应力钢束构造图

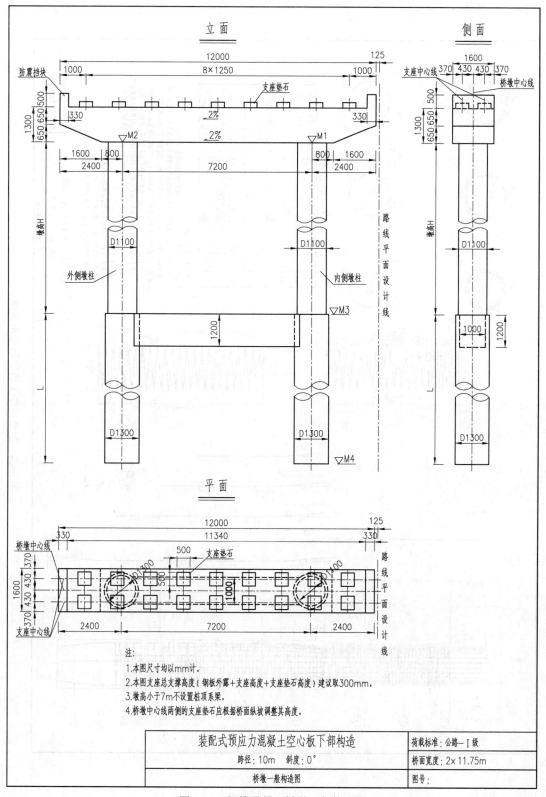

注：
1.本图尺寸均以mm计。
2.本图支座总支撑高度(钢板外露+支座高度+支座垫石高度)建议取300mm。
3.墩高小于7m不设置桩顶系梁。
4.桥墩中心线两侧的支座垫石应根据桥面纵坡调整其高度。

装配式预应力混凝土空心板下部构造	荷载标准：公路—Ⅰ级
跨径：10m 斜度：0°	桥面宽度：2×11.75m
桥墩一般构造图	图号：

图 6-24 钢筋混凝土桥墩一般构造图

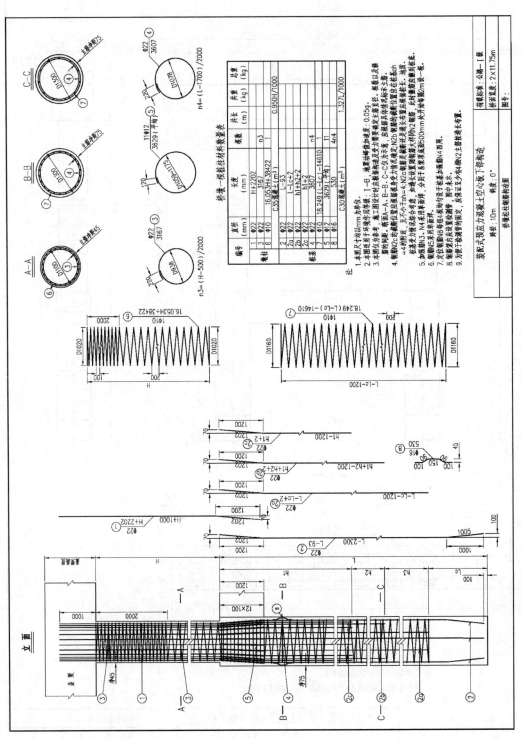

图 6-25　钢筋混凝土桥墩钢筋布置图

2. 桥墩、桩柱钢筋布置图

除桥墩构造图外,桥墩构件图还包括根据结构计算确定的桥墩钢筋布置图,一般由桥墩、桩柱钢筋图、盖梁钢筋图、系梁钢筋图、防震挡块钢筋图、支座垫石钢筋图等多张图纸组成。这里以桥墩、桩柱钢筋图(图 6-25)为例说明钢筋混凝土桥梁构件钢筋图的图示内容和方法。

桥墩、桩柱钢筋布置图由立面图,A-A、B-B、C-C 断面图,以及钢筋成型图组成,墩柱和桩身仍作折断处理。N1 和 N2(含 N2a、N2b、N2c)分别为墩柱和桩柱的受力主筋,采用直径 22mm 的 HRB400 钢筋。N3、N4、N5 为加强箍筋,设在主筋内侧,均采用 HRB400 型号钢筋。N3 位于墩柱内,每 2m 一道,直径 22mm,单根长 3.167m;N4 位于桩柱内,每 2m 一道,直径 22mm,单根长 3.607m;N5 位于系梁与桩柱交叉部,每 0.1m 一道,共 11 根,直径 12mm,平均直径 3.629m。N6 和 N7 分别为墩柱和桩柱内的螺旋箍筋,各 1 根,设在主筋外侧,采用直径 10mm 的 HRB235 钢筋。N6 和 N7 的总高度分别为 H 和 $L-L_c-1.2$(单位:m),其中 H 为墩柱高度,L 为桩柱总长,L_c 为桩头长度,1.2 为系梁高度;两者总长度可按材料数量表中公式计算。N8 为定位钢筋,每组 4 根均匀设于桩柱加强钢筋 N4 的四周,采用直径 16mm 的 HRB400 钢筋,单根长 0.53m。

各钢筋形状见钢筋成型图。作为标准图,本例中主筋 N1 和 N2(含 N2a、N2b、N2c)数量应根据构造及受力的实际要求来确定主筋根数、直径和箍筋间距,故材料表中未注明主筋数量。加强箍筋、螺旋箍筋、定位钢筋的长度、根数等见一根桩柱材料表。

第7章　机械图

7.1　概述

机械图与土建图都是采用正投影原理绘制的。对于形体外形的表达方法,二者基本是一致的。但机械具有运动的特点,故机械零件的形状、结构、材料以及加工等方面,又与建筑物或构筑物之间存在很大的差别。因此,在表达方法和内容上也就有所不同。为此,制定了两套国家标准,即土建制图国家标准和机械制图国家标准。在本章的学习中,必须遵守机械制图国家标准的各项规定,注意掌握机械图的图示特点和表达方法。

7.1.1　基本视图

机械制图国家标准对基本视图的名称及其投影方向作了如下的规定:

主视图——由前向后投影所得的视图,相当于土建图中的正立面图;

俯视图——由上向下投影所得的视图,相当于土建图中的平面图;

左视图——由左向右投影所得的视图,相当于土建图中的左侧立面图;

右视图——由右向左投影所得的视图,相当于土建图中的右侧立面图;

仰视图——由下向上投影所得的视图,相当于土建图中的底面图;

后视图——由后向前投影所得的视图,相当于土建图中的背立面图。

图 7-1a)为立体示意图,图 7-1b)为六个基本视图。在一张图纸内按图 7-1b)配置视图时,一律不标注视图的名称。

如不能按图 7-1 配置视图时,应在视图的上方标出视图的名称"×向"("×"为大写拉丁字母的代号),在相应的视图附近用箭头指明投影方向,并注上同样的字母,如图 7-2 所示。图中除主视图、俯视图和左视图外,其余三个视图未按规定配置,故该三视图需注上相应的字母。图名标注在图形的上方,不必在图名下画线。而土建图是将图名标注在图形的下方,并在图名下画一粗实线,请读者注意区别。

与土建图一样,并不是每个形体都需要用六个视图来表达的。要根据形体的结构及尺寸表达上的需要来选择视图。在一般情况下,主视图、俯视图和左视图是较常选用的视图。

7.1.2　特殊视图

当一个零件在选用基本视图表达时,尚不能使零件的某些结构的实形反映清楚,或有些部分不适宜用基本视图来表达,或是采用了某一基本视图来表达而部分图形又有所多余或重复,则经常根据零件的具体情况选用某些特殊视图,如斜视图、斜剖视图、局部视图等,以补充其表达上的不足。

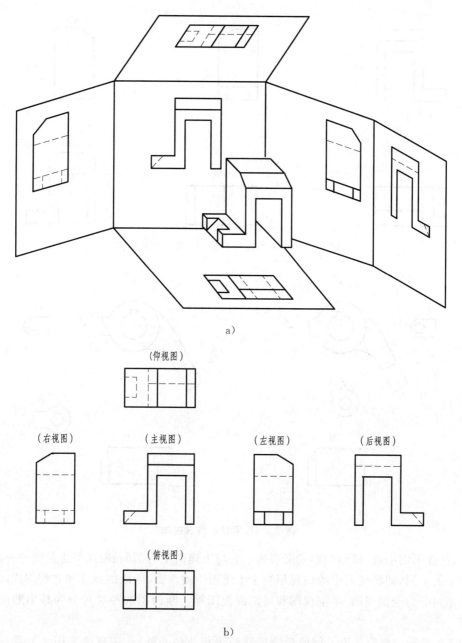

a)

（仰视图）

（右视图）　　（主视图）　　（左视图）　　（后视图）

（俯视图）

b)

图 7-1　六个基本视图的配置关系及其名称

　　图 7-3 表示一压紧杆,采用了主视图加 A 向斜视图和 B 向、C 向局部视图表达,这样可以比较简洁并清晰地表达出零件的空间形状。局部视图和斜视图都只表达形体的局部,区别在于前者是投影在基本投影面上,后者是投影在垂直于投影方向的倾斜的投影面上的。图 7-3a)是一种布置形式,即斜视图按投影方向配置;图 7-3b)是另一种布置形式,即将斜视图旋转配置,这样配置时,表示视图名称的字母前或后应标上旋转箭头。

7.1.3　剖视图、断面图

　　机械零件或装配体的内部一般较为复杂,为了能清晰地表达其内部形状和结构,并便于标

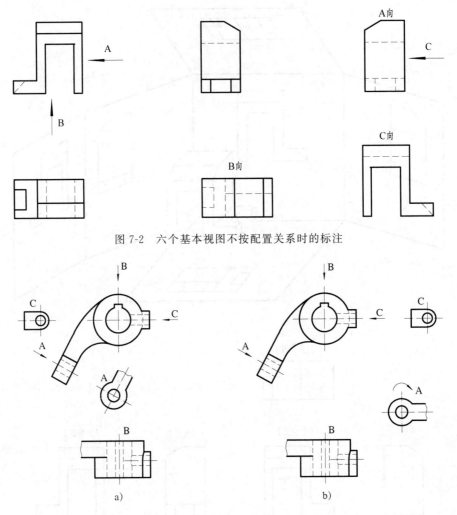

图 7-2　六个基本视图不按配置关系时的标注

图 7-3　压紧杆的特殊视图

注尺寸,往往采用剖视、断面的形式来表达。它与土建图中的剖面、断面概念是完全一致的,仅是名称上的不同,即机械图中的剖视相当于土建图中的剖面,断面的概念和名称均相同。剖视图的类型可分为全剖视图、半剖视图和局部剖视图等。断面图的种类可分为移出断面和重合断面等。

　　图 7-4 表示一弯管。为了保留弯管顶部凸缘和凸台的外形,主视图采用了局部剖视。由于顶部的凸缘不平行于基本投影面,故在任一基本视图中都无法反映其实形。今在顶部A—A 处作一斜剖视(全剖),则不仅显示出方形凸缘的真实形状,同时还反映出凸台与弯管的连接情况。弯管底部的凸缘则采用 B 向的局部视图来表示。这样,该弯管采用了一个基本视图(主视图)和两个特殊视图(斜剖视图和局部视图),加上尺寸的标注,就清楚完整地表达了弯管的结构和形状。A—A 也可以按图 7-4b)或图 7-4c)配置。

　　在机械图中,一般应在剖视图上方用字母标注出剖切视图的名称"×—×"。在相应的视图上用剖切符号表示剖切位置,剖切符号(线宽 $1\sim1.5b$、断开的粗实线)尽可能不与图形轮廓线相交,用箭头表示投影方向,并注上同样的字母,以便对照。当剖视图和断面图按投影关系

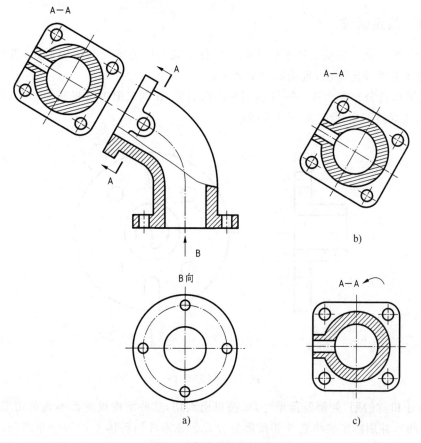

图 7-4 弯管的特殊视图

配置,中间又没有图形隔开时,可省略标注箭头与名称,如图 7-5(右边)所示。

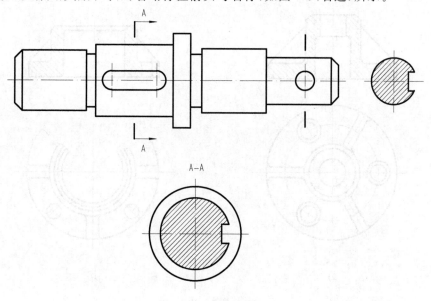

图 7-5 剖视图与断面图

7.1.4　规定画法

为了使图形简化并能更清晰反映出某些零件或装配体的特征和结构形状,机械制图国家标准对此作了某些规定画法,现摘要列举如下:

(1) 当圆形孔分布在回转形零件的同一圆周上时,在剖视图中应将其中一孔,假设旋转到剖切平面内按旋转剖切画出,如图 7-6 所示。

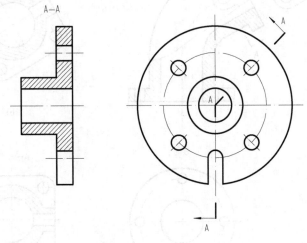

图 7-6　规定画法一

(2) 对于机件的肋、轮辐及薄壁等,如按纵向剖切,这些结构规定都不画剖切图例线(即图中的 45°斜线),并用粗实线将它与邻接部分分开。当零件回转体上均匀分布的肋、轮辐、孔等结构不处于剖切平面上时,可将这些结构旋转到剖切平面上画出。图 7-7a)和 b)为肋的规定画法。

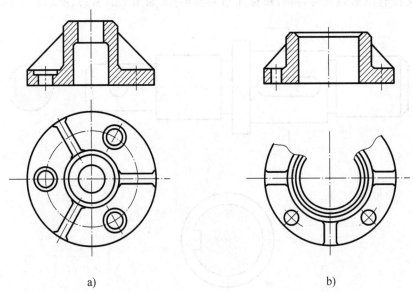

a)　　　　　　　　　　　　　　b)

图 7-7　规定画法二

（3）当零件上带有小槽或小孔时，它们与零件表面的交线允许采用简化画法，如图 7-8a）中简化了圆柱形轴与圆锥（台）形孔的交线。图 7-8b）中简化了圆柱形轴与键槽圆柱形端部的交线。当剖切平面通过回转面形成的孔时，这些结构按剖视绘制，如图 7-8a）所示。

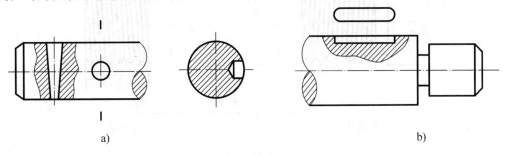

a)

b)

图 7-8　规定画法三

7.2　几种常用零件和画法

　　机器是由许多零件组成的，其中常用的零件有螺栓、螺钉、螺母、键、销和滚动轴承等。为了简化设计、保证互换性和便于大量生产，国家已对这些零件的结构形状、尺寸和技术要求等，作了统一规定，实行了标准化，故称为标准件。还有一些用量大、使用广泛的零件，如齿轮、弹簧等，国家只对其中部分参数实行了标准化，这类零件一般称为常用件。

　　由于标准件和常用件的结构基本定型，且使用广泛，所以国家标准中制定了它们的规定画法和简化画法。

7.2.1　螺纹

　　螺纹是指螺钉、螺栓与螺母、螺孔等起连接或传动作用的部分。

　　1. 螺纹的各部分名称

　　在零件的外表面上加工出来的螺纹称为外螺纹，如螺钉、螺栓等的螺纹；在零件的内孔表面上加工出来的螺纹称为内螺纹，如螺母、螺孔等的螺纹。凡螺纹要起到连接或传动的作用，必须成对使用，同时它们的牙型、直径、螺距、旋向也必须完全相同。螺纹各部分名称如图 7-9 所示。

　　2. 螺纹的规定画法

　　1）外螺纹画法

　　图 7-10 为外螺纹的画法，图 7-10a）是不剖切时的画法，图 7-10b）是剖切时的画法。规定外螺纹的大径（牙顶）用粗实线表示，小径（牙底）用细实线表示。画图时，如已知大径 d，则小径 d_1 可按大径 d 的 0.85 倍画出，即 $d_1=0.85d$。螺纹的终止界线要画成粗实线。为了保护螺杆上外螺纹以及使其易于旋入螺孔的内螺纹，在外螺纹端部经常加工成锥台型的倒角。在主视图中表示小径的细实线规定画入倒角内。在外螺纹投影为圆的视图中，用粗实线的圆表示大径，用细实线圆表示小径，但细实线圆规定只画约 3/4 圈，而倒角所形成的圆在此视图中规定不画出。在剖视、断面图中的外螺纹，仍用细实线表示其小径，但螺纹剖面中的终止界线

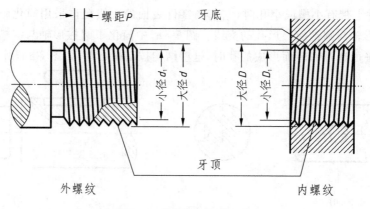

图 7-9　螺纹的各部分名称

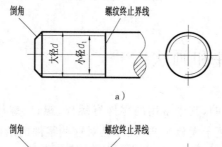

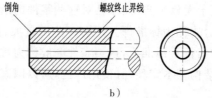

图 7-10　外螺纹的画法

仅画出大径和小径之间的一部分。

2）内螺纹画法

图 7-11a）为内螺纹在剖视图中的画法。规定大径画成细实线，小径画成粗实线（$D_1 \approx 0.85D$），剖面图例线应画到小径的粗实线为止。在内螺纹投影为圆的视图中，不论螺孔是否带有倒角，规定仅画出表示大径的约 3/4 圈细实线和表示小径的粗实线圆，不画倒角圆。必须注意：内螺纹的大径和小径所表示的形式恰与外螺纹所表示的相反。对于不穿通的螺孔，如图 7-11b）所示，其螺纹终止界线要用粗实线表示，并应分别画出螺孔深度和钻孔深度，钻孔底部的锥顶角一般画成 120°。

3）螺纹连接画法

当内、外螺纹连接时，在剖视图中，规定其旋合部分按外螺纹画法表示，即大径画成粗实线，小径画成细实线。如外螺纹的零件为一实体，在剖视图中则以不剖表示，至于螺纹未旋合的部分，仍按各自的画法表示。螺纹的连接画法如图 7-12 所示。

3．螺纹的类型和标注

上述螺纹的画法适用于各种类型的螺纹。至于图示上螺纹类型的区别，仅在螺纹代号和标注上有所不同。

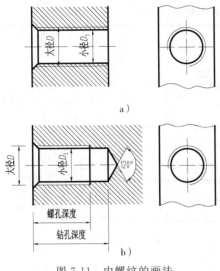

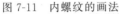

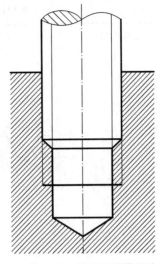

图 7-11　内螺纹的画法　　　　　图 7-12　螺纹的连接画法

1) 螺纹的类型

按用途分:有连接螺纹和传动螺纹。

按牙型分:有三角形螺纹、梯形螺纹和矩形螺纹等。

本节仅介绍连接螺纹。连接螺纹常用的有普通螺纹和管螺纹。常用螺纹的类型见表 7-1。普通螺纹有粗牙和细牙两种,均为公制,以 M 为代号。粗牙普通螺纹是使用最广的一种连接螺纹。当螺纹大径相同时,细牙普通螺纹的螺距与牙型高度比粗牙的要小。因此,细牙普通螺纹一般适用于精密仪器或薄壁零件的连接。普通螺纹的规格可查阅附录九。

管螺纹是指各种管道(如水管、油管、煤气管等)连接上的螺纹。我国目前对管螺纹仍沿用着英寸制单位。常用的为圆柱管螺纹,以 G 为代号。

2) 螺纹的标注

在视图中,螺纹的类型由螺纹的标注内容所确定。因此,螺纹的标注很重要。

常用普通螺纹的标注形式为:

螺纹特征代号　公称直径×螺距　公差带代号(粗牙螺纹不标螺距)。

常用管螺纹的标注形式为:

螺纹特征代号　尺寸代号　公差带代号-旋向　(尺寸为英寸;右旋不标,左旋标 LH)。

具体标注方法参阅表 7-1。

其中,管螺纹的标注方式比较特殊。一般螺纹注在大径上的尺寸是指螺纹的公称直径(即大径),而管螺纹的公称直径则指的是管子的通孔直径(这对于了解管子的通径和计算流量较为方便)。但表示管子公称直径的尺寸规定要用引出线标注在螺纹的大径上。管螺纹的螺距因有标准,如无特殊要求则不必注。画图时,管螺纹大、小径的实际尺寸,要根据其公称直径查阅附录九(GB/T 7307—2001)得出。例如:表 7-1 中的管螺纹标注为 G1,字母 G 表示圆柱管螺纹,1 表示其公称直径(即通孔直径)为 1 英寸,可从附表 9-1 中查得其大径为 33.249mm,小径为 30.291mm。

表 7-1   常用连接螺纹的类型及其标注

螺纹类型	牙型代号	牙　型	图　例	标注方法
粗牙普通螺纹	M	60°	M24-6H	M24-6H 公差带代号 公称直径（大径） 牙型代号
细牙普通螺纹			M20×2-6H	M20×2-6H 公差带代号 螺距 公称直径（大径） 牙型代号
管螺纹	G	55°	G1″	G1″ 管子的孔径 牙型代号

7.2.2 螺栓连接

在机械工程中广泛地使用螺栓连接。螺栓连接的作用主要由螺栓、垫圈和螺母等标准件将其他两个以上的零件或构件连接成为整体。螺栓、螺母和垫圈等标准件已列入国家标准,并制定了统一规格和代号。

1. 螺栓连接的近似画法

螺栓连接一般采用近似画法,如图 7-13 所示。图中由螺栓、垫圈和螺母将两块钢板连接成为整体。如两钢板的厚度 $\delta_1+\delta_2$ 以及螺栓的大径 d 为已知时,则根据 d 值可计算出各有关部分的尺寸来,而按尺寸即能近似画出螺栓连接图。其中 $c=0.15d$,$a=(0.2-0.3)d$,$H=0.8d$,$b=0.15d$,$h=0.7d$,$d_0=1.1d$,$D=2d$,$D_1=2.2d$。

2. 螺栓连接画法的某些规定和尺寸标注

(1) 当需要表明螺栓连接的内部情况时,一般可将主视图画成剖视图。在剖视图中,当剖切平面通过螺栓中心时,则螺栓、垫圈和螺母等标准件,如无特殊需要均按不剖表示,即仍画其外形。螺栓头部和螺母的安装位置应相互一致,在主视图中,一般应反映出六角形的螺栓头和螺母的三个侧面,如图 7-13 所示。

(2) 当两零件表面接触时,其接触处应画成一条线;不接触时(或是轴与孔的公称直径不相同时,如图 7-13 中的 d 与 d_0),必须画出两条线,即留有间隙。

(3) 在剖视图中,被剖切的两相邻零件(如图 7-13 中的两钢板),其剖面线方向应该相反。而同一零件在各剖视图或剖面图中的剖面线,其方向和间距应保持一致。

在螺栓连接的尺寸标注中,例如:图 7-13 它仅需注出两钢板的厚度 δ_1 和 δ_2,螺栓的螺纹大径 d(按螺纹要求标注)以及螺栓的长度 L。其中 $L=\delta_1+\delta_2+b+H+a$ 仅为螺栓长度的计算值,还需查阅有关标准中的 L(系列)值,然后取与计算值最为接近的 L(系列)值,作为画图

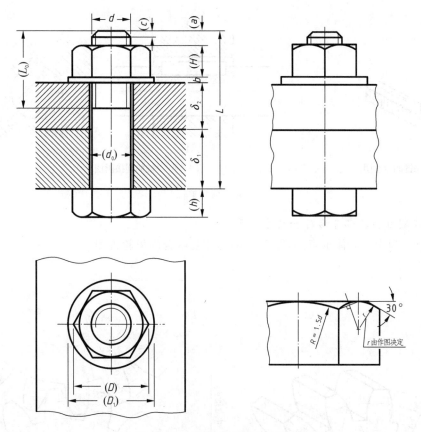

图 7-13　螺栓连接的近似画法

和标注的螺栓有效长度 L。图 7-13 中所注出的其他（带有括号的）尺寸仅是为了绘图上的需要，不应标注。

7.2.3　键连接

　　轴与装在轴上的传动零件（如齿轮、皮带轮等）之间通常使用键连接。键属于标准零件，常用的一种平键，如图 7-14a）所示。

　　键的连接方式是在轴上和轮毂上各开一键槽，键的一部分嵌在轴槽内，另一部分嵌入轮毂槽内。为了加工和安装上的方便，一般将轮毂槽做成贯通的。平键主要依靠两侧面受力，所以键和键槽的两侧面相互接触，图中应画成一条线。而键的高度与键槽总高的公称尺寸是不相等的，因此键的顶面与键槽顶面之间存有间隙，图中应画成两条线。平键的连接画法如图 7-14b）所示。图中为了显示出键和轴上的键槽，在主视图上将轴画成局部剖视，而键规定不作剖切表示。但在左视图中，当键被剖切到时，则应按实际情况作剖到处理。

7.2.4　齿轮

　　机械中的齿轮是作为传递功率、变换速度和变换运动方向的一种常用传动零件。齿轮一般分为圆柱齿轮和圆锥齿轮。圆柱齿轮用于两平行轴间的传动；圆锥齿轮用于两相交轴之间的传动。以下仅简单说明直齿圆柱齿轮。

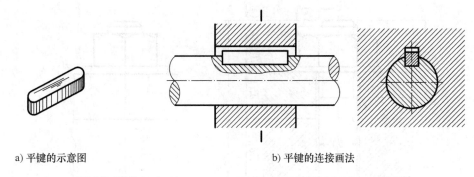

a) 平键的示意图　　　　　　　　　　b) 平键的连接画法

图 7-14　平键

1. 直齿圆柱齿轮部分名称和尺寸关系

图 7-15a)为齿轮立体示意图,图 7-15b)为相互啮合的齿轮视图。

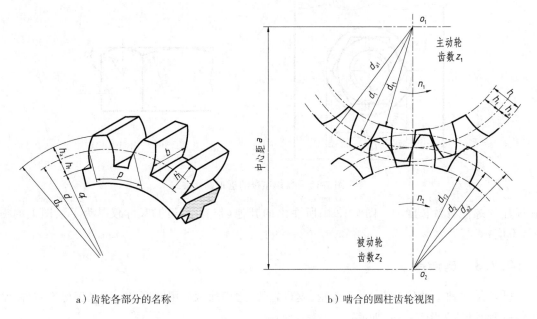

a) 齿轮各部分的名称　　　　　　　　　b) 啮合的圆柱齿轮视图

图 7-15　直齿圆柱齿轮

m 为齿轮的模数,它是齿轮计算中的一个重要参数。

以 z 为齿轮的齿数,p 为周节,则

$$\pi d = pz \quad d = pz/\pi$$

$$令 \ p/\pi = m \quad 则 \ d = mz$$

在上式中,如已知模数 m 和齿数 z,就能确定分度圆直径 d 和其他部分尺寸;或已知齿数 z 和分度圆直径 d,也可确定其模数 m。模数 m 是周节 p 与 π 的比值,模数越大,轮齿也越大,能承受的力也大。当一对齿轮啮合时,其周节 p 必须相等,也就是它们的模数 m 必须相等。

直齿圆柱齿轮轮齿的各部分尺寸,可按齿轮的模数 m 和齿数 z 计算得出,其计算公式见表 7-2。

表 7-2　　　　　　　　　　　　　　　**直齿圆柱齿轮各部分尺寸关系**

名　称	代　号	计算公式
齿顶高	h_a	$h_a = m$
齿根高	h_f	$h_f = 1.25m$
全齿高	h	$h = 2.25m$
分度圆直径	d	$d = mz$
齿顶圆直径	d_a	$d_a = m(z+2)$
齿根圆直径	d_f	$d_f = m(z-2.5)$

为了使模数能统一化和标准化,国家制定了标准数值,为设计和制造齿轮所选用。表 7-3 为齿轮的常用的标准模数值(GB/T 1357—2008)。

表 7-3　　　　　　　　**渐开线圆柱齿轮模数系列(GB/T 1357—2008)**　　　　　(mm)

第一系列	1		1.25		1.5		2		2.5		3	
第二系列		1.125		1.375		1.75		2.25		2.75		3.5
第一系列	4		5		6		8		10		12	
第二系列		4.5		5.5		6.5*	7		9		11	
第一系列		16		20		25		32		40		50
第二系列	14		18		22		28		36		45	

注:1. 对于斜齿圆柱齿轮是指法向模数 m_n。

　　2. 优先采用第一系列,带 * 号的数值尽可能不用。

2. 圆柱齿轮画法

关于圆柱齿轮部分,机械制图国家标准对此已规定了统一的简化画法,以便于画图和读图。

1) 圆柱齿轮的规定画法

图 7-16 为一圆柱齿轮的规定画法。在外形视图中,齿顶圆和齿顶线用粗实线表示;分度圆和分度线用点画线表示;齿根圆和齿根线可用细实线表示,也可省略不画,如图 7-16 中所示。在剖视图中,轮齿部分按不剖处理,故齿根线用粗实线表示。

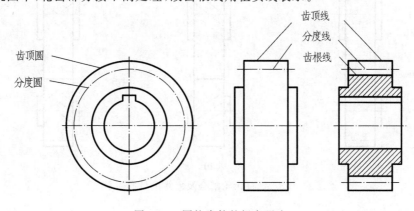

图 7-16　圆柱齿轮的规定画法

2）圆柱齿轮啮合的规定画法

图 7-17 为两圆柱齿轮啮合的画法。在剖视图中轮齿啮合区内：两分度线必须相互重合，用一条点画线画出；一齿轮的轮齿用粗实线表示，另一齿轮的轮齿被遮挡的部分用虚线画出。在反映为圆的视图中，要求两个圆相切，两齿顶圆均以粗实线表示，而齿根圆则省略不画，如图 7-17a)所示；其省略画法可将啮合区内的齿顶圆不画，如图 7-17b)所示。

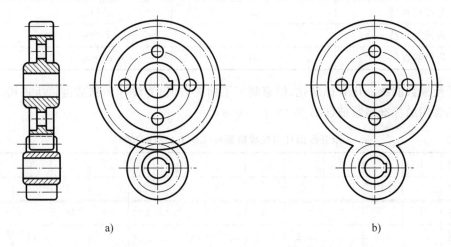

a)   b)

图 7-17   圆柱齿轮啮合的规定画法

图 7-18 为两圆柱齿轮啮合及齿线形状的画法。图中啮合区的齿顶线不需画出，节线画成粗实线，但别处的节线仍用点画线表示。

为了说明齿形，图 7-18 同时列出了三个视图。图 7-18b)由三条平行于齿线方向的细实线所表示的为斜齿圆柱齿轮的啮合画法；图 7-18c)由三条人字形细实线所表示的为人字齿圆柱齿轮的啮合画法；无细实线表示的则为直齿圆柱齿轮的啮合画法，如图 7-18a)所示。

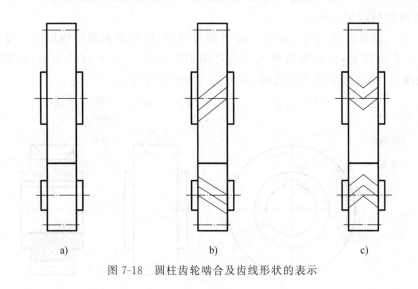

a)   b)   c)

图 7-18   圆柱齿轮啮合及齿线形状的表示

7.3　零件图

零件图是加工制造零件的工作图,它是制造和检验零件的主要依据。为了使所制造的零件能符合机械设计、制造工艺和使用性能上的要求,零件工作图需有下列内容。

7.3.1　零件的视图

零件的视图起着确定所加工制造零件的形状和结构的作用。它要求以较少的视图而又能清晰、完整、无误地反映出零件的形状和结构,而且它也与零件的主要加工方法和工作情况有着密切关系。因此,零件视图的选择,不但影响到零件图的绘制和阅读上的方便,而且还会涉及零件生产制造上的实际问题。现以图 7-23 齿轮传动装置中的几个零件为例,对零件的视图作简单的说明。

(1)轴是机械中常见的一种零件。不论轴在机械中的工作位置如何,一律以轴类零件在车床上的切削加工位置作为画主视图的位置,即将它的轴线横放成水平位置。同时在主视图中应能反映出它的特征形状,如键槽、小孔等。

图 7-19 为图 7-23 齿轮传动装置中的一根轴。该轴为回转体,采用了一个主视图,加上各部分直径尺寸 φ 的标注,就能清楚地表达出它的主体形状。在主视图上还反映出两键槽的具体形状和位置,而轴上的键槽深度等一些局部结构,则常用断面表示。图中右端键槽的断面中心是位于其剖切位置线的延长线上,所以不需要字母标注;而轴中部键槽的断面因不位于其剖切位置线的延长线上,所以在断面的上方和其剖切位置线旁均标注相同的字母,以便对照。轴类零件基本上采用以上的图示方法。

(2)轮类零件是指齿轮、皮带轮、链轮等一些零件。这类零件加工工艺较复杂,工序较多。但其主要形体大致呈回转体,其主要的加工也由车床来完成。因此,这类零件也以主要的加工位置作为画其主视图的位置,且常采取剖视形式来表达其内部结构。轮类零件通常画出主、左两个视图。

图 7-20 为图 7-23 齿轮传动装置中的一个齿轮。现将其轴线呈水平的视图作为主视图,且以剖视来表达其内部结构。在主视图中,反映了轮齿部分、轴孔和键槽等部分,以及它们之间用辐板连接的组成关系。在铸造或锻造齿轮的毛坯件时,因制造上的需要,在零件的表面沿着拔模或锻压方向应做成一定的斜度,如图中所示的斜度 1:20。同时,在铸造和锻造件的表面相交之处,为了易于加工,避免相交处产生裂缝和增加强度,都采用圆角过渡。圆角的半径随零件的壁厚和零件的大小而决定。另外,凡经机械切削的零件表面,其表面交线会产生毛刺和锐边,它会使零件在装配和维护上发生伤手事故,而且零件外表面上的锐边容易碰损,给装配带来麻烦。因此,外表面上的毛刺和锐边是不允许存在的,可采用加工倒角来剔除,如图中所示的 $4 \times 45°$ 等。左视图反映了键槽形状和齿轮的外形,以补充主视图表达上的不足。如左视图的图形比较简单,也可采用局部视图表示。

另外,如圆盘、圆盖等一类零件,一般也常采用两个视图表达,其图示方式与轮类零件相似。

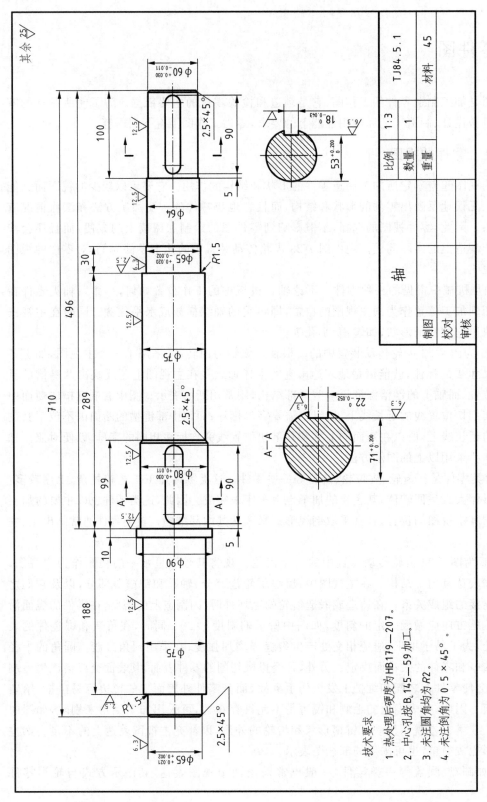

图 7-19 轴

技术要求
1. 热处理后硬度为 HB179—207。
2. 中心孔按 B₄ 145—59 加工。
3. 未注圆角均为 R2。
4. 未注倒角为 0.5 × 45°。

其余 25/

比例	1:3
数量	1
重量	

TJ84.5.1
材料 45

轴

制图	
校对	
审核	

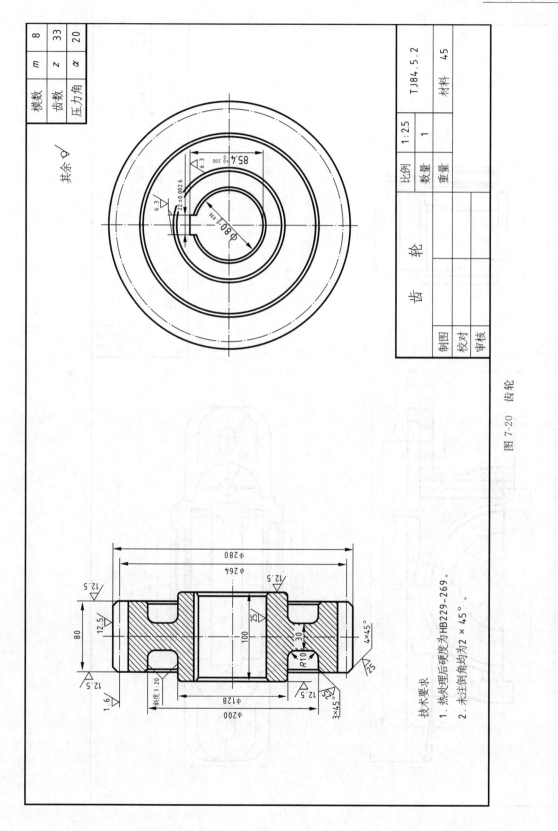

图 7-20　齿轮

模数	m	8
齿数	z	33
压力角	α	20

比例	1:2.5		TJ84.5.2
数量	1		
		材料	45
重量			

齿　轮

制图		
校对		
审核		

技术要求

1. 热处理后硬度为 HB229-269。
2. 未注倒角均为 2 × 45°。

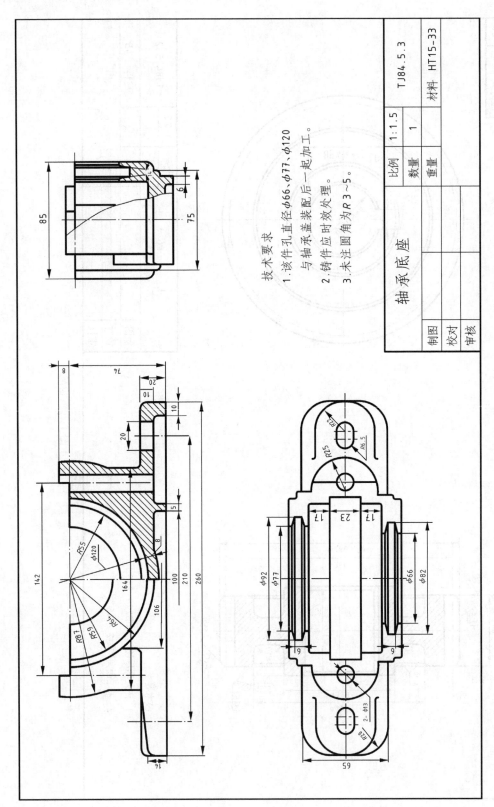

图 7-21 轴承底座

技术要求
1.该件孔直径φ66、φ77、φ120
　与轴承盖装配后一起加工。
2.铸件应时效处理。
3.未注圆角为 R 3～5。

比例	1:1.5		TJ84.5.3
数量	1		
重量		材料	HT15-33

轴承底座

制图
校对
审核

（3）壳体类零件是指机械中的阀体、泵体、箱体和壳体等一类零件。这类零件均以其通常的工作位置作为画主视图的位置。由于这些零件的形体和内部结构均较复杂，故主视图的方向应根据其形体的特征形状和内部结构的层次作综合分析，以选出最佳方案。在视图的数量上一般需要两个以上或更多一些，某些零件有时还需要补充不同数量的特殊视图方能表达清楚。

图 7-21 为一轴承底座的零件图，它是图 7-23 齿轮传动装置中的轴承座（图 7-22）的底座部分。该零件采用了三个视图，主视图反映出轴承底座在通常情况下的工作位置，选用半剖视图表达其外形轮廓和内部结构，从而显示了轴承底座的主要特征。在左视图中，它的外形和内部也较复杂，且不对称，可采用局部剖视图表示，并有利于某些内部尺寸的标注。俯视图则采用外形视图表示，即能将底座的底部形状反映清楚。

轴承底座是个铸件，由于在不切削加工表面的相交之处做成了圆角，因而画不出确实的表面交线。为了使零件的表面在视图中富有立体感，便于看图，则在其相交处仍画出近似表面交线的过渡线。如图 7-21 的左视图和俯视图中底板交线断开之处即为其圆角过渡线。

7.3.2　零件图中的尺寸

零件图中的尺寸，根据零件各部分加工制造上的不同要求，可分为基本尺寸和具有公差要求的尺寸。

1. 基本尺寸

基本尺寸一般是公称尺寸。它包括确定零件各部分几何形状的定形尺寸和确定各几何形状相互位置的定位尺寸。标注尺寸除了要求准确、完整和清晰以外，还要求注得合理，并能符合机械设计、装配和生产工艺上的需要。关于后者，需要涉及有关机械专业知识，故在此不作详述。

在土建图中，尺寸一般常注成连续的封闭形式。若机械图中的尺寸也按土建图尺寸的标注方式注成封闭形式，则不但影响零件的加工精度和装配精度，甚至会造成废品。因此，机械图中的尺寸必须注成开口形式，这也是机械图与土建图在尺寸标注上的一个重要的不同点。

现以图 7-19 中轴的尺寸标注为例说明尺寸的开口形式。该轴的总长为 710，轴的右端面到直径为 $\phi90$ 的轴肩右侧面的距离为 496，轴肩右侧面到轴左端部直径 $\phi65$ 和 $\phi75$ 的接触面处的长度为 188，则左端部直径 $\phi65$ 一段的长度实际应为 $710-(496+188)=26$，而此段尺寸在图中不予标注，则就形成了尺寸标注的开口形式，也就是各段长度在制造上的误差可累积于这段不予标注尺寸的范围之内。至于其余各部分尺寸的注法也与此相类似。另外，图中如键槽长度和深度的尺寸标注方式，则是为了便于测量和检验，这种标注方式在零件图中也是常见的。

在图 7-21 中的 $\phi66$，$\phi77$ 和 $\phi120$ 等尺寸，均是以直径标注的，目的是这些部分要求轴承盖与轴承底座一起进行加工，以保证其圆度。而以半径 R 所表示的，如 $R55$，$R59$ 等的尺寸，在轴承盖与其底座配合时，并无严格要求。

2. 具有公差要求的尺寸

由于机械设计或装配图上的需要，零件的某些部位的尺寸规定了它们的尺寸公差，也就是规定了它们的尺寸有加工和检验的允许误差范围。现以图 7-19 中的 $\phi80^{+0.030}_{+0.011}$ 为例，作简单的说明。其中，$\phi80$ 为基本尺寸，$^{+0.030}_{+0.011}$ 为其极限偏差。规定了轴的该部分直径的最大极限尺寸

为 $\phi80+0.030=\phi80.030$，最小极限尺寸为 $\phi80+0.011=\phi80.010$。凡所制造出来的该部分直径必须在 $\phi80.011$ 到 $\phi80.030$ 范围之内，否则为不合格。上述尺寸的公差也可采用公差代号来标注，如 $\phi80m6$，即为 $\phi80^{+0.030}_{+0.011}$（可通过查表得到，本书略）。其中，注在基本尺寸 $\phi80$ 右边的 m6 为公差带的代号，它代表了相应的极限偏差 $^{+0.030}_{+0.011}$。当要求同时标注公差代号和相应的极限偏差时，则后者应加上圆括号，如 $\phi80m6(^{+0.030}_{+0.011})$。

7.3.3 表面粗糙度代（符）号和技术要求

1. 表面粗糙度

表面粗糙度是指零件表面的光滑程度。零件的各表面由于要求不同，其粗糙度也各不相同。国家标准将表面粗糙度的代（符）号和标注方法作了如下的规定。

1) 表面粗糙度的代（符）号（表 7-4）

表 7-4 　　　　　　　　　　　表面粗糙度的代（符）号

符号	意　义	代号	意　义
√	基本符号，单独使用这符号是没有意义的	√（3.2）	用任何方法获得的表面，R_a 的最大允许值为 $3.2\mu m$
√（带短划）	基本符号上加一短划，表示表面粗糙度是用去除材料的方法获得。例如车、钻、磨、剪切、抛光、腐蚀、电火花加工等	√（3.2 带短划）	用去除材料方法获得的表面，R_a 的最大允许值为 $3.2\mu m$
√（带小圆）	基本符号上加一小圆，表示表面粗糙度是不去除材料的方法获得。例如铸锻、冲压变形、热轧、冷轧、粉末冶金等。或者是用于保持原供应状况的表面（包括保持上道工序的状况）	√（3.2 带小圆）	用不去除材料方法获得的表面，R_a 的最大允许值为 $3.2\mu m$

2) 表面粗糙度的标注

表面粗糙度的代（符）号应注在可见轮廓线、尺寸界线或它们的延长线上，代（符）号的尖端必须从材料外指向零件表面。在零件图中，对其中使用最多的某一种表面粗糙度符号往往集中注在图纸的右上角，并加注"其余"两字。表面粗糙度的标注方式如图 7-19 和图 7-20 所示。当零件所有表面具有相同的表面粗糙度要求时，其代（符）号也需在图纸的右上角统一标注。

符号中不等长的左右两斜边与被测表面投影轮廓线各成 $60°$，长边高度为短边的 2 倍。

2. 技术要求

当零件的某些加工制造要求无法在零件图的图形上用代（符）号进行标注或标注过于繁琐时，则常列入技术要求加以补充说明。如图 7-19 所列的技术要求，说明了热处理的硬度要求，以及该轴在进行加工制造时，对轴端中心孔所提出的规格和其他要求。

零件图上的技术要求，内容广泛，应视零件的设计、加工、装配以及图示上的具体情况而确定。技术要求宜书写在零件图的下方空白处，如图 7-19～图 7-21 所示。

7.4　装配图

装配图是表达整台机器或部件的图样,它是指导机器或部件的装配、安装以及了解它们的构造、性能和工作原理的主要依据。

7.4.1　装配图中的视图

1. 视图选择

在装配图中,应选用机器或部件的工作位置或自然位置作为画主视图的位置。一般将最能充分反映各零件的相互位置、装配关系和工作原理的视图作为主视图,且经常使用剖视表示。对于主视图未能表达清楚的部分,则用其他视图加以补充。由于装配图不是直接用于生产制造零件的,所以并不需要将每个零件的具体形状、细部结构都详细地反映出来,但必须反映出装配体的工作原理和零件的装配关系。

图 7-22 为一轴承座(部件)的装配图。在使用上它可以有各种位置,现以最常见的工作位置作为画主视图的位置。该轴承座的形状是左右对称,因此,主视图采用了半剖视,可反映出各零件的相互位置和装配关系。

2. 视图的特殊表达方法

1)拆卸画法

某些零件在装配图的某视图上已有表示,而这些零件在另外视图中的重复出现有时会影响其他零件表达上的清晰度,或是为了简化绘图工作,则可在该视图中拆去这些零件的重复出现部分。这种拆卸画法在装配图中应用较多。如图 7-22 的俯视图中右边的一个螺栓就是采用拆卸画法,而仅仅画了一个螺栓孔。

2)沿结合面剖切

在装配图的某个视图中,可假想沿某零件与相邻零件的结合面进行剖切。这样,在剖视图中所表达的结合面上就不再画出剖面线,如图 7-22 的俯视图所示。

3)假想画法

为了表示运动零件的极限位置或本部件与相邻零件(或部件)的相互关系,可用细双点画线画其外形轮廓。如图 7-23 齿轮传动装置装配图中所示的与轴承座连接的槽钢。

4)夸大画法

在装配图中,对于薄片零件(如垫片等)、细小零件(如紧定螺钉等),以及微小间隙(如键高与键槽深度的间隙等),如按它们的实际尺寸用比例难以画出时,可不按比例而采用适当夸大的画法,对于垫片等一类零件可画成特粗实线以表示其厚度。这种表达方法在装配图中是很常见的。

3. 规定画法和简化画法

对于螺纹连接件等相同的零件组,在不影响理解的情况下,允许在装配图中只在一处画出,而其余重复的仅用点画线表示其中心位置。

在装配图中,零件的某些工艺结构,如倒角、圆角等细节因图形比例较小难以画出时,一般可以不画。

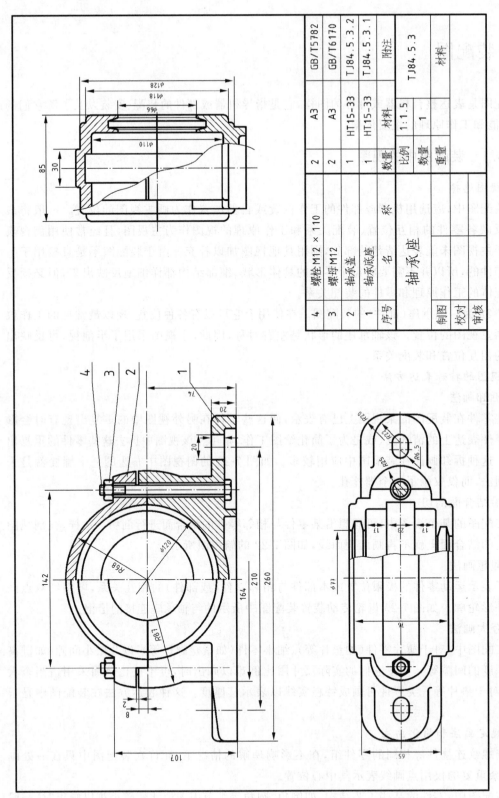

图 7-22 轴承座

4	螺栓 M12×110	2	A3	GB/T5782
3	螺母 M12	2	A3	GB/T6170
2	轴承盖	1	HT15-33	TJ84.5.3.2
1	轴承底座	1	HT15-33	TJ84.5.3.1
序号	名 称	数量	材料	附注
轴 承 座				TJ84.5.3
		比例	1:1.5	材料
		数量	1	重量
制图				
校对				
审核				

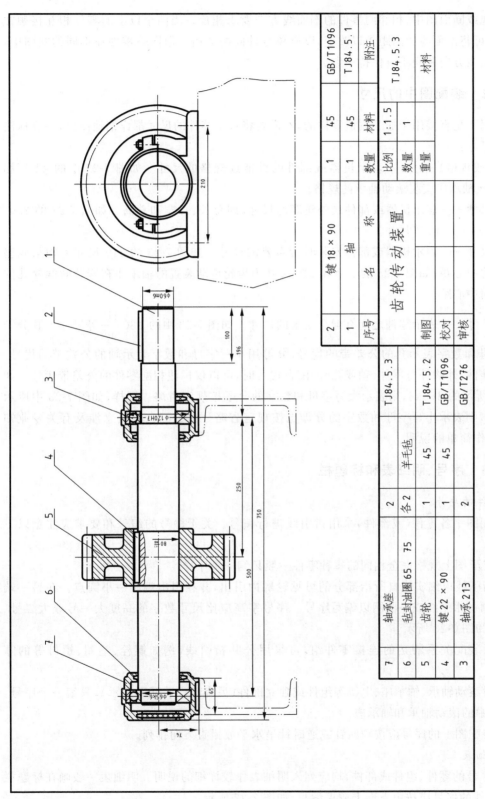

图 7-23　齿轮传动装置

2	键 18×90	1	45	材料	GB/T1096
1	轴	1	45		TJ84.5.1
序号	名　称	数量	材料		附注
	齿 轮 传 动 装 置		比例	1:1.5	TJ84.5.3
			数量	1	材料
			重量		
		制图			
		校对			
		审核			

7	轴承座				TJ84.5.3
6	毡封油圈 65、75	2	羊毛毡		
5	齿轮	各2	45		TJ84.5.2
4	键 22×90	1	45		GB/T1096
3	轴承 213	2			GB/T276

在剖视或断面图中，相邻两零件的剖面线方向要求相反。当两个以上的零件相互接触在一起时，则可将剖面线的间距予以改变，以避免零件间的混淆。但同一零件在不同的视图中，它们的剖面线方向和间距应保持一致。

7.4.2　装配图中的尺寸

装配图不是直接用于加工制造零件的，不需要将每个零件的尺寸都详细地注出，一般标注下列几种尺寸：

性能（或规格）尺寸——表示机器或部件的性能或规格的尺寸。如图 7-22 中的 $\phi120$ 和 23 尺寸是该轴承座安装滚动轴承的规格。

外形尺寸——表示机器或部件最外轮廓的尺寸，即总长、总宽和总高。如图 7-22 的 260、85 和 $R68+74=142$ 等尺寸。

安装尺寸——表示机器或部件安装时所需要的尺寸。如图 7-23 的 210 尺寸为轴承底座两螺栓孔的中心距；如图 7-23 的 500 和 210 尺寸为齿轮传动装置的轴承座在安装时螺栓孔的纵向和横向中心距。

配合尺寸——表示零件之间有配合要求的尺寸。如图 7-23 中的 $\phi80\dfrac{H7}{m6}$ 等尺寸。其分子用大写字母和数字表示孔的公差带的代号；分母用小写字母和数字表示轴的公差带的代号。当标注标准件、外购件与零件（轴或孔）的配合代号时，可以仅标注相配零件的公差带代号。如图 7-23 中所示的 $\phi65k6$，则表示大写字母和数字的分子按规定省略。同样，如图 7-23 中所示的 $\phi120H7$，则表示小写字母和数字的分母也按规定省略。由于配合的概念涉及有关专业知识，在此仅作简单的说明。

7.4.3　序号、明细表和标题栏

1. 零件的序号

在装配图中各零件（或部件）采用指引线进行编号。关于序号的编号和要求应注意以下几点：

（1）装配图上规格完全相同的每种零件一般只编一个序号。

（2）指引线以细实线自所指部分的可见轮廓内引出，并在引出端画一小圆点。在另一端用细实线画一水平线或一圆圈以编写序号。序号字高应比尺寸数字的高度大一号或大二号。如图 7-22 和图 7-23 所示。

（3）对装配关系清楚的连接零件组，可采用公共指引线，例如螺栓、垫圈、螺母等的零件组。

（4）对滚动轴承、轴承座、电机等组件或独立部件（另有部件装配图表示），只编一个序号，如图 7-23 中的滚动轴承和轴承座。

（5）装配图上的序号应按顺时针或逆时针呈水平或铅直方向排列。

2. 明细表

对有序号的零件、组件或部件，均应列入明细表作较详细的说明。明细表一般画在标题栏的上方，零件的序号应按下而上顺序编写，如图 7-22 所示。

明细表包括序号、零件名称、代号、数量、材料、重量和附注等内容。明细表中的序号应与

视图中所编写的零件序号相一致。代号的注写,一般有两种:凡是标准件或通用件列入国家标准或其他统一标准的,注写其标准代号,不再画出其零件图。其余的零件(或部件)均需画出零件图(或部件图),且给予自编代号。如图 7-23 明细表中的代号 TJ84.5.1,TJ84.5.2,TJ84.5.3 等分别为轴、齿轮、轴承座等非标准零件的代号。该代号应与相应零件的零件图代号相同。代号中的末位数 1,2,3 等为零件图的编号,末位数前的一位数(如 5)表示该部件(齿轮传动装置)的编号。前面的字母和数字(如 TJ84)则表示该机器的代号。

　　3. 标题栏

　　其内容与零件图的标题栏大致相同,如图 7-23 所示。

第 8 章　计算机软件绘图

8.1　AutoCAD 简介及绘图前的准备

作为计算机辅助设计软件,AutoCAD 是美国 Autodesk 公司开发的一款交互式绘图软件,在全球范围内被广泛应用。该软件自面市以来,版本更新很快,最新的简体中文版本为 AutoCAD 2023。虽然新版本功能不断增强,但其基本功能及操作方式变化较小,本书以 AutoCAD 2018 为基础介绍其基本功能。

8.1.1　Auto CAD 的基本功能

AutoCAD 2018 具有简便易学、精确高效、功能强大、体系结构开放等优点,能够绘制二维平面图形及三维图形。AutoCAD 2018 特点如下:

(1) 具有完善的图形绘制功能。

(2) 具有强大的图形修改功能。

(3) 可以采用多种方式进行二次开发或用户定制。

(4) 可以进行多种图形格式的转换,具有较强的数据交换能力。

(5) 具有强大的三维造型功能。

(6) 具有图形渲染功能。

(7) 提供数据和信息查询功能。

(8) 具有尺寸标注和文字输入功能。

(9) 具有图形输出功能。

8.1.2　AutoCAD 的用户界面

1. 用户界面简介

AutoCAD 2018 的用户界面采用 Ribbon 菜单,默认为草图与注释操作界面,包括标题栏、工具栏、绘图区、坐标系图标、命令行和状态栏等,如图 8-1 所示。

2. 菜单栏

点击主界面上方的三角形下拉按钮,弹出下拉菜单,点击[显示菜单栏],AutoCAD 将弹出菜单栏,如图 8-2 所示。默认菜单包括文件、编辑、视图、插入、格式、工具、绘图、标注、修改、参数、窗口和帮助,如图 8-3 所示。

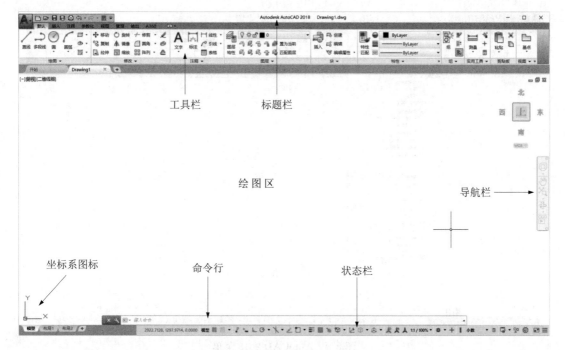

工具栏　　标题栏

绘图区

导航栏

坐标系图标　　命令行　　状态栏

图 8-1　AutoCAD 2018 界面

图 8-2　显示菜单栏

3. 绘图区

绘图区是用户绘制图形的区域。默认情况下，AutoCAD 2018 的绘图窗口是黑色背景、白色线条，用户可修改绘图窗口的颜色。单击菜单栏[工具]→[选项(N)…]，打开选项对话框，如图 8-4 所示。选择该对话框的[显示]页面，单击[颜色(C)…]按钮，打开[图形窗口颜色]对话框，用户可更改窗口颜色，见图 8-5。

4. 用户系统配置

单击菜单栏[工具]→[选项(N)…]，打开选项对话框，选择[用户系统配置]页面，如图 8-6 所示。单击[自定义右键单击(I)…]按钮，打开[自定义右键单击]对话框(图 8-7)，用户可更改右键功能，如将[默认模式]和[编辑模式]改为[重复上一个命令]，[命令模式]改为[确认]，可

图 8-3 AutoCAD 2018 菜单

图 8-4 [选项]对话框

方便绘图操作。

5. 命令的输入

1) 键盘输入

在"键入命令"提示符后面,直接用键盘输入命令的英文名称或简写,然后按空格键或回车

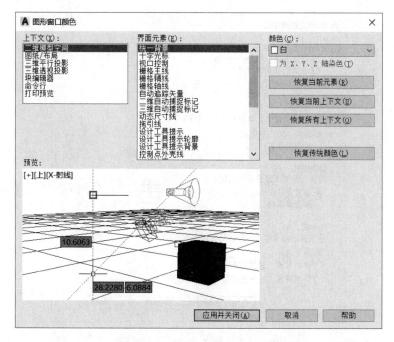

图 8-5　[图形窗口颜色]对话框

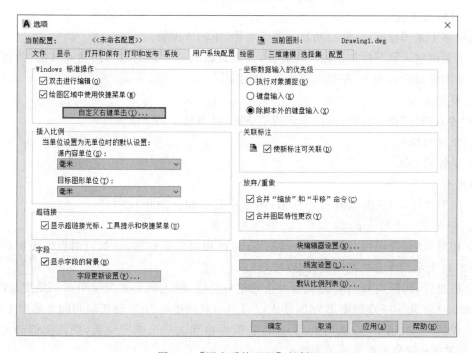

图 8-6　[用户系统配置]对话框

键,但在输入字符串时,只能用回车键结束命令。

2) 菜单输入

单击菜单名,打开菜单,选择所需命令,单击该命令。

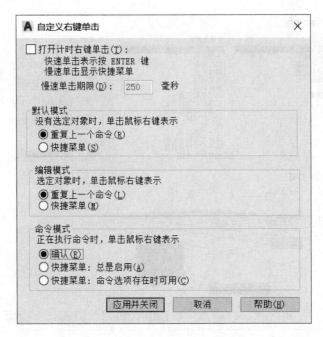

图 8-7 ［自定义右键单击］对话框

3）图标按钮输入

鼠标移至某图标按钮,会自动显示图标名称,单击该图标。

由于菜单输入和图标按钮输入很方便,而键盘输入命令是最基本的输入方法,为此,下面的介绍采用键盘输入为主,并指出菜单输入的路径。

4）重复输入

在"键入命令"提示符时,按回车键或空格键,可重复上一个命令。

6. 数据的输入

1）坐标的输入

方法有:

① 绝对坐标,即从键盘输入 x,y 值,用逗号把 x 和 y 隔开,如 4,5。

注:命令后有下划线者,本章表示为输入的内容。

② 相对坐标,表示相对于当前点的距离,即在相对坐标前加@,如当前点的坐标(14,8),输入@2,1,表示输入点的绝对坐标是(16,9)。

③ 极坐标,用距离和角度表示输入点的相对坐标,输入的形式为@距离＜角度,如@2＜15,表示输入点距上一点的距离为 2,输入点和上一点的连线与 X 轴正向间的夹角为 15°。

④ 光标定位,用鼠标;或用上、下、左、右箭头移动光标至指定位置,按回车键确定该点,PgUp 和 PgDn 键使光标移动步距加大或减小。

2）角度的输入

以度为单位,以逆时针方向为正,顺时针方向为负;角度的大小与输入点的顺序有关,缺省规定第一点为起点,第二点为终点,起点和终点的连线与 X 轴正向的夹角为角度值。

8.1.3 绘图前的准备

1. 设置绘图界限(Limits)

(1)功能:绘图区是一个矩形区域,边界由左下角和右上角的坐标值确定,初始值为(0,0)和(420,297),Limits 命令可修改绘图区的边界,还可打开或关闭边界的限制功能。当"开(ON)"时,绘图不可超出边界;"关(OFF)"时,图形可出界。

① 单击菜单[格式]→[绘图界限]("→"表示进入菜单后,点击分菜单或命令项)。

② 命令:Limits

重新设置模型空间界限:

指定左下角点或[开(ON)/关(OFF)]<当前值>:

指定右上角点<当前值>:

(2)说明:

① 尖括号"< >"内的值为缺省值,如认可,直接回车。

尖括号"< >"还可表示缺省方式,直接回车,表示认可。下文中的表示方法相同,不再说明。

② Limits 改变的是绘图区边界的范围,不改变屏幕的显示。

③ 角点的坐标值可包括负数在内的任意值,例如 A3 图纸可用 Limits 命令设置绘图边界的两个角点分别为(0,0)和(420.0,297.0)。

2. 保存图形文件

(1)功能:把当前编辑的图形文件存盘,可继续绘图,以免由于突发事故(死机、断电等)的影响。有以下两种方式:

① 单击菜单[文件]→[保存];或[文件]→[另存为]。

② 命令:Save 或 Save as。

(2)说明:

① 如果当前图形已命名,则以此名称保存文件。

② 如果当前图形尚未命名,输入"保存"命令时,将弹出[图形另存为]对话框(图 8-8),可在对话框中给文件命名,选择路径和位置,然后存盘。

③ 用[另存为]命令存盘,可将图形另存为另一个名称的图形文件,弹出的对话框也如图 8-8 所示。

④ 保存图形时,系统将自动在文件名后加".DWG"。

3. 打开原有文件[打开]

(1)功能:打开已有的图形文件,继续绘制或编辑图形文件。

① 单击菜单[文件]→[打开]。

② 命令:Open。

(2)说明:

输入命令后,会出现图 8-9 所示的对话框,用户可直接输入文件名,打开该文件,也可在对话框中选择需打开的文件。

4. 退出 AutoCAD 2018

(1)功能:退出 AutoCAD 2018 绘图环境,可采用以下两种方法。

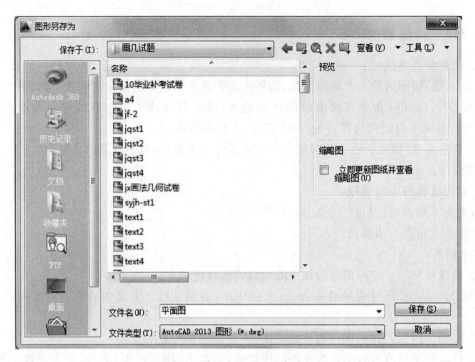

图 8-8 ［图形另存为］对话框

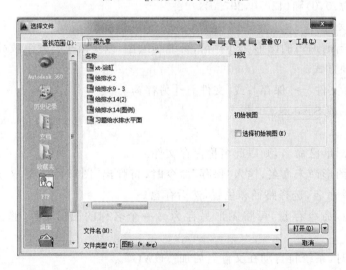

图 8-9 ［选择文件］对话框

① 单击菜单［文件］→［退出］。

② 命令：Exit。

(2) 说明：

如果用户没有将所画图形存盘，AutoCAD 2018 会弹出如图 8-10 所示的对话框，对话框上提供了三个按钮：如果在退出 AutoCAD 2018 前，保存对图形的修改，选择是（Y）；如果放弃对图形的修改，选择否（N）；选择取消（或 C），返回绘图环境。

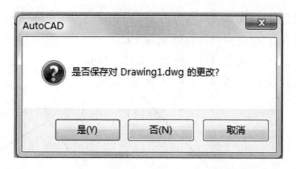

图 8-10　［退出］(Exit)对话框

8.2　用 AutoCAD 画简单的平面图形

8.2.1　基本绘图方法

1. 直线命令(Line)

(1) 功能：画直线。

① 单击菜单［绘图］→［直线］。

② 单击绘图工具条［直线］图标。

③ 命令：Line

指定第一点：输入起点。

指定下一点或［放弃(U)］：输入终点。

指定下一点或［闭合(C)/放弃(U)］。

(2) 说明：

① 空回车可结束命令。

② 连续输入端点，可画多条线段。

③ 输入 U(Undo)，可取消上次确定的点，可连续使用。

［例 8-1］　画图 8-11 的折线。

命令：Line(或 L)

指定第一点：1,3。

指定下一点或［放弃(U)］：1,1。

指定下一点或［闭合(C)/放弃(U)］：4,1。

指定下一点或［闭合(C)/放弃(U)］：4,2 。

指定下一点或［闭合(C)/放弃(U)］：3,3。

指定下一点或［闭合(C)/放弃(U)］：回车。

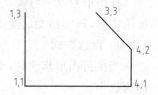

图 8-11　Line 画折线示例(一)

［例 8-2］　画图 8-12 的折线。

命令：Line

指定第一点：用光标定 A 点。

指定下一点或［放弃(U)］：@3,0(B 点)。

指定下一点或[闭合(C)/放弃(U)]:@2.5<30(C 点)。

指定下一点或[闭合(C)/放弃(U)]:U 删除 BC。

指定下一点或[闭合(C)/放弃(U)]:@2.5<150(D 点)。

指定下一点或[闭合(C)/放弃(U)]:C 闭合至 A 点。

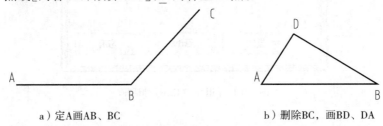

a）定A画AB、BC　　　　　　　　b）删除BC，画BD、DA

图 8-12　Line 画折线示例（二）

2. 圆命令（Circle）

(1) 功能:画圆。

① 单击菜单[绘图]→[圆]。

② 单击绘图工具条[圆]图标。

③ 命令:Circle(或 C)

指定圆的圆心或[三点(3P)/两点(2P)/切点、切点、半径(T)]:输入圆心。

指定圆的半径或[直径(D)]〈当前值〉:输入半径。

(2) 说明:

① 三点(3P)方式:先输入 3P,根据提示给出三点,过这三点画一个圆。

② 两点(2P)方式:先输入 2P,根据提示给出两点,以此为直径画一个圆。

③ 切点、切点、半径(T):先输入 T,根据提示选择相切对象,输入半径画公切圆。

④ 直径(D):先输入 D,根据提示输入直径,以此为直径画一个圆。

8.2.2　基本修改方法

1. 目标选择

在图形修改的时候,应先选定被修改的对象（目标）,目标应是用绘图命令画出的实体,目标选中时,该实体变成虚线。常用的目标选择方式有:

1) 点选方式

当执行图形修改时,十字光标变成一个小正方形,称为拾取框,将拾取框移至目标,回车,即为选中。

2) 窗口方式和交叉方式

这两种方式用矩形选择框来选择多个实体,它们的用法又有区别,分述如下。

① 窗口方式是在“选择对象:”提示符下用鼠标确定第一对角点,从左向右移至第二对角点,出现一个实线矩形框,此时,只有全部被包含在框中的实体才被选中,如图 8-13b)所示。

② 交叉方式也是在“选择对象:”提示符下用鼠标确定第一对角点,然后从右向左移至第二对角点,出现一个虚线矩形框,此时,完全被包含在框中的实体以及与矩形框相交的实体（目标）均被选中,如图 8-13c)所示。

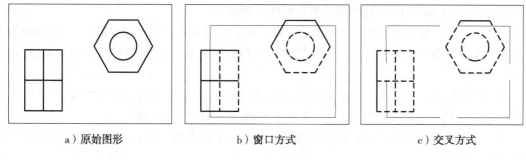

|a）原始图形|b）窗口方式|c）交叉方式|

图 8-13　目标选择

2. 删除命令（Erase）

（1）功能：从图形中删去选定的目标。

① 单击菜单［修改］→［删除］。

② 单击修改工具条［删除］图标。

③ 命令：Erase（或 E）。

选择对象：选目标。

（2）说明：

① "选择对象："提示将重复出现，可多次选择目标，如果空回车，则结束选择，目标被删除。

② 只要不退出当前图形或没有存盘，就可以用 Oops 或 Undo 命令将删除的实体恢复。"Oops"只能恢复最近一次被 Erase 命令删除的实体。

8.2.3　图形的显示控制和辅助绘图工具

1. 图形的显示控制

图形的显示控制命令均在菜单［视图］项下，也可单击标准工具条中的相应图标，如图 8-14 所示。这些命令只改变显示的效果，并不引起图形实际尺寸的变化。若该图标的右下角有一个实心黑三角，表示这个图标还有下拉图标，只需单击该图标并按住不动，就会显示下拉图标，将鼠标箭头移到所需下拉图标处即可。关于下拉图标，与下文中的使用方法相同，不再说明。

图 8-14　显示控制图标

1）视窗的缩放命令（Zoom）

功能：利用 Zoom 命令，可以改变图形在屏幕中显示的大小。

命令：Zoom（或 Z）。

指定窗口角点，输入比例因子（nX 或 nXP），或者

［全部（A）/中心（C）/动态（D）/范围（E）/上一个（P）/比例（S）/窗口（W）］＜实时＞。

说明：

常用的选项如下。

① 全部（A）：输入 A，全部图形都显示在屏幕上。选项中的大写字母表示输入时可只输入这些大写字母。

② 范围(E):输入 E,可使全部图形尽可能大地显示。

③ 窗口(W):输入 W,按提示要求输入第一和第二两个角点来确定矩形窗口,窗口内的图形将尽可能大地显示出来。与提示中的"指定窗口角点"和显示控制图标中的"窗口缩放"操作相同。

④ 比例(S):输入 S,在输入比例因子（nX 或 nXP）:提示符下输入缩放倍数,如 5X,将当前图形放大 5 倍。与提示中的"输入比例因子（nX 或 nXP）"操作相同。

⑤ ＜实时＞:缺省项,是动态缩放,屏幕上出现一个放大镜,用鼠标拖动放大镜,可动态地对图形进行缩放。

⑥ 上一个(P):回复显示上一次 Zoom 命令缩放的情况,效果与显示控制图标中的"缩放上一个"相同。

2）视窗的平移命令(Pan)

功能:不进行缩放,可将图形平移,把图形实体移至视窗内的任意位置。

命令:Pan(或 P)。

说明:

① 启动平移命令后,光标成手的形状,任意拖动图形,直到满意的位置。

② 单击鼠标右键,弹出快捷菜单,选择退出,退出平移命令。

2. 辅助绘图工具

AutoCAD 提供了一些辅助绘图工具,帮助用户精确绘图,常用的有正交(Ortho)、目标捕捉(Osnap)等,它们可以在执行其他命令的过程中使用。

辅助绘图工具命令可在状态栏上双击其按钮。

1）正交命令(Ortho)

功能:可快捷画水平线和垂直线,保持它们的正交状态。

命令:Ortho。

2）目标捕捉命令(Osnap)

功能:这是一个十分有用的工具,可使十字光标被准确定位在已有图形的特定点或特定位置上,从而保证绘图的精确度。命令的使用有两种方式——临时捕捉方式和自动捕捉方式。临时捕捉方式每使用一次都应重新启动;自动捕捉方式打开后,在绘图中一直保持目标捕捉状态,直至下次取消该功能为止。下面主要介绍自动捕捉方式。

命令:Osnap。

说明:

① 打开 Osnap 命令,弹出[草图设置]对话框(图 8-15),在对象捕捉选项卡中选择各种捕捉类型,选中者,在小方格中显示"√",设置完毕,[确定]按钮确认。

② 常用捕捉类型为:

• 端点捕捉(ENDpoint);

• 中点捕捉(MIDpoint);

• 圆心捕捉(CENter);

• 交点捕捉(INTsection)。

③ 当光标移到捕捉点附近时,在该点闪出一个黄色特定的小框,以提示用户确定该点。

④ 单击菜单[工具]→[草图设置],同样弹出[草图设置]对话框,如图 8-15 所示。

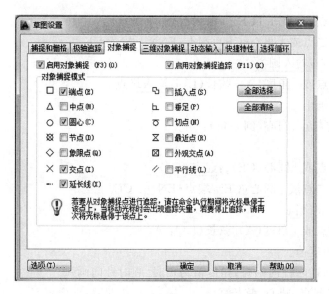

图 8-15　[草图设置]对话框

⑤ 对于采用临时捕捉方式,只需在作图过程中当出现需要输入一点的提示时,键入捕捉类型的关键词(上述捕捉类型西文标注的大写部分),接下来的操作与自动捕捉方式相同。或按住 Shift 键的同时,单击鼠标右键,即弹出捕捉菜单,可按需点取。

8.3　绘图命令和修改命令

8.3.1　绘图命令

绘图命令均在菜单[绘图]项下,可单击该项下的相应菜单,或可单击绘图工具条上的相应图标。

1. 圆弧命令(Arc)

功能:画圆弧。

命令:Arc。

指定圆弧的起点或[圆心(CE)]。

说明:

圆弧命令提供了 8 种画圆弧的方法,介绍常用的 3 种,余者可根据提示操作。选择项字母的含义为:A——圆心角;E——终点;CE——圆心;L——弦长;D——起始方向;R——半径。

(1) 3P(定三个点):

命令:Arc。

指定圆弧的起点或[圆心(CE)]:输入起点。

指定圆弧的第二点或[圆心(CE)/端点(EN)]:输入第二点。

指定圆弧的端点:输入终点。

(2) S,C,E(定起点、圆心、终点):

命令:Arc。

指定圆弧的起点或 [圆心(CE)]:输入起点。

指定圆弧的第二点或 [圆心(CE)/端点(EN)]:输入 CE。

指定圆弧的圆心:输入圆心。

指定圆弧的端点或 [角度(A)/弦长(L)]:输入终点。

圆弧按逆时针画出。

(3) S,C,A(定起点、圆心、圆心角):

命令:Arc。

指定圆弧的起点或 [圆心(CE)]:起点。

指定圆弧的第二点或 [圆心(CE)/端点(EN)]:CE。

指定圆弧的圆心:圆心。

指定圆弧的端点或 [角度(A)/弦长(L)]: A。

指定包含角:角度值。

角度值为正时,逆时针向画弧;角度值为负时,顺时针向画弧。

(4) S,C,L(定起点、圆心、弦长):

弦长为正,画圆心角小于 $180°$ 的小弧;弦长为负,画圆心角大于 $180°$ 的大弧。

(5) S,E,A(定起点、终点、圆心角)。

(6) S,E,R(定起点、终点、半径)。

(7) S,E,D(定起点、终点、起始方向)。

(8) 直接回车,与前面的直线或圆弧连接,以与前面的直线段方向或圆弧终点的切线方向为新圆弧在起始点的切线方向画圆弧。

2. 多段线命令(Pline)

功能:画由不同宽度的直线或弧组成的连续线段,一个 Pline 命令所画的多段线为一个实体。

命令:Pline(或 PL)。

指定起点:起点。

当前线宽为 0.0000。

指定下一点或 [圆弧(A)/半宽(H)/长度(L)/放弃(U)/宽度(W)]。

说明:

(1) 宽度(W):输入 W,设定线宽,将出现下列提示。

指定起点宽度 <0.0000>:起点线宽。

指定端点宽度 <刚输入的起点线宽>:终点线宽。

指定下一点或 [圆弧(A)/闭合(C)/半宽(H)/长度(L)/放弃(U)/宽度(W)]:

起点和终点线宽相同时,画的是等宽线;线宽不同时,所画是锥形线。

(2) 放弃(U):输入 U,可删去最后的一段线。

(3) 长度(L):输入 L 之后,定义下一段多段线的长度,将按上一段线的方向画多段线;若上一段是弧,将画出与弧相切的线段。

(4) 半宽(H):输入 H,定义多段线的半宽值。

(5) 闭合(C):输入 C,将多段线的起点和终点连起来。

(6) 圆弧(A):输入 A,画圆弧。画多段线圆弧的方法与上述圆弧命令(Arc)类似。

3．单行文字命令(Dtext)

功能：在图中注写文字(包括符号、数字)。

命令：Dtext(或 DT)。

当前文字样式：Standard　文字高度：2.5000。注释性：否。

指定文字的起点或 [对正(J)/样式(S)]。

指定高度 ＜2.5000＞。

指定文字的旋转角度 ＜0＞。

输入文字。

说明：

(1) 对正(J)：输入 J，用来确定文本的排列方向和方式；

样式(S)：输入 S，用来选择文本的字体。

(2) 指定文字的起点：用来确定文本的起点位置，回车后，出现如下提示：

指定高度 ＜前一次输入的字高＞：新字符高度。

指定文字的旋转角度＜前一次输入的角度＞：文本倾斜角度。

输入文字：输入字符串。

(3) 常用的特殊字符：

角度"°"％％d，例如：25°，输入文字：25％％d。

圆直径"ϕ"％％c，例如：ϕ24，输入文字：％％c24。

正负号"±"％％p，例如：±0.000，输入文字：％％p0.000。

(4) 当前文字样式："Standard 文字高度：2.5000"是指前次操作所设定的文字样式和文字高度，可根据需要修改。

4．字体样式命令(Style)

功能：建立和修改字体样式。

(1) 单击菜单[格式]→[文字样式]。

(2) 命令：Style。

说明：

启动[文字样式]命令后，弹出图 8-16a)的对话框，下面分别介绍对话框中的各项内容。

(1) [样式(S)]区：框中列出当前图形中的字体样式。Standard 是缺省样式。框的最右边有三个按钮，[置为当前](C)用来将列表中的字体样式置为当前使用的字体样式；[新建](N)用来创建新的字体样式；[删除](D)用来删除所选择的字体样式。

(2) [字体]区：这是字体文件设置区。字体文件分为两种，一种是 Windows 提供的字体文件，为 True Type 类型的字体；另一种是 AutoCAD 特有的字体文件，称为大字体 Bigfont，字体名后有"．SHX"后缀。两种字体都可选用。[字体名(F)]下拉列表框中是所有的字体文件，如 Rormans、仿宋体、gbeitc．shx 等。当选择有"．SHX"后缀的字体时，下拉列表框改为[SHX 字体](X)，[使用大字体](U)单选按钮被激活，若点击该按钮，方框中打勾，[字体样式(Y)]改为[大字体](B)，该下拉列表框被激活，可选用 Bigfont 字体文件。[字高](T)文本框中可设置字体的高度，建议字高设为 0，在[单行文字]命令的操作中再设定。

(3) [效果]区：可设定字体的具体特征，其中[宽度因子](Width Factor)用来设定字体相对于高度的宽度系数；[倾斜角度](Oblique Angle)可确定字的倾斜角度。

a）True Type 类型的字体　　　　　　　　　b）［新建文字样式］对话框

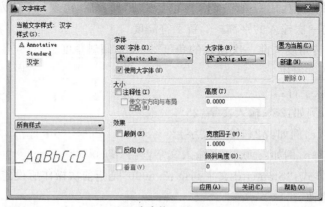

c）大字体 Bigfont

图 8-16　［文字样式]对话框

创建新的字体样式，单击[新建]（N）按钮，弹出[新建文字样式]对话框，如图 8-16b）。输入新的字体样式名，如汉字，确定。然后在[字体]区选择其字体名，若使用大字体，还应选择字体样式，如图 8-16c），将该字体置为当前，即可文字命令书写汉字了。

5. 文字修改命令（Ddedit）

功能：修改已输入文字的内容。

命令：Ddedit 或（ED）。

选择注释对象或［放弃（U）]：

说明：

选择要修改的文字，将弹出[文字编辑]对话框，输入要修改的内容，按[确定]键。

8.3.2　修改命令

修改命令[打断]（Break）、[修剪]（Trim）、[移动]（Move）、[复制]（Copy）、[缩放]（Scale）均在菜单[修改]项下，或单击修改工具条上的相应图标即可。

1. 打断命令（Break）

功能：可对直线（Line）、圆（Circle）、圆弧（Arc）、多段线（Pline）等命令所绘实体做部分删除，或把一个实体分成两个。

命令:Break。

选择对象:选择被折断目标。

指定第二个打断点或[第一点(F)]。

说明:

(1) 当指定第二个打断点或[第一点(F)]:选择被折断部分的第二个点,选择该方式,选取实体时的光标位置作为第一点,删除实体两点间的线段。

(2) 当指定第二个打断点或[第一点(F)]:输入 F

出现下列提示:

指定第一个打断点:选取起点。

指定第二个打断点:选取终点。

删除实体起点和中点间的线段。

(3) 当将起点和终点选取同一点,可将一个实体从选取点处断开,成为两个实体。

2. 修剪命令(Trim)(图 8-17)

功能:与打断(Break)相似,可将一实体的部分删除,不同的是修剪命令是根据边界来删除实体的一部分。

命令:Trim。

当前设置:投影=UCS 边=无。

选择剪切边 …

选择对象或<全部选择>:选取目标作为修剪边界　找到 1 个。

选择对象:

(修剪边界选择结束,按右键。)

选择要修剪的对象或按住 shift 键选择要延伸的对象或[栏选(F)/窗交(C)/投影(P)/边(E)/放弃(U)]:选取修剪目标　选中目标删除

选择要修剪的对象或按住 shift 键选择要延伸的对象或[栏选(F)/窗交(C)/投影(P)/边(E)/放弃(U)]。

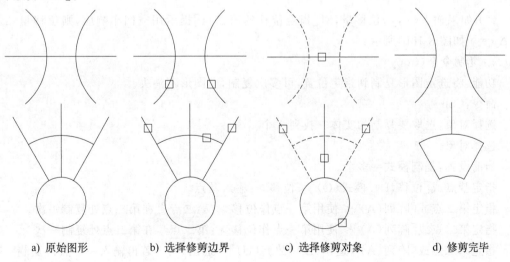

a) 原始图形　　b) 选择修剪边界　　c) 选择修剪对象　　d) 修剪完毕

图 8-17　修剪命令

说明：

（1）［栏选（F）/窗交（C）/投影（P）/边（E）/放弃（U）］,分别是围栏选择/窗口选择/3D 编辑/设置修剪边界属性/取消所作修剪。

（2）修剪边界也可同时被选作修剪目标。

（3）被剪除的线段与选取修剪目标时光标的拾取点有关,如图 8-17 所示（图中虚线表示修剪边界,正方形框表示光标拾取点）。

3. 移动命令（Move）

功能：将选定图形从当前位置平移到指定位置。

命令：Move(或 M)。

选择对象：<u>选取要移动的实体</u>　找到 1 个。

选择对象：

指定基点或［位移（D)]＜位移＞:<u>输入基点</u>。

指定位移的第二点或 ＜使用第一点作位移＞:<u>位移的第二点</u>。

说明：

（1）输入基点和位移第二点,把图形从基点 A 移动到 B,如图 8-18a)。

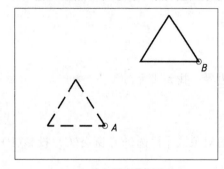
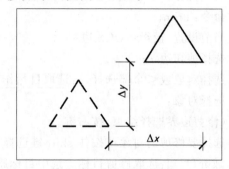

a) 输入两点进行移动　　　　　　　　b) 输入位移量进行移动

图 8-18　移动命令

（2）如果输入(x,y)位移量,对［指定位移的第二点］提示用空回车响应,则位移量 $\Delta x = x$,$\Delta y = y$ 如图 8-18b)所示。

4. 复制命令（Copy）

功能：将选定图形复制到指定位置,可多次复制,原图形不消失。

命令：<u>Copy</u>。

选择对象：<u>选取要复制的实体</u>　找到 1 个。

选择对象：

当前设置：复制模式＝多个。

指定基点或［位移（D)/模式（O)]＜位移＞:<u>输入基点</u>。

指定第二点或［阵列（A)]＜使用第一点作位移＞:<u>第二点</u>　在第二点处复制一次。

指定第二点或［阵列（A)]＜使用第一点作位移＞:<u>第二点</u>　在第二点处复制一次

指定第二点或［阵列（A) /退出（E) /放弃（U)]＜退出＞:　若再输入一个点再复制一次,如此重复可多次复制。

说明：

(1) 阵列(A)：以用户指定数量，在两点间或延长线上多重复制对象。

(2) 如果只要复制一次，在"指定第二点或[阵列(A)/退出(E)/放弃(U)]＜退出＞："提示后，选择退出。

或者在"指定基点或[位移(D)/模式(O)]＜位移＞："提示后，输入 O，随后有如下提示：

输入复制模式选项[单个(S)/多个(M)]＜多个＞：输入 S。

指定基点或[位移(D)/模式(O)/多个(M)]＜位移＞：输入基点。

指定第二点或[阵列(A)]＜使用第一点作位移＞：第二点　在第二点处复制图形。

(3)"当前设置：复制模式＝多个"中"复制模式"显示的是上一次使用"COPY"命令时设置的模式，即复制模式＝单个或复制模式＝多个。

5．比例缩放命令(Scale)

功能：将选定图形按给定基点和比例系数，进行放大和缩小。

命令：Scale。

选择对象：选取要缩放的实体　找到 1 个。

选择对象：

指定基点：输入基点。

指定比例因子或[复制(C)/参照(R)]。

说明：

(1) 指定比例因子是缺省方式，可输入一个数值(比例系数)，比例系数大于 1，所选实体被放大；比例系数为 0～1，所选实体被缩小。

(2) [参照(R)]，输入 R，为参考长度方式。

6．多段线修改命令(Pedit)

功能：将对多段线进行各种修改。

命令：Pedit(或 Pe)。

选择多段线或[多条(M)]：选取要修改的多段线。

输入选项[闭合(C)/合并(J)/宽度(W)/编辑顶点(E)/拟合(F)/样条曲线(S)/非曲线化(D)/线型生成(L)/反转(R)/放弃(U)]：

说明：

(1) 闭合(C)：输入 C，闭合一条多段线。

(2) 合并(J)：输入 J，把其他线段或多段线与当前编辑的多段线连接，成为一条新的多段线。

(3) 宽度(W)：输入 W，修改多段线的线宽。

(4) 编辑顶点(E)：输入 E，编辑多段线的顶点。

(5) 拟合(F)、样条曲线(S)和非曲线化(D)：输入 F 或 S，拟合多段线，F 选项用圆弧拟合多段线；S 选项用 B 样条曲线拟合多段线。输入 D，还原多段线。

(6) 线型生成(L)：输入 L，调整线型。

(7) 在选择多段线提示后，当选择的不是多段线时，会出现提示：

所选对象不是多段线是否将其转换为多段线？＜Y＞：如果输入 Y，将所选择的线转换为多段线。

7. 偏移命令(Offset)

功能:以用户给定的距离画出与指定的直线、圆、圆弧及多段线平行的线。

命令: Offset。

当前设置:删除源=否　图层=源　OFFSETGAPTYPE=0。

指定偏移距离或[通过(T)/删除(E)/图层(L)]<通过>:输入距离。

选择要偏移的对象,或[退出(E)/放弃(U)]<退出>:选择要偏移的对象。

指定要偏移那一侧上的点,或[退出(E)/多个(M)/放弃(U)]<退出>:输入点。

选择要偏移的对象,或[退出(E)/放弃(U)]<退出>。

说明:

(1)[通过(T)]:选择该选项,显示提示要求输入平行线通过的点,用光标指定点,在选择要偏移的对象后,通过指定点画平行线。

(2)"选择要偏移的对象,或[退出(E)/放弃(U)]<退出>:"提示将反复出现,可继续选择对象,画新的平行线,直至空回车,退出命令。

8. 镜像命令(Mirror)

功能:将选定对象生成另一个对称图形,称为镜像,镜像图形的位置由用户指定的镜像线(即对称线)确定。生成镜像图形的同时,原对象可保留或删除。

命令: Mirror。

选择对象:(找到 1 个)。

选择对象:

指定镜像线的第一点:输入第一点。

指定镜像线的第二点:输入第二点　以两个点确定镜像对称线。

要删除源对象吗?[是(Y)/否(N)]<N>。

说明:

"要删除源对象吗?[是(Y)/否(N)]<N>:"若回答 Y,则删除源对象,屏幕上只留下一个与源对象对称的图形。若回答 N,则在屏幕上显示两个互为对称图形,其中之一是源对象。

8.4　图层和图块

8.4.1　图层

1. 图层简介

1)图层的作用

图层可看作多层全透明的纸,每一层纸上只用一种线型和一种颜色画图,例如画建筑平面图,墙体用粗实线画在"建筑-墙-砖墙"层上(颜色可设为绿色);轴线用细单点长画线画在"建筑-轴线"层上(颜色可设为红色);高窗用虚线画在"建筑-门窗-高窗"层上(颜色可设为黄色)……,这些不同层的图形重叠在一起,就构成了一张完整的建筑平面图。图层可以关闭或打开,也可修改。

2)图层的内容

① 图层名:每个图层应赋名,由字母、数字和字符组成,长度不超过 31 个字符。0 层是缺

省层,不能再用作图层名。

② 颜色:每个图层只用一种颜色,可用色号表示颜色,如 1 表示红色;3 表示绿色;5 表示蓝色;7 表示白色等。白色为预置色。

③ 线型:每个图层只用一种线型,线型由线型名表示,如 Continous 为实线;Dashed 为虚线;Center 为点画线等。实线为预置线型。

④ 图层的状态:有七种状态,即当前层、打开(On)、关闭(Off)、解冻(Thaw)、冻结(Freeze)、锁定(Lock)、解锁(Unlock)。

绘图只能在当前层进行,当前层只有一个,界面上显示当前层的层名。

打开层上的图形可显示,可编辑,也可用绘图机输出;关闭的图层,图形不显示,不能输出。

冻结层上的图形不可显示,不能编辑,也不能输出;冻结的层必须解冻,才能打开,当前层不能冻结。

3) 图层工具条和属性工具条

该工具条主要用于控制对象属性,如图层、颜色和线型等,如图 8-19 所示。

图 8-19　图层工具条和属性工具条

工具条中的图标从左到右分别是:[图层特性管理器]图标按钮;[图层控制]下拉列表;[所选对象置为当前层]按钮;[返回上一个图层]按钮;[图层状态管理器]按钮;[颜色控制]下拉列表;[线型控制]和[线宽控制]下拉列表。各图标命令和下拉列表的内容下面会逐个提到。

2. 图层命令(Layer)

功能:用来建立新图层,设置当前层,改变图层的线型和颜色,改变图层的状态。

· 单击菜单[格式]→[图层]。

· 单击[图层特性管理器]图标按钮。

· 命令:Layer。

说明:

启动图层命令后,将弹出[图层特性管理器]对话框(图 8-20)。

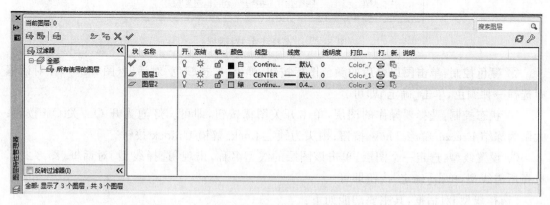

图 8-20　[图层特性管理器]对话框

(1)［图层特性管理器］对话框功能如下：

① 建立新图层：单击［新建］(N)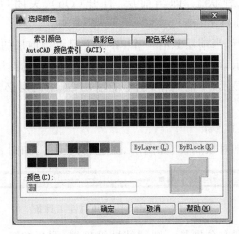 按钮，将自动生成一个名叫"图层×"的图层，可默认也可改名。

② 删除图层：单击要删除的图层，该图层高亮显示，表示选中，再单击［删除］(D) ✖ 按钮，即可删除选中的图层。

图 8-21　［选择颜色］对话框

图 8-22　［选择线型］对话框

③ 颜色控制：单击图层名后的颜色图标按钮，弹出［选择颜色］对话框（图 8-21），在对话框中选择一种颜色，单击［确定］即可。

④ 状态控制：选择要操作的图层，单击开关图标按钮，即可。灯泡为开 On/关 Off 按钮；太阳为冻结 Freeze/解冻 Thaw 按钮；锁头为锁定 Lock/解锁 Unlock 按钮。

⑤ 设置线型：选定一个图层，单击该图层的线型名称，出现［选择线型］对话框（图 8-22），选择所需线型，单击［确定］按钮即可。

［选择线型］对话框，其主要功能如下：

装载线型：单击［加载］(L…)按钮，出现［加载或重载线型］对话框（图 8-23），点取线型名，单击［确定］按钮，关闭对话框，结束装载，回到［选择线型］对话框，选择所需线型，单击［确定］按钮，返回［图层特性管理器］对话框。

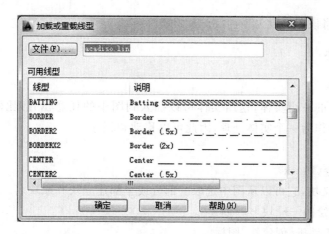

图 8-23 ［加载或重载线型］对话框

⑥ 设置线宽:选定一个图层,单击该图层的线宽,出现［线宽］对话框(图 8-24),点取所需线宽,单击［确定］按钮,关闭对话框,回到［图层特性管理器］对话框。

单击［确定］按钮,完成图层操作对话框。

(2)设置线型比例:

① 单击菜单［格式］→［线型］。

② 命令:Ltscale。

出现［线型管理器］(Linetype Manager)对话框,如图 8-25 所示,在全局比例因子文本输入框中输入线型比例值,可改变线型的比例。对话框中的其他按钮前面已提到过,不再重复。

图 8-24 ［线宽］对话框

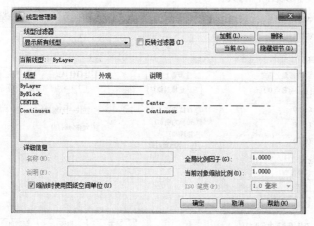

图 8-25 ［线型管理器］对话框

3. 设置当前层

在［图层特性管理器］对话框和［线型管理器］对话框中,选定一个图层,单击［当前］按钮,可将该图层设为当前层。在［对象特性］工具栏的图层状态显示下拉框中,单击下拉箭头,选取所需图层名,也可将该图层设为当前层。

8.4.2 图块

1. 图块的特点

图块是命名了的一组实体,这组实体可以插入到图中的任意位置,比例和转角可按需指定。一个图块通常作为一个实体处理,因此可以移动和删除。

2. 图块的操作

1) 创建块命令(Block)

功能:用来定义块,它可以从图中选取一部分或全部建立块并赋块名。

· 单击菜单[绘图]→[块]→[创建]。

· 单击绘图工具条[创建块]图标。

· 命令:-Block(或-B)。

输入块名或［?］:(块名)。

指定插入基点:(输入基点)。

选择对象:(选取要定义块的实体)找到 1 个。

说明:

① 输入块名或［?］中,若输入"?",将列出图中所有块名。

② 块名由字母、数字和字符组成,长度不超过 31 个字符。

③ 被选为块的实体,将从图中消失,可用 Oops 恢复。

④ Block 定义的块,只能在本图中插入。

⑤ 如果从菜单栏、工具条启动块命令,将打开[块定义]对话框,如图 8-26 所示。该对话框的基本功能与命令行方式相同,名称文本栏后输入块名;[拾取点]按钮指定基点,[选择对象]按钮选取要定义块的实体,完成后按[确定]退出。与从命令行输入命令创建图块不同的是,被选为块的实体,不从图中消失。

图 8-26 ［块定义］对话框

2) 插入命令(Insert)

功能:可将已定义的块插入图中,也可将图形文件插入图中。插入时可改变图形的比例和转角。

- 单击菜单[插入]→[块](B)。
- 单击绘图工具条[块插入]图标。
- 命令:-Insert(或-I)。

输入块名 [?]＜当前块＞:(块名)。

指定插入点或 [比例(S)/X/Y/Z/旋转(R)/预览比例(PS)/PX/PY/PZ/预览旋转(PR)]:(输入块所插入的位置点)。

输入 X 比例因子,指定对角点,或者 [角点(C)/XYZ]＜1＞:(输入 X 向比例)。

输入 Y 比例因子或 ＜使用 X 比例因子＞:(输入 Y 向比例)。

指定旋转角度 ＜0＞:(输入转角)。

说明:

① 图块的基点,在插入时,插到插入点的位置。

② 输入 X 比例因子,指定对角点,或者[角点(C)/XYZ]中角点(C)为框角方法确定比例;XYZ 为三维视图选项。

③ 指定旋转角度,以基点为旋转中心。

④ 如果从菜单栏、工具栏启动块命令,将打开[插入]对话框,如图 8-27 所示。该对话框的基本功能与命令行方式相同,名称文本栏后输入块名,也可通过[浏览]选择需要的文件;插入点、缩放比例和旋转角度,可在屏幕上指定,也可填入相应值,完成后按[确定]退出。

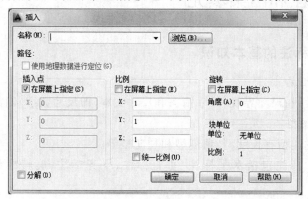

图 8-27　[插入]对话框

3) 块存盘命令(Wblock)

功能:把定义的块转成图形文件存盘,以供其他图形文件也能使用。

- 对话框方式

命令:Wblock(或 W)。

说明:

① 启动块存盘命令后,打开[写块]对话框,如图 8-28 所示。

② 在[源]选项组中,若单选[块]:输入用 Block 命令定义的块名,把该图块按指定文件名存盘;

若单选[整个图形]:将把整个图形作为图块存盘;

若单选[对象]:即定义新块,与块命令的操作一样,要输入基点,选择对象。

③ 在[目标]选项组中,要输入文件名和保存文件的位置(路径)。

图 8-28　[写块]对话框

8.5　尺寸标注和图案填充

8.5.1　尺寸标注的基本知识

1. 尺寸标注的组成

尺寸标注由尺寸线、尺寸界线、尺寸箭头和尺寸文本(即尺寸数字)四部分组成。

2. 尺寸标注的类型

常用的尺寸标注类型有长度型、角度型和径向型等。

(1) 长度型尺寸标注包括水平标注、垂直标注、平齐标注、旋转标注、连续标注和基线标注。

(2) 径向型尺寸标注包括半径型标注和直径型标注。

本节主要介绍长度型尺寸标注的方法。

3. 建立尺寸标注样式

各专业在尺寸标注时都有一些习惯的用法,如尺寸箭头的形式,土建图中常用 45°短划确定尺寸的起和止。为此,AutoCAD 提供了多种尺寸标注式样,由用户自己建立满意的式样。

- 单击菜单[标注]→[标注样式]。

- 命令:Dimstyle(或 D) 。

启动[标注样式管理器]对话框,如图 8-29 所示。

用户可创建新的尺寸标注样式;设置当前尺寸标注样式;修改已有的尺寸标注样式;替代某个尺寸标注样式;比较两个尺寸标注样式。本节主要介绍尺寸标注样式的新建、修改和设置为当前。

[标注样式管理器]对话框的左侧是样式列表框,显示当前图形文件中已定义的所有尺寸

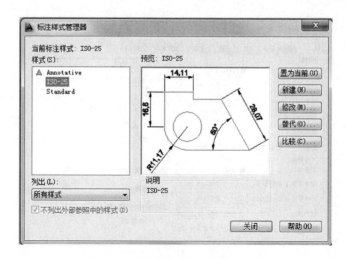

图 8-29　［标注样式管理器］对话框

标注样式（ISO-25 是缺省样式）；对话框的右侧是预览图像框，显示当前图尺寸标注样式设置各特性参数的效果图。

　　单击［新建］按钮，打开［创建新标注样式］对话框，如图 8-30 所示。

　　在［新样式名］文本框中设置新标注样式名；在［基础样式］下拉列表框中选择一已有的标注样式为范本；在［用于］下拉列表框中选择要创建的是全局尺寸标注样式（所有标注），还是特定的尺寸标注子样式（如线性标注样式、角度标注样式等）。完成后，单击［继续］按钮，显示［新建标注样式］对话框，如

图 8-30　［创建新标注样式］对话框

图 8-31 所示，共有 7 个选项卡。由于篇幅的限制，下面分别简单介绍"线""符号和箭头""文字"和"主单位"的功能。

　　(1) 单击"线"标签，打开［线］选项卡，如图 8-31 所示，用户可设置尺寸、尺寸文本和尺寸线之间的相对位置。

　　在尺寸界线区，用户主要选择超出尺寸线的值和起点偏移量的值。

　　(2) 单击"符号和箭头"标签，打开［符号和箭头］选项卡，如图 8-32 所示，在箭头区用户可设置尺寸箭头的形状和大小：单击［第一个］列表框下拉箭头，选择表中的"建筑标记"选项，在列表框上方出现的是 45°短划代替了箭头，［第二个］将默认［第一个］的选择。［箭头大小］框中，设定短划的大小，推荐设置为 2～3。单击［确定］按钮，回到对话框。

　　(3) 单击"文字"标签，打开［文字］选项卡，如图 8-33 所示，用户可设置字体样式、尺寸文本的位置。

　　在文字外观区，控制尺寸文本的字体样式、字高和颜色等。在文字位置区，控制尺寸文本的排列位置：［垂直］下拉列表框中设置尺寸文本相对于尺寸线在垂直方向的排列方式，建议选择上方；［水平］下拉列表框中设置尺寸文本相对于尺寸线、尺寸界线的位置，建议选择居中；［从尺寸线偏移］微调框是设置尺寸文本和尺寸线之间的偏移距离。在文字对齐区，单选［与尺寸线对齐］按钮，尺寸文本总平行尺寸线方向标注。

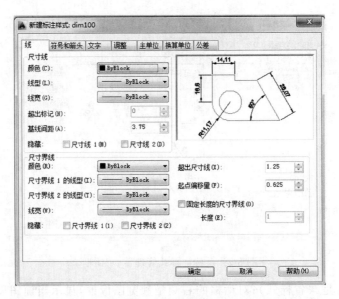

图 8-31 "线"选项卡

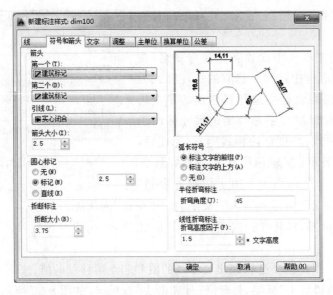

图 8-32 "符号和箭头"选项卡

(4) 单击"主单位"标签,打开[主单位]选项卡,如图 8-34 所示,用户可确定主单位,设置参数以控制尺寸单位、角度单位、精度等级和比例系数等。

在线性标注区,[单位格式]下拉列表框中设置基本尺寸的单位,建议选择小数;[精度]下拉列表框中控制除角度型尺寸标注之外的尺寸精度,建议选择 0;[比例因子]微调框是控制线性尺寸的比例系数,如果按 1:100 的比例绘制图形,可输入 100,如果按 1:1 的比例绘制图形,则输入 1。在角度标注区,[单位格式]下拉列表框中设置标注角度型尺寸时锁所采用的单位,建议选择十进制数。

完成创建新尺寸标注样式,单击[确定]按钮,回到[标注样式管理器]对话框。将该样式设置为当前,单击[关闭]按钮,就可进行尺寸标注了。

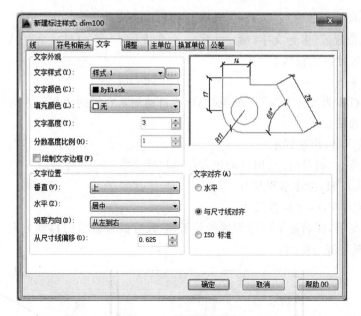

图 8-33　"文字"选项卡

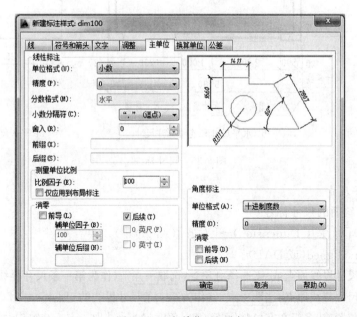

图 8-34　"主单位"选项卡

修改尺寸标注样式和替代尺寸标注样式的界面与上述的一样,不再赘述。

8.5.2　长度型尺寸的标注

1. 标注水平和垂直尺寸(Dimlinear)

· 单击菜单[标注]→[线性]。

· 命令:Dimlinear(或 DLI)。

指定第一条尺寸界线原点或 <选择对象>:选取一点　(作为第一条尺寸界线的起点)。

指定第二条尺寸界线原点:选取一点 （作为第二条尺寸界线的起点）。

指定尺寸线位置或[多行文字(M)/文字(T)/角度(A)/水平(H)/垂直(V)/旋转(R)]:选取一点 （确定尺寸线的位置）。

说明:

(1) 输入两点作为尺寸界线后,AutoCAD 将自动测量它们的距离标注为尺寸数字。

(2) 常用的选项如下:

文字(T):输入 T,出现提示。

输入标注文字 <测量值>:用户确定或修改尺寸文本。

水平(H):输入 H,标注水平尺寸。

垂直(V):输入 V,标注垂直尺寸。

(3) 一般情况下,在确定了尺寸界线的位置后,尺寸线位置点的移动方向可确定水平标志或垂直标注,如图 8-35a)所示。

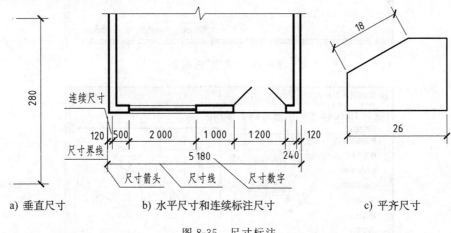

a) 垂直尺寸   b) 水平尺寸和连续标注尺寸   c) 平齐尺寸

图 8-35　尺寸标注

2. 标注平齐尺寸

用于斜线或斜面的尺寸标注。

• 单击菜单[标注](Dimension)→[对齐](Aligned)。

• 命令:Dimaligned(或 DAL)。

指定第一条尺寸界线原点或 <选择对象>:选取一点 （作为第一条尺寸界线的起点）。

指定第二条尺寸界线原点:选取一点 （作为第二条尺寸界线的起点）。

指定尺寸线位置或[多行文字(M)/文字(T)/角度(A)]:选取一点 （确定尺寸线的位置）。

说明:

操作和选项都与标注水平和垂直尺寸相同,不再重复,如图 8-35c)所示。

3. 连续标注尺寸

连续标注的尺寸称为连续尺寸,这些尺寸首尾相连,前一尺寸的第二尺寸界线就是后一尺寸的第一尺寸界线。

• 单击菜单[标注](Dimension)→[连续](Continue)。

• 命令:Dimcontinue(或 Dco)。

指定第二条尺寸界线原点或 [放弃(U)/选择(S)] <选择>。

说明：

(1) 开始连续标注尺寸时,应先标出一个尺寸。

(2) 若用户输入一个点为另一连续尺寸的第二条尺寸界线的起点,则又出现提示：

指定第二条尺寸界线起点或［放弃(U)/选择(S)］＜选择＞：

① 若用户输入 U,将撤销上一连续标注尺寸。

② 若用户空回车,则出现提示：

选择连续标注:确定新的连续尺寸中第一个尺寸,以后的操作重复确定另一连续尺寸的第二条尺寸界线的起点,如图 8-35b)所示。

直到按 ESC 键退出。

8.5.3　图案填充

对于剖面图,为了区分各部分的不同材料,常采用不同的图例画在指定的区域中。Auto-CAD 提供了图案填充命令(Hatch)来进行区域填充。

· 单击菜单［绘图］→［图案填充］。

· 命令：bHatch。

启动 Hatch 命令后,将打开［图案填充和渐变色］对话框,该对话框有［图案填充］和［渐变色］2 个选项卡(图 8-36)。

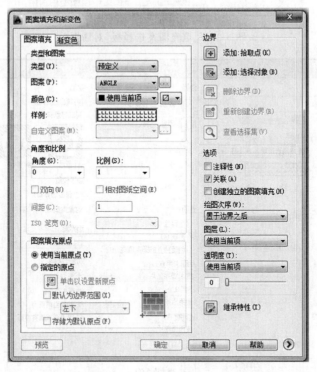

图 8-36　［图案填充］选项卡

下面分别介绍该对话框的各部分。

1. 类型和图案

在进行填充之前,应先选择或定义图案,AutoCAD 允许用户使用如下三种图案:系统预定义图案、用户自定义图案和定制图案。通过[类型](T)下拉列表框选择，默认的是系统预定义图案。单击[图案](P)后的"……"按钮，弹出图 8-37 所示[填充图案选择板]对话框，单击选中的图案，即可[确定]按钮，退回[图案填充]对话框。

单击选项卡中右下角的">"图标，可将选项卡展开，如图 8-38 所示。

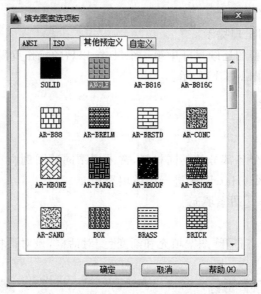

图 8-37　[填充图案选择板]对话框

图 8-38　[图案填充]对话框选项卡的展开

2. 边界

边界是由图形实体围成的封闭区域。填充实际上就是在由边界围成的区域内填充图案，因此边界的定义非常重要。有多种选择边界的方式，常用的有：

(1) 拾取点：用户在一个区域内部的任何地方拾取一点，系统将自动搜索到包含该内点的区域边界，单击[确定]按钮，以选中的图案进行填充。

(2) 孤岛：所谓"孤岛"就是在封闭区域内存在的不进行填充的小区域，系统能自动检测和判断孤岛。如不选择"孤岛检测"，系统将对整个区域进行填充，而忽视孤岛的存在。

(3) 图案特性：这些特性在角度和比例区，可帮助用户设置和更改图案的密度、角度。常用的是：

① 比例(S)：图案比例表示填充图案的疏密程度，缺省的比例是 1，比例越大，图案越疏。

② 角度(G)：图案旋转角度。

当图案、边界和特性选择结束后，单击[预览]按钮，所选图案用前述设置的方式填充所定边界包围的区域，如满意该方式，单击鼠标右键返回对话框，单击[确定]按钮。

(4) 填充方式：图案的填充方式在选项卡的孤岛检测样式区分为三种。

① 普通方式：从最外层边界开始向内，遇奇数次实体边界就填充，碰到偶数次边界就停止填充，如此交替地完成。

② 外部方式：采用最外层方式进行图案填充。

③ 忽略方式：从最外层边界开始向内全部进行图样填充，忽略其他边界的存在。

用户只需点击选中方式的单选按钮，就能按指定方式填充图案。

3. 修改填充图案

通过下拉菜单[修改]→[对象]→[图案填充]，用户可对已填充的图案进行诸如图案、比例和旋转角度的修改。

8.6　计算机制图的基本规定和应用示例

8.6.1　计算机制图的基本规定

计算机制图已在工程设计、施工和管理中广泛使用，为便于对工程电子文档的管理，2018年 5 月 1 日起实施的《房屋建筑制图统一标准》(GB/T 50001—2017)(以下简称《统一标准》)增加了计算机制图文件、计算机制图图层和计算机制图规则等内容。

计算机制图的文件可分为工程图库文件和工程图纸文件。工程图库文件可在一个以上的工程中重复使用；工程图纸文件只能在一个工程中使用。为此，建立合理的文件目录结构，可对计算机制图文件进行有效的管理和使用。《统一标准》对图纸编号、制图文件命名、文件夹名称、制图文件管理及协同设计等制定了相应的规定。本节仅介绍其基本规定。

1. 制图文件命名

工程图纸文件名称可由工程代码、专业代码、类型代码、用户定义代码和文件扩展名等组成，如图 8-39 所示。

| 0 | 1 | ♯ | 建 | - | 立 | 面 | 0 | 1 | A | 1 | . | D | W | G |

图 8-39　工程图纸文件命名格式

(1)"01♯"为工程代码,用于说明工程、子项或区段,由 2～5 个字符和数字组成,一般按用户需要和习惯设置。

(2)"建"为专业代码,说明专业类别,由 1 个字符组成,常用代码为专业的简称,宜选用:总图为"总";建筑为"建";结构为"结"等。详细可查阅《房屋建筑制图统一标准》附录 A。

(3)"立面"为类型代码,说明图纸文件的类型,由 2 个字符组成,常用代码宜选用:图纸目录为"目录";楼层平面图为"平面";立面图为"立面"等。细可查阅《统一标准》附录 A。

(4)"01A1"为用户定义代码,说明工程图纸的序列号、变更范围与版次等内容,宜由 2～5 个字符和数字组成,一般按用户需要和习惯设置;其中前两个字符表示标识同一类图纸文件的序列号,后两个字符表示工程图纸文件变更的范围与版次,如"A1"为第 A 版第 1 次变更,"R1"为第 1 版次部分变更。

(5)"DWG"为文件扩展名,由创建图纸文件的计算机绘图软件定义,3 个字符组成。

(6)专业代码与类型代码之间用连字符"-"分隔开;用户定义代码与文件扩展名之间用小数点"."分隔开。

2.计算机制图文件图层命名

图层命名应采用分级形式,每个图层名称由 2～5 个数据字段(代码)组成,第一级为专业代码,第二级为主代码,第三、四级分别为次代码 1 和次代码 2,第五级为状态代码;其中第三级～第五级,按用户需要设置;每个相邻的数据字段用连字符"-"分隔开,如图 8-40 所示。

| 建 筑 | - | 墙 体 | - | 保 温 | - | 文 字 | - | 新 建 |

图 8-40　中文图层命名格式

(1)"建筑"为专业代码,说明专业类别。详细可查阅《统一标准》附录 A。

(2)"墙体"为主代码,详细说明专业特征,主代码可以和任意的专业代码组合。

(3)"保温"和"文字"为次代码 1 和次代码 2,用于进一步区分主代码的数据特性,次代码可以和任意的主代码组合。

(4)"新建"为状态代码,用于区分图层中所包含的工程性质或阶段;状态代码不能同时表示工程状态和阶段,如"新建"表示工程性质是新建,"初设"表示工程阶段是初步设计,"施工图"表示工程阶段是施工图。详细可查阅《统一标准》附录 B。

(5)中文图层名每个数据字段为 1～3 个汉字。

3.计算机制图规则

(1)计算机制图的坐标系与原点应符合下列规定:

① 计算机制图时可选择世界坐标系,也可选择用户定义的坐标系。

② 坐标原点的选择,宜使绘制的图样位于横向坐标轴的上方和纵向坐标轴的右侧,并紧邻坐标原点。

③ 在同一工程中,各专业应采用相同的坐标系与坐标原点。

（2）计算机制图的布局应符合下列规定：

① 计算机制图时,宜按照自下而上、自左至右的顺序排列图样;宜先布置主要图样,再布置次要图样。

② 表格、图纸说明宜布置在绘图区的右侧。

（3）计算机制图的比例应符合下列规定：

① 计算机制图采用 1:1 的比例绘制图样时,应按图中标注的比例打印成图;采用图中标注的比例绘制图样时,应按照 1:1 的比例打印成图。

② 计算机制图时,可采用适当的比例书写图样及说明中文字,但打印成图时应符合第 1 章 1.1.4 中关于字体的规定,字高大于 10mm 的文字宜采用 True Type 字体。

8.6.2　应用示例

1. 建立样板文件

为了提高工作效率,一般应根据专业特点建立样板文件。在该文件中可以将经常使用的绘图环境预先设置好(如绘图幅面、尺寸样式、字体样式、图层设置等,可以没有图形),将其命名存盘。以这样的空文件作为绘图的初始条件,避免每次绘图时都要进行设置。样板文件文件名的后缀可为".DWG",也可为".DWT";若采用后者,可将该文件放置在系统的 Template 子目录内,这样便于在系统启动时直接调入。

样板文件中的设置应根据用户的实际需要确定。下面以 A3 幅面,用 1:1 的比例,绘制土木工程图的尺寸样式为例,说明建立样板文件的基本设置和过程。

1）设置绘图界限

A3 幅面的尺寸为 297×420,设置绘图界限可略大一些,用 Limits 命令设置成 $(0,0)$—$(320,440)$。

2）设置图层、颜色、线型和线宽

0 层为缺省设置,将图各层设为不同用途,便于修改。

序号	图层	颜色	线型	线宽	注释
1	建筑-详图-粗线	绿色	实线	0.5	粗实线
2	建筑-详图-中线	品红	实线	0.25	中实线
3	建筑-详图-细线	白色	实线	0.13	细实线
4	建筑-详图-虚线	黄色	虚线	0.13	细虚线
5	建筑-详图-中心线	红色	单点长画线	0.13	细单点长画线
6	建筑-详图-作图线	白色	实线	0.09	作图辅助线
7	建筑-详图-文字	白色	实线	0.13	写文字
8	建筑-详图-标注	蓝色	实线	0.13	标注尺寸

注:图层中也可不设线宽,而将所设的图线颜色在输出时设置成不同线宽。例如,绿色设为 0.5 粗实线;蓝色设为 0.13 细实线;红色设为 0.13 细单点长画线等。

3) 设置文字样式

建立字样 HZ,选用仿宋__GB2312 字体;

建立字样 ST,选用 isocp. shx 字体。

4) 设置尺寸标注样式

① 建立长度型尺寸标注样式 DIM1。箭头选用建筑标记,箭头大小为 2,基线间距为 4,超出尺寸线为 2,起点偏移量为 3。

文字样式为 ST,文字高度 3,文字位置垂直选为"上方",水平选为"居中",从尺寸线偏移为 1,文字对齐选与尺寸线对齐。

主单位选项卡中,单位格式为小数,精度为 0,比例因子为 1,单位格式为十进制度数。

② 建立直径和半径标注样式 DIM2。箭头选用缺省,设置仍为实心闭合,箭头大小为 3。

5) 绘制图框并存盘。

根据第 1 章 1.1.3 所述,用国家标准规定的线型和粗细,绘制 A3 幅面的图框和标题栏,将样板文件取名为"YBA3♯建-详图 YBA3",并用保存(Save)命令存盘。

2. 绘制三视图

[例 8-3] 已知形体的轴测图[图 8-42a)],用 1:1 的比例画出三视图。

[解] 启动 AutoCAD,进入绘图状态。

(1) 调用样板文件"YBA3♯建-详图 01A0"作为绘图的初始环境,并[另存为]一新图形文件(如文件名定为"水池 01♯建-视图 01A0")。

(2) 将序号 2 图层设为当前层。根据投影规律,以 1:1 的比例量取轴测图中各线段的长度(或根据图 8-44 标注的尺寸),用直线(Line)命令或多段线(Pline)命令画出水池 H 面和 V 面投影的可见(实线)部分。输入点时,灵活采用相对坐标或极坐标方式和绘图辅助工具。

(3) 将序号 5 图层设为当前层。在水池 H 面投影的中心用直线(Line)命令画十字单点长画线。

(4) 当前层设为序号 2 图层,根据投影规律,用圆(Circle)命令画出落水孔的可见(实线)部分。

(5) 将序号 6 图层设为当前层。在水池 H 面投影右侧的适当位置用直线(Line)命令画 45°斜线,根据高平齐和宽相等的投影规律,用直线(Line)命令作辅助线。

(6) 将序号 2 图层设为当前层。用直线(Line)命令作水池的 W 面投影(图 8-41)。关闭序号 6 图层。

(7) 将序号 4 图层设为当前层。根据投影规律,用直线(Line)命令或多段线(Pline)命令画出形体视图的不可见(虚线)部分。绘制结果如图 8-42b)所示。

(8) 保存(Save)图形文件;退出(Exit)。

3. 剖面图

[例 8-4] 已知形体的三视图(图 8-42),根据要求,画出其 1-1 剖面图。

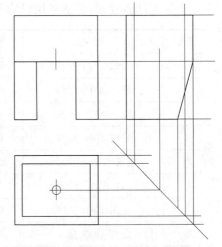

图 8-41 作水池的 W 面投影

[解] (1) 打开(Open)图形文件"水池 01♯建-视图 01A0"。用另存为(Save as)命令将图形另存为"水池 02♯建-剖面 01A0"。

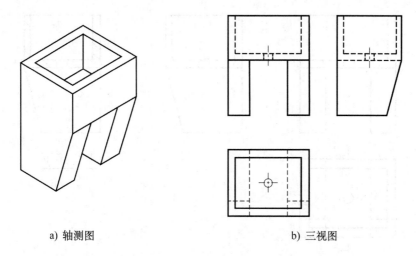

a) 轴测图　　　　　　　　　　　b) 三视图

图 8-42　形体的轴测图和三视图

（2）将序号 1 图层设为当前层。

（3）用复制（Copy）命令，将视图的侧立面图复制到图形的右边。用显示缩放（Zoom）命令，将其放大。

（4）用直线（Line）命令，在复制的侧立面图上，描绘被剖切到的部分，绘制中可采用捕捉对象（Osanp）工具。

（5）将图层转设为序号 2 层，关闭序号 1 图层。用删除（Erase）、修剪（Trim）命令删除不需要的图线。

（6）打开序号 1 图层，用直线（Line）命令在剖面图中，把未被剖切到的形体部分用实线补上。将图层 0 设为当前层。

（7）在图层 0，用图案填充（Hatch）命令，以斜线图例填充被剖切到的断面部分。

（8）将序号 7 图层设为当前层。在剖面图的下方，用单行文字（Dtext）命令写 1—1 剖面图，并将序号 1 图层设为当前层，在 1—1 剖面图下用直线（Line）划一横线，绘制结果见图 8-43b）。

（9）保存（Save），并退出（Exit）。

4. 尺寸标注

［**例 8-5**］　已知形体的三视图［图 8-43a）］，根据在图 8-42 中轴测图上量取的尺寸，标注在三视图上。

［**解**］　（1）打开（Open）图形文件"水池 01♯建-视图 01A0"。用另存为（Save as）命令将图形另存为"水池 03♯建-标注 01A0"。

（2）将序号 8 图层设为当前层，用于标注尺寸。

（3）按定形尺寸、定位尺寸和总尺寸，根据图 8-42a）轴测图上量取的尺寸标注三视图的尺寸（图 8-44），用 DIM1 样式标注线性尺寸，用 DIM2 样式标注直径。

（4）保存（Save），并退出（Exit）。

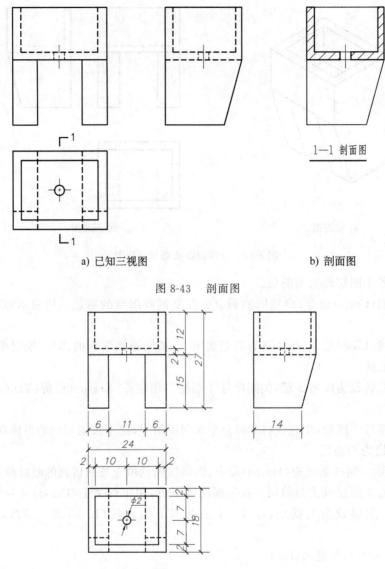

a) 已知三视图   b) 剖面图

图 8-43   剖面图

图 8-44   尺寸标注

8.7   建筑信息模型(BIM)简介

BIM(Building Information Modeling)技术是一种应用于工程设计、建造、管理的数据化工具,通过对建筑的数据化、信息化模型整合,在项目策划、运行和维护的全生命周期过程中进行共享和传递,使工程技术人员对各种建筑信息作出正确理解和高效应对,为设计团队以及包括建筑、运营单位在内的各方建设主体提供协同工作的基础,在提高生产效率、节约成本和缩短工期方面发挥重要作用。

这里引用美国国家 BIM 标准(NBIMS)对 BIM 的定义,该定义由三部分组成:

(1) BIM 是一个设施(建设项目)物理和功能特性的数字表达。

（2）BIM 是一个共享的知识资源，是一个分享有关这个设施的信息，为该设施从概念到拆除的全生命周期中的所有决策提供可靠依据的过程。

（3）在项目的不同阶段，不同利益相关方通过在 BIM 中插入、提取、更新和修改信息，以支持和反映其各自职责的协同作业。

8.7.1　BIM 的基本特点

1. 综合性

BIM 是一种综合性的设计和管理技术，涉及建筑、结构、电气、水暖、通风、智能化等多个方面。通过 BIM 技术，设计师可以在同一模型中综合考虑这些因素，提高设计效率。

2. 可视化

BIM 采用三维建模技术，可以将建筑物的各个部分以三维模型的形式呈现出来，方便设计师、施工人员和管理人员进行可视化操作与协作。

3. 可重复性

BIM 模型中的设计信息可以重复使用，避免了传统设计方法中因多次修改同一文件而产生的重复工作。

4. 共享性

BIM 可以将建筑物的各种数据（如尺寸、材料、设备等）整合在一起，方便各个部门之间的数据共享和协作。

5. 协同性

BIM 可以将建筑设计、结构设计、机电设计等多个专业的设计数据整合在一起，方便各专业之间的协作和交流。

6. 可管理性

BIM 可以对建筑物的各种信息进行管理，如施工进度、材料使用情况、质量检查等，方便管理人员进行监控和控制。

8.7.2　BIM 软件

BIM 是一种应用于工程设计、建造、管理的数据化技术，该技术的应用涉及多种专业门类，其成果也可为多种专业门类应用，因此，BIM 的适用软件根据不同的使用需要有如图 8-45 所示的各个类型。

其中，BIM 核心建模软件是 BIM 的基础，它构建的三维建筑模型中包含了 BIM 的基础信息，也是从事 BIM 的行业第一类要碰到的 BIM 软件。常用的 BIM 建模软件有以下几种。

（1）Revit 软件：由 Autodesk 公司开发，是目前国内外最常用、最重要的一款 BIM 三维建模软件，常用于民用建筑设计。

（2）Navisworks 软件：同样由 Autodesk 公司开

图 8-45　BIM 软件的各个类型

发,常与 Revit 软件配合使用,其主要功能包括三维漫游、碰撞检测和施工模拟等。

　　(3)Bentley 软件:包括建筑、结构、设备系列,常用于工业设计(石油、化工、电力、医药等)和基础设施(道路、桥梁、市政、水利等)领域。

　　(4)ArchiCAD 软件:是由 GraphiSoft 公司开发的专门针对建筑专业的三维建筑设计软件,是最早的一款具有全球市场影响力的 BIM 核心建模软件。

　　(5)Tekla 软件:是钢结构详图设计的核心 BIM 软件,在钢结构详图设计领域处于绝对的领先地位。

　　下面以图 8-46 所示的一个小房屋建模为例,简要介绍 Autodesk 公司的 Revit 建筑建模软件的使用。

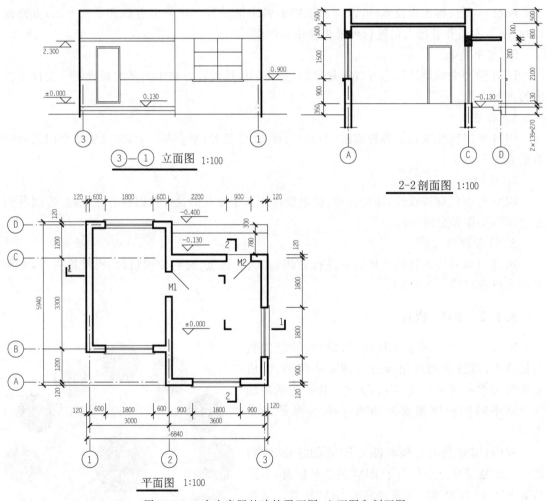

图 8-46　一个小房屋的建筑平面图、立面图和剖面图

8.7.3　Revit 建筑建模软件的举例

1. Revit 的启动

Revit 的启动可通过两个途径：

（1）在 Windows 界面上直接双击 Revit 的快捷图标，如图 8-47 所示，启动软件。

（2）在桌面上的任务栏中选择[开始]→[程序(P)]→[Revit2013]启动软件。

2. 用户界面

图 8-47　快捷图标

启动 Revit2013 后，屏幕将显示如图 8-48 的页面。自 Revit2013 将建筑、结构、设备（系统）合在了一起，该页面分别提供了项目和族各三个样例供选择。所谓族，是一个包含通用属性（称作参数）集和相关图形表示的图元组，属于一个族的不同图元的部分或全部参数可能有不同的值，但是参数（其名称与含义）的集合是相同的。族文件可算是 Revit 软件的精髓所在，通俗的解释是，族可以看作是一种参数化的组件，如：Revit 中的一个门的族，可以对门的尺寸、材质等属性进行修改。

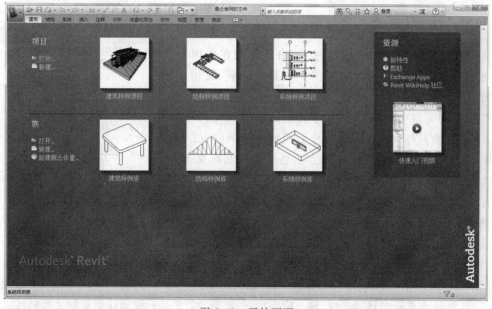

图 8-48　开始页面

开始一个新的建筑项目，则点击[新建]，然后选择[建筑样板]并点击[确定]，显示如图 8-49 的绘图界面。界面的顶部是[标题栏]，它的左端是[应用程序]按钮，边上是快速访问工具栏。下面是菜单栏，点击则显示各选项卡，图中显示的是[建筑]选项卡。界面中面积最大的是绘图区，其下方为视图控制栏，控制视图的显示方式、比例等；绘图区的左上是[属性]选项板，用于各种参数的设定和修改；左下是项目浏览器，项目中所有需要的图纸都在此处。最下面的是状态栏。

3. 建筑建模

1）绘制标高和轴网

标高用来定义楼层及生成平面视图，轴网用于构件定位，在 Revit 中轴网确定了一个不可

图 8-49　绘图界面

见的工作平面。

① 创建标高。在 Revit 中，[标高]命令必须在立面和剖面视图中才能使用，因此在正式开始项目设计前，必须事先打开一个立面视图。

在项目浏览器中展开[立面(建筑立面)]项，如图 8-50 所示，双击视图名称[南立面]进入南立面视图。调整 F2 标高，将一层与二层之间的层高修改为 2.9m，并复制标高 F3 和 F0，如图 8-51 所示。

② 创建轴网。下面将在平面图中创建轴网。在 Revit 中轴网只需要在任意一个平面视图中绘制一次，其他平面和立面、剖面视图中都将自动显示。在项目浏览器中双击[楼层

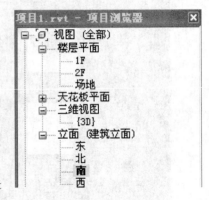

图 8-50　展开[立面(建筑立面)]项

平面]项下的[F1]视图，打开首层平面视图。点击如图 8-52 所示的[轴网]按钮，绘制第一条垂直轴线，轴号为 1。利用[复制]命令创建 2～3 号轴网。单击选择 1 号轴线，移动光标在 1 号轴线上单击一点，然后水平向右移动光标，输入间距值 3300 后，按[Enter]键确认后复制 2 号轴线。保持光标位于新复制的轴线右侧，输入 3600 后，按"Enter"键确认，如图 8-53 所示。

创建的水平轴线，修改标头文字(轴线编号)为"A"，创建 A 号轴线。

利用[复制]命令，创建 B 号轴线。移动光标在 A 号轴线上单击捕捉一点作为复制参考点，然后垂直向上移动光标，保持光标位于新复制的轴线右侧，分别输入 1200、3300、1200 后，按[Enter]键确认，完成复制。

完成后的轴网如图 8-53 所示，确保轴网在四个立面符号范围内，保存文件。

2) 创建墙体

在项目浏览器中双击[楼层平面]项下的[F0]，打开一层平面视图。

单击选项卡[建筑]→[墙]→[建筑墙]→[基本墙]，调整属性面板—[底部限制条件]为"F0"，[顶部限制条件]为"直到标高 F3"。

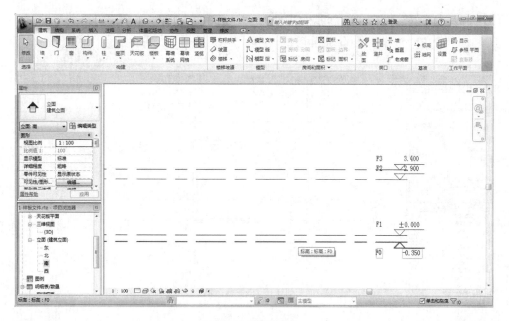

图 8-51 创建标高

进入绘制面板，选择[直线]命令，移动光标单击鼠标左键捕捉B 轴和 1 轴交点为绘制墙体起点，顺时针绘制外墙。

单击选项卡[建筑]→[墙]→[建筑墙]→[内部砌块墙]，调整属性面板—[底部限制条件]为"F0"，[顶部限制条件]为"直到标高 F2"，在②轴的Ⓑ轴和Ⓒ轴间绘制内墙，如图 8-54 所示。

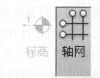

图 8-52 [轴网]按钮

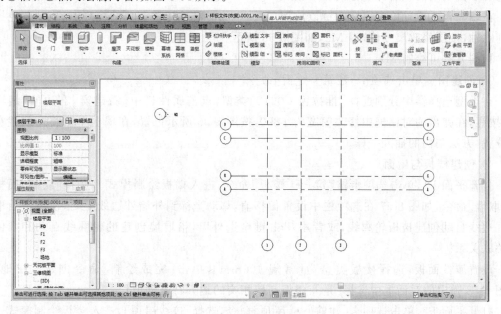

图 8-53 创建轴网

3）创建门窗

在三维模型中，门窗在项目中可以通过修改类型参数如门窗的宽和高以及材质等，形成新

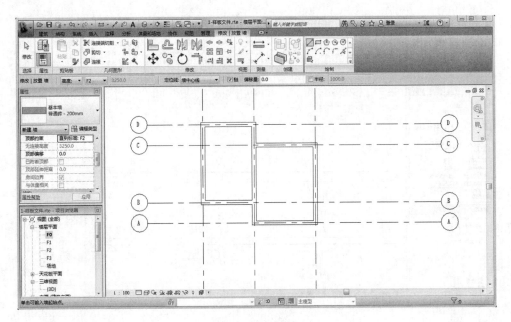

图 8-54　创建墙体

的门窗类型。门窗主体为墙体，它们对墙具有依附关系，删除墙体，门窗也随之被删除。

① 创建门。打开"F0"视图，单击选项卡［建筑］→［门］→选择［装饰木门-M0921］类型。将光标移动到②轴"内部砌块墙"的墙上，此时会出现门与周围墙体距离的蓝色相对尺寸，如图 8-55 所示。这样可以通过相对尺寸大致捕捉门的位置。在平面视图中放置门之前，按空格键可以控制门的左右开启方向。

在墙上合适位置单击鼠标左键以放置门，调整临时尺寸标注蓝色的控制点，拖动蓝色控制点到Ⓒ轴，按图修改尺寸值，得 M2，如图 8-55 所示。

相同方法可绘制 M1。

② 创建窗。单击选项卡［建筑］→［窗］命令。

在类型选择器中分别选择［推拉窗 C0915］类型，点击属性栏中［新建窗］右边的［编辑类型］按钮，在弹出的对话框中修改窗宽为 1800，按图 8-56 所示位置，在墙上单击将窗放置在合适位置，方法与门的插入一样。

4）创建楼板与屋面

打开平面 F1，单击选项卡［建筑］→［楼板］命令，进入楼板绘制模式。选择［绘制］面板中［拾取墙］命令，如图 8-57 在选项栏中设置偏移值，移动光标到外墙外边线上，依次单击拾取外墙外边线自动创建楼板轮廓线，或者用 Tab 键全选外墙，拾取墙创建的轮廓线自动和墙体保持关联关系。

设置属性面板，选择楼板类型为［常规 100mm］，单击［完成绘制］命令创建一层地板，如图 8-58 弹出的对话框中选择［是］，楼板与墙相交的地方将自动剪切。

打开平面 F2，单击选项卡［建筑］→［屋顶］命令，选择［迹线屋顶］，进入楼板绘制模式。填入坡度后，与楼板的绘制一样创建屋面板轮廓线，单击［完成绘制］命令。

5）创建台阶

Revit 中没有专用的［台阶］命令，可以采用创建外部构件族、楼板边缘甚至楼梯等方式创

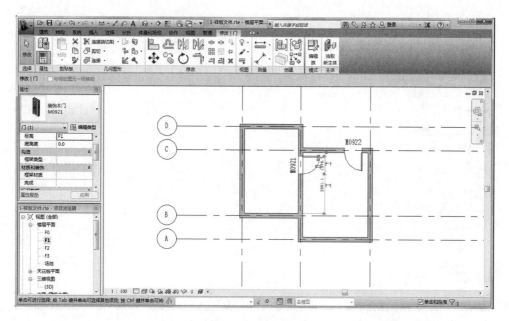

图 8-55　创建门

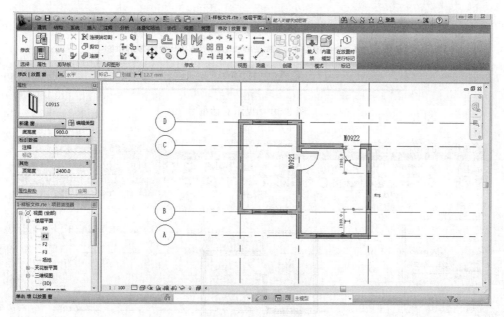

图 8-56　创建窗

建各种台阶模型。本节讲述用[楼板边缘]命令创建台阶的方法。

在项目浏览器中双击[楼层平面]项下的[F1],打开[F1]平面视图。

单击[建筑]→[楼板]→[楼板边]命令,类型选择器中选择[楼板边缘-台阶]类型。移动光标到 M1 墙一侧边缘,边线高亮显示时单击鼠标放置楼板边缘。单击边时,Revit 会将其作为一个连续的楼板边。如果楼板边的线段在角部相遇,它们会相互拼接。用[楼板边]命令生成的台阶如图 8-59 所示。

将光标移到界面顶部菜单栏上的小房子[默认三维视图],双击即显示前述建模所得建筑

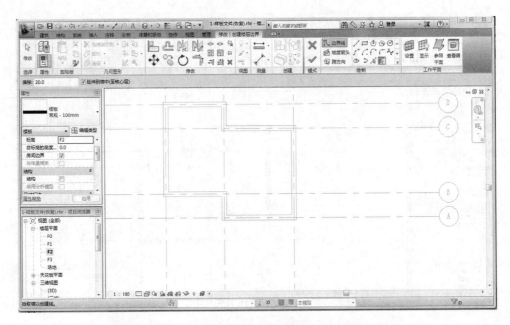

图 8-57　创建楼板

图 8-58　提示对话框

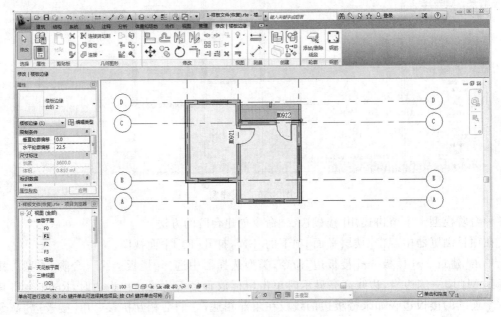

图 8-59　创建台阶

的三维图形,如图 8-60 所示。

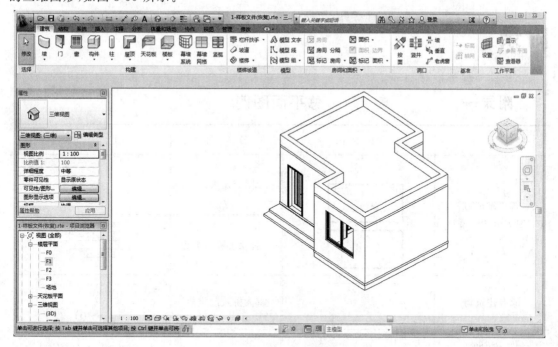

图 8-60 建筑的三维图形

附录

附录一　　　　　　　　总平面图例

名　称	图　例	名　称	图　例
新建建筑物 （下图为地下建筑物）	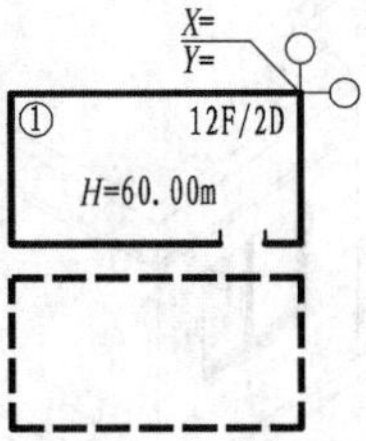 ① 12F/2D H=60.00m X= Y=	围墙及大门	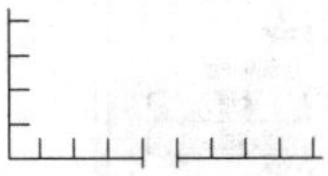
		台阶及无障碍坡道	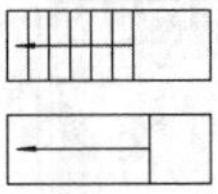
原有建筑物	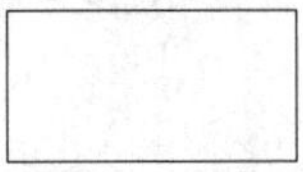	露天桥式起重机	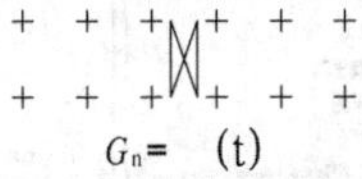 G_n= (t)
计划扩建的预留地 或建筑物		坐标	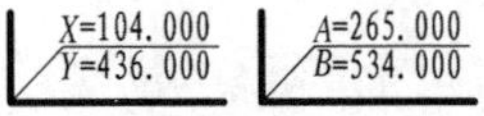 X=104.000 Y=436.000　A=265.000 B=534.000
拆除的建筑物	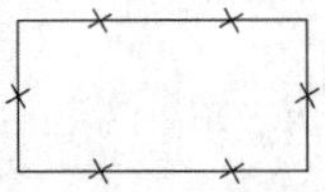	方格网交叉点标高	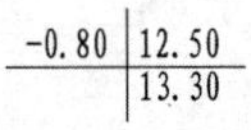 -0.80 ┃ 12.50 13.30
建筑物下面的通道	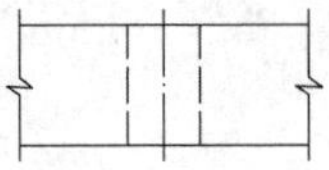	室内地坪标高	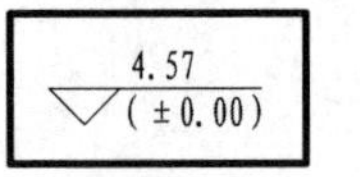 4.57 (±0.00)
散状材料露天堆场	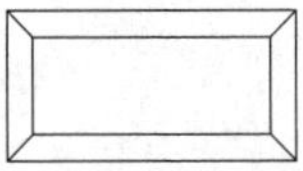	室外地坪标高	 10.56
其他材料露天堆场 或露天作业场	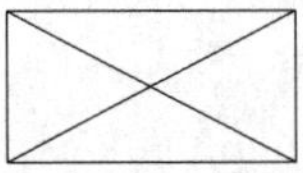	地下车库入口 地面露天停车场	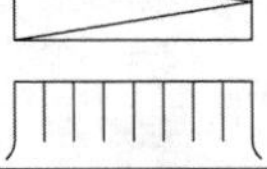
铺砌场地	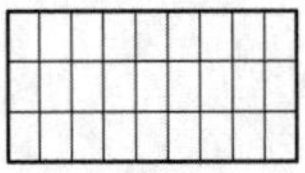	新建的道路	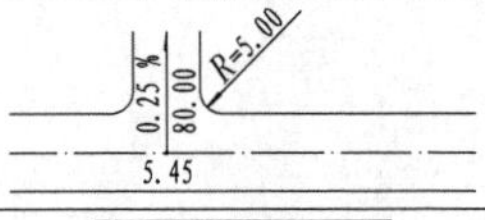 0.25% R=5.00 80.00 5.45
敞棚或敞廊	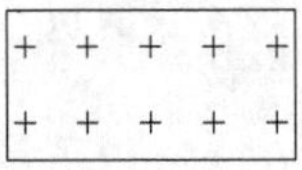	原有道路 计划扩建的道路	
烟囱		风向频率玫瑰图	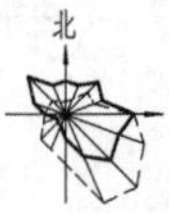 北 根据当地多年平均统计的各个方向吹风次数的百分数按一定比例绘制。 风从外面吹向中心，中实线表示全年风向频率，中虚线表示夏季6-8月风向频率

附录二　　　　　　　　　**构造及配件图例**

名　称	图　例	名　称	图　例
顶层楼梯		单面开启单扇门 （包括平开或单面弹簧）	
中间层楼梯		双面开启单扇门 （包括双面平开 或双面弹簧）	
底层楼梯		门连窗	
坡道		上悬窗	
台阶		单层外开平开窗	
平面高差		双层内外开平开窗	
孔洞			

续表

名　称	图　例	名　称	图　例
墙预留洞、槽	宽×高或φ 标高　　宽×高或φ×深 标高	单层推拉窗	
地沟		双层推拉窗	
窗门洞	h=		

附录三　　　　常用建筑材料图例

名　称	图　例	名　称	图　例
自然土壤		钢筋混凝土	
夯实土壤		多孔材料	
砂、灰土		纤维材料	
砂砾土、碎砖三合土		泡沫塑料材料	
石材		木材	
毛石		胶合板	
普通砖		石膏板	
耐火砖		金属	
空心砖		液体	
饰面砖		玻璃	
焦渣、矿渣		防水材料	
混凝土		粉刷	

附录四　符号

名称	符号	说明
详图索引符号	详图的编号 ①／－（详图在本张图纸上） 剖面详图的编号 ②／－ 引出线（剖面详图在本张图纸上） 详图的编号 ③／25（详图所在图纸的编号） 剖面详图的编号 ④／28 引出线（剖面详图所在图纸的编号） 标准详图的编号 ⑤／32 J103（标准图集的编号，标准详图所在图纸的编号）	细直线圆直径为8～10mm 详图在本张图纸上 在剖面详图中,引出线所在的一侧为剖视方向 细直线圆直径为8～10mm 详图不在本张图纸上 在剖面详图中,引出线所在的一侧为剖视方向
详图符号	详图的编号 ② 详图的编号 ③／18（被索引的图纸的编号）	粗直线圆直径为14mm 详图与被索引的图在同一张图纸上 粗直线圆直径为14mm 详图与被索引的图不在同一张图纸上
对称符号指北针	 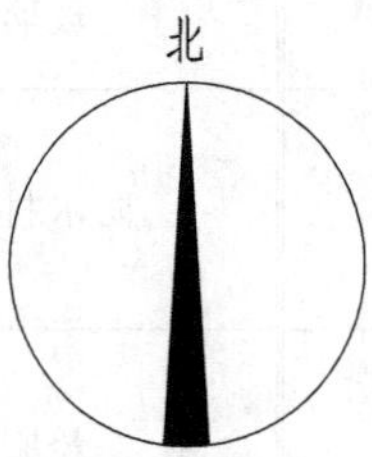 北	对称线用细单点长画线绘制,平行中实线长为6～10mm,间距为2～3mm,中心线两端超出平行线也为2～3mm 指北针细实线圆直径为24mm,尾部宽度约为3mm

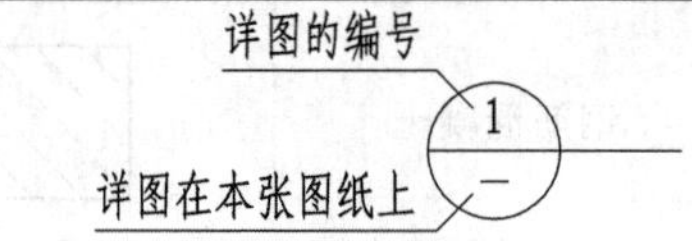

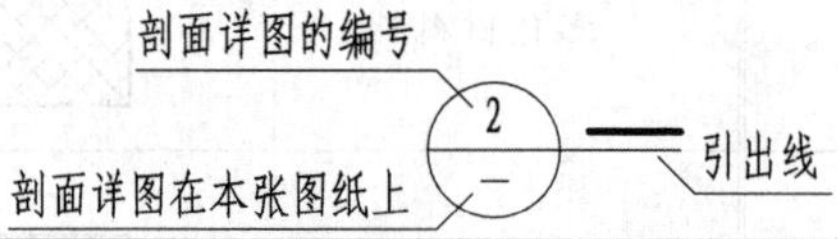

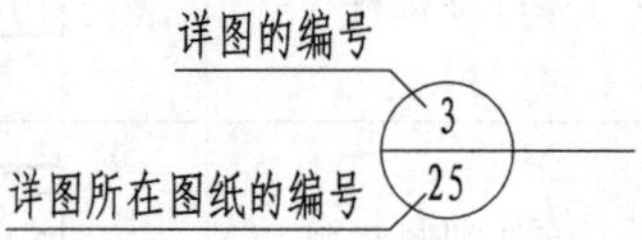

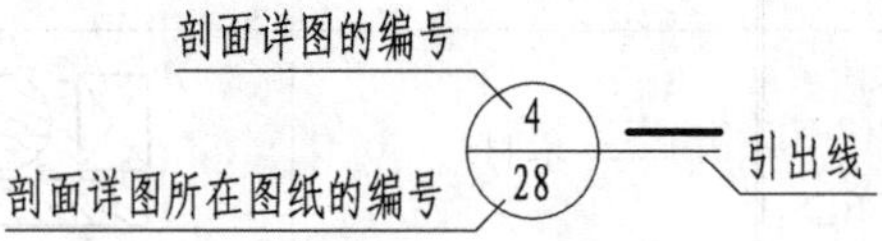

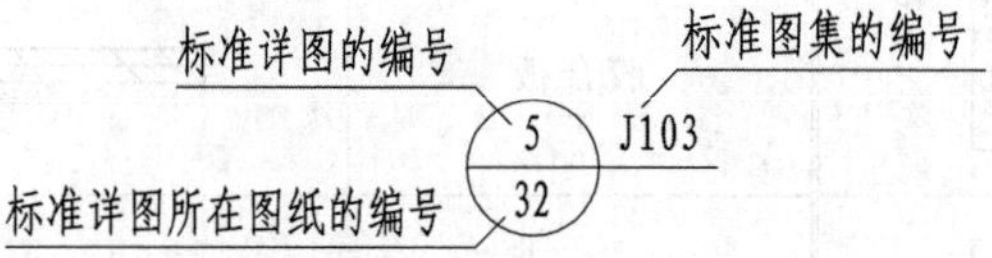

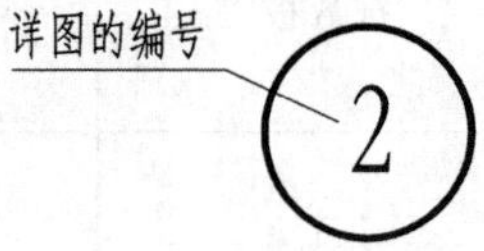

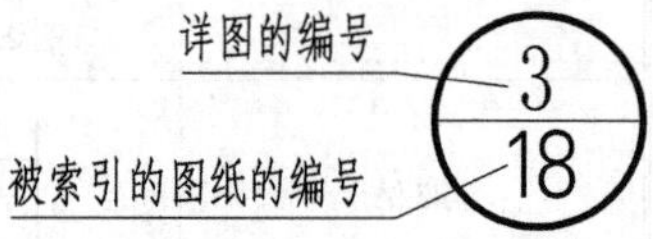

附录五　　　　　结构图例

图　例	名　称	图　例	名　称
	无弯钩的钢筋端部长短钢筋投影重叠时,可在短钢筋的端部用45°短画线表示	$\frac{M}{\phi}$	永久螺栓
	带半圆形弯钩的钢筋端部	$\frac{M}{\phi}$	高强螺栓
	带直钩的钢筋端部	$\frac{M}{\phi}$	安装螺栓
	带丝扣的钢筋端部	ϕ	螺栓、铆钉的圆孔
	无弯钩的钢筋搭接	ϕ	长圆形螺栓孔
	带半圆形弯钩的钢筋搭接	ϕ 或 d	圆　木
	带直钩的钢筋搭接	$1/2\phi$ 或 d	半圆木
	套管接头（花篮螺丝）	$b \times h$	方　木
$\llcorner b \times t$	等边角钢	$b \times h$ 或 h	木　板
B $\llcorner B \times b \times t$	不等边角钢	$n\phi d \times L$	带垫板的螺栓连接
$Q \mathbf{I} N$	工字钢		
$Q \mathbf{[} N$	槽　钢		
$\square b$	方　钢		齿连接
ϕd	圆　钢		
$\phi d \times t$	钢　管		
$-b \times t$	扁钢及钢板		

附录六　　　　　道路工程图例

项目	名称	图例	项目	名称	图例
	路中心线			经济林	
	水准点	BM编号／高程		路堤	
	导线点	D编号／高程		路堑	
	交角点	JD编号		高压电线 低压电线	
	公里桩			通讯线	
	公路			涵洞	
	铁路			通道	
	小路			桥梁 （大、中桥按 实际长度画）	
	房屋	独立 成片		桥梁 （按采用跨数绘）	装配式预应力混凝土空心板 KXX+XXX 堰沟中桥 XXXX
	河流			涵洞	1-X 钢筋混凝土圆管涵 KXX+XXX 1-X 钢筋混凝土盖板电涵 KXX+XXX
	旱地				
	水稻田				

附录七　　　　　某厂冷镦车间施工图简介

　　厂房是为工业生产服务的。一般来说,由于要适应起重、运输的需要,大都设有吊车;它与民用建筑相比,跨度和高度都比较大,门窗尺寸也比较大;此外,它还要满足生产工艺和劳动保护的要求。

　　由于生产工艺条件的不同,厂房有单层厂房和多层厂房之分。冶金类和机械制造类厂房,往往设有较重型的设备,产品较重、外形轮廓尺寸较大,因而多采用单层厂房(附图 7-1),以便这些大型设备可以安装在地面下方的基础上,便于产品的加工和运输。

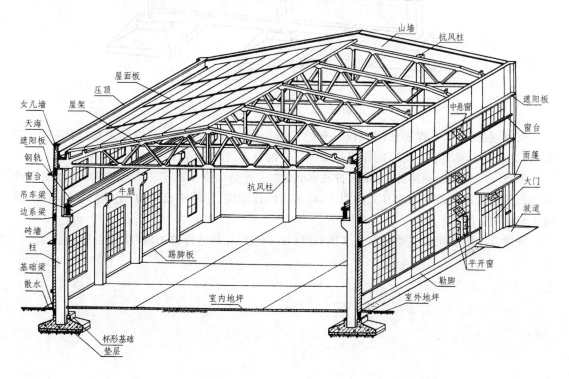

附图 7-1　某厂房组成部分示意图

　　在不影响施工图使用要求的情况下,厂房的建筑平面图和立面图一般采用 1∶200 的比例绘制。为了表达厂房垂直方向空间处理等有关要求,建筑剖面图则往往采用 1∶100 的比例绘制。

　　为了满足施工等的要求,厂房施工图也要绘制很多建筑详图和结构详图。

　　厂房施工图的绘制方法和步骤与第 3,4 章所叙述的并无多大区别。绘图时也是先画出定位轴线,然后按各部位与定位轴线的关系,逐步画上其他内容,直至完成。

　　附图 7-1 所示是某厂冷镦车间局部区段的建筑和结构示意图。这个车间的建筑构件和建筑配件有屋面板、屋架、吊车梁、柱、柱基础、基础梁、墙、抗风柱以及门、窗、天沟、连系梁等,还有一些构、配件在图中没有表示出来的,如屋盖支撑、柱间支撑、吊车钢梯、消防及屋面检修钢梯等。所有上述这些建筑构、配件,组成了这一厂房的整体。

　　冷镦车间厂房是由屋面板、屋架、梁、柱、基础、基础梁等作为承重构件,外墙只承受风力和自身的重量,故又称自承重墙。

屋盖和外墙是围护结构。屋面板安装在屋架上,屋架安装在柱子上。与外墙连系在一起的有柱、连系梁、基础梁等。

吊车梁两端安装在柱子的牛腿上。柱子用以支承屋架和吊车梁,是厂房的主要承重构件。

基础用来支承柱子和基础梁,并将荷载传递给地基。基础梁搁置在基础上(附图7-2),它直接支承着外墙。

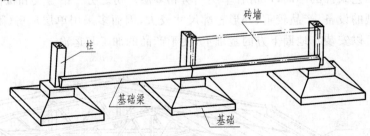

附图7-2 基础梁搁置情况

支撑,包括屋架支撑和柱间支撑。有的厂房为采光、通风需要,还设置天窗,因而有天窗架,故又有天窗架支撑。支撑的作用是加强厂房的稳定性和整体性。

单屋厂房采用标准构件、标准配件较多,各地区有关单位编制了一些标准构、配件图集或通用图集。本例冷镦车间的有关附图中,对采用的标准构、配件或通用构、配件均有说明,以便施工时查用。

现附该冷镦车间的主要建筑施工图(建施1—建施6)和结构施工图(结施1—结施7)。

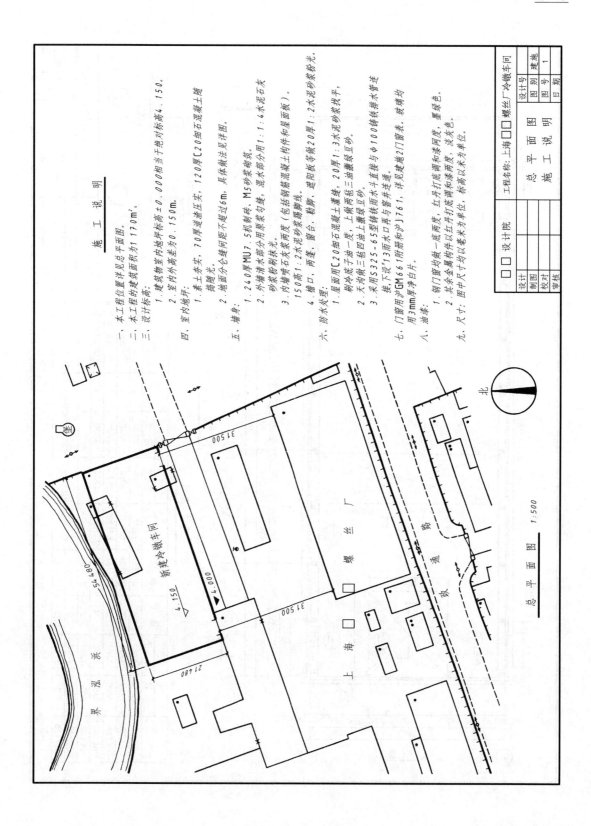

施 工 说 明

一、本工程位置详见总平面图。

二、本工程的建筑面积为1170㎡。

三、设计标高：
  1. 建筑物室内地坪标高±0.000相当于绝对标高4.150。
  2. 室内外高差为0.150m。

四、室内地坪：
  1. 素土夯实，70厚道渣压实，120厚C20细石混凝土随捣随磨光。
  2. 地面分仓缝间距不超过6m，具体做法见详图。

五、墙身：
  1. 240厚MU7.5机制砖，M5砂浆砌筑。
  2. 外墙清水部分用原浆勾缝，混水部分用1:1:4水泥石灰砂浆粉刷光。
  3. 内墙黄石夹两度（包括钢筋混凝土构件和屋面板）。150高1:2水泥砂浆踢脚线。
  4. 墙口、两建、窗口、勒脚。遮阳板等做20高1:2水泥砂浆粉光。

六、防水处理：
  1. 屋面用C20细石混凝土灌缝，20厚1:3水泥砂浆找平，刷冷底子油一度，上做两毡三油灌绿豆砂。
  2. 天沟做三毡四油上灌绿豆砂。
  3. 采用S325-65型镀锌雨水斗直接与φ100铸铁排水管连接。下设'13雨水口再与管并连通。

七、门窗用沪GM661附册和沪J761，详见建施2门窗表。玻璃均用3mm厚净片。

八、油漆：
  1. 钢门窗均做一底两度，红丹打底调和漆两度，淡灰色。
  2. 其余金属构件以红丹打底调和漆两度，墨绿色。

九、尺寸：图中尺寸均以毫米为单位，标高以米为单位。

总 平 面 图 1:500

北

界泾浜

54480

新建冷镦车间

21480

4.150

4.000

31500

31500

上海□□螺丝厂

通政路

工程名称：上海□□螺丝厂冷镦车间			
总 平 面 图	设计号		
施 工 说 明	图别	建施	
	图号	1	
	日期		
□□设计院			
设计			
制图			
校对			
审核			

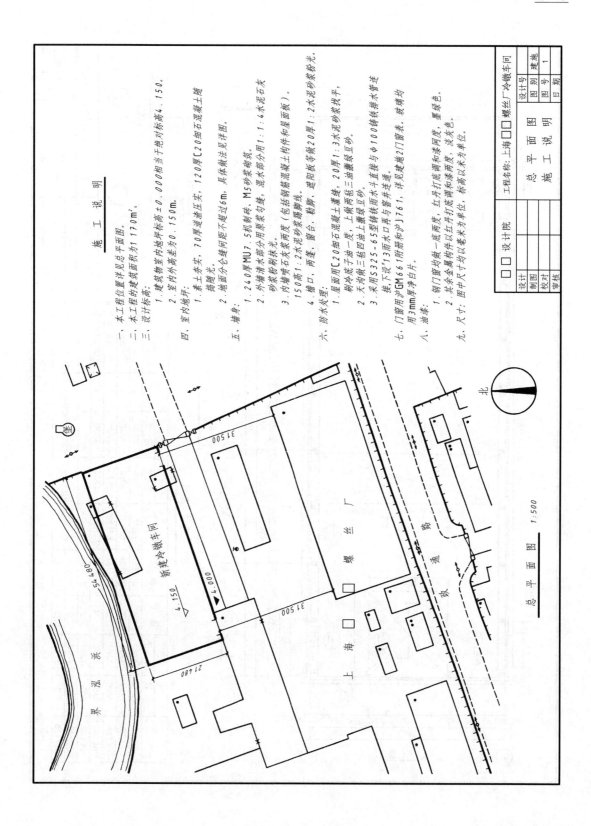

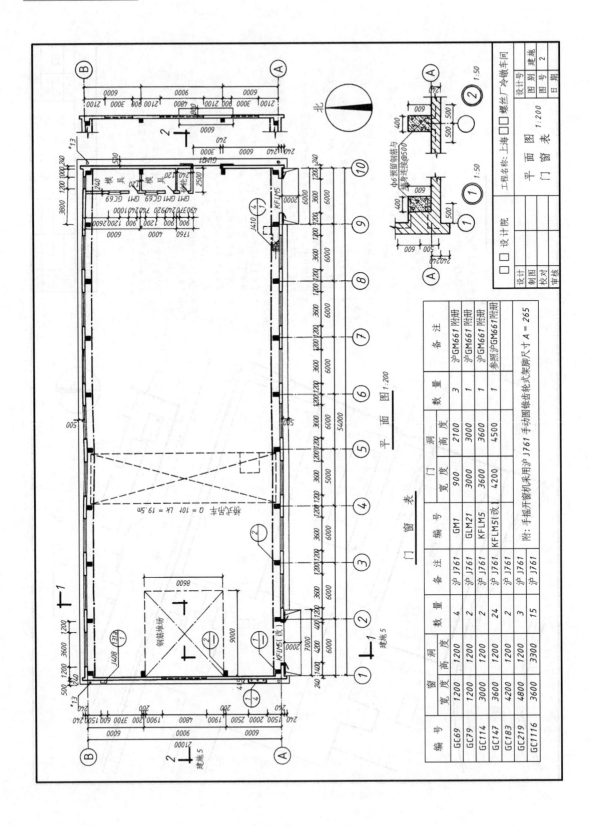

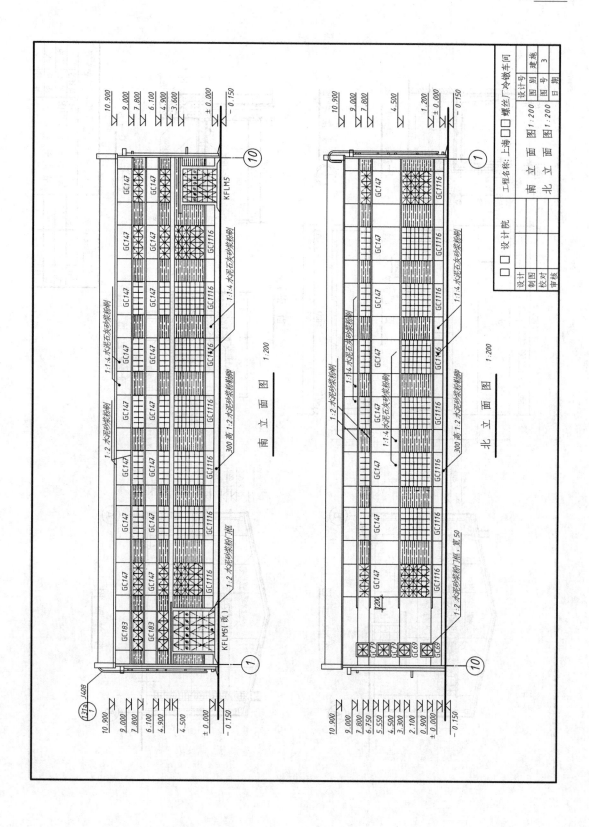

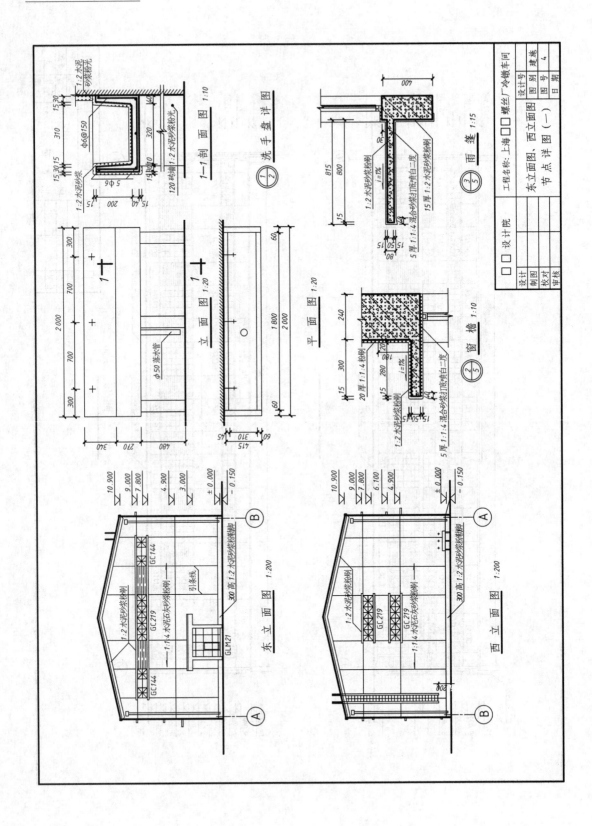

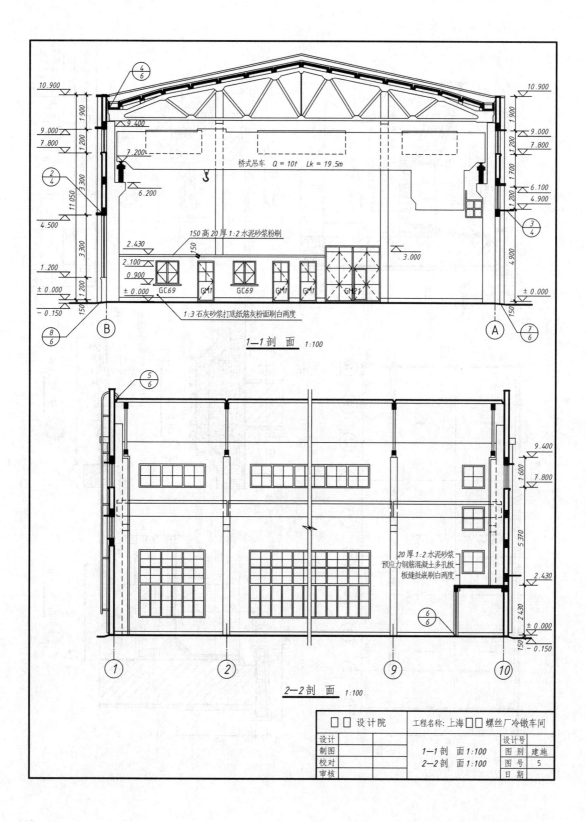

1—1 剖 面 1:100

2—2 剖 面 1:100

□□ 设计院		工程名称：上海□□螺丝厂冷镦车间		
设计		1—1剖 面1:100	设计号	
制图			图别	建施
校对		2—2剖 面1:100	图号	5
审核			日期	

建筑工程制图(第7版)

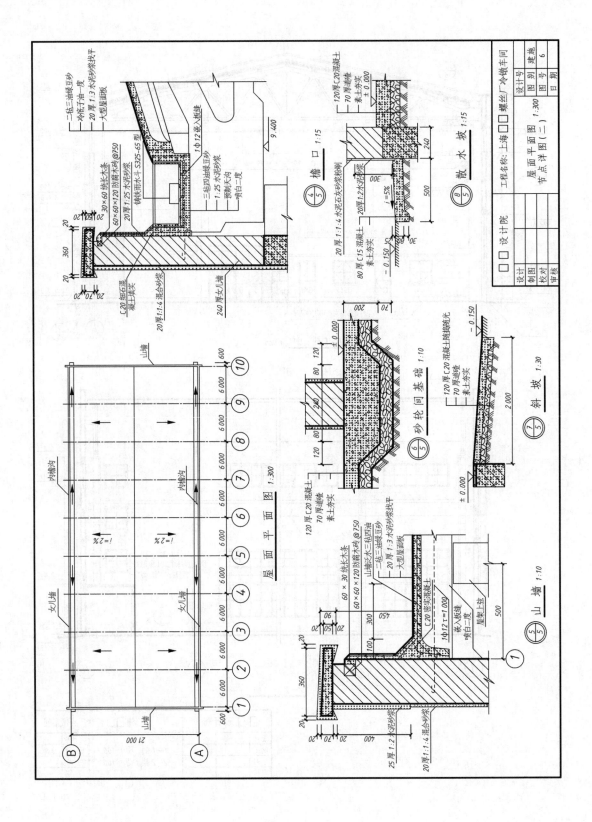

• 284 •

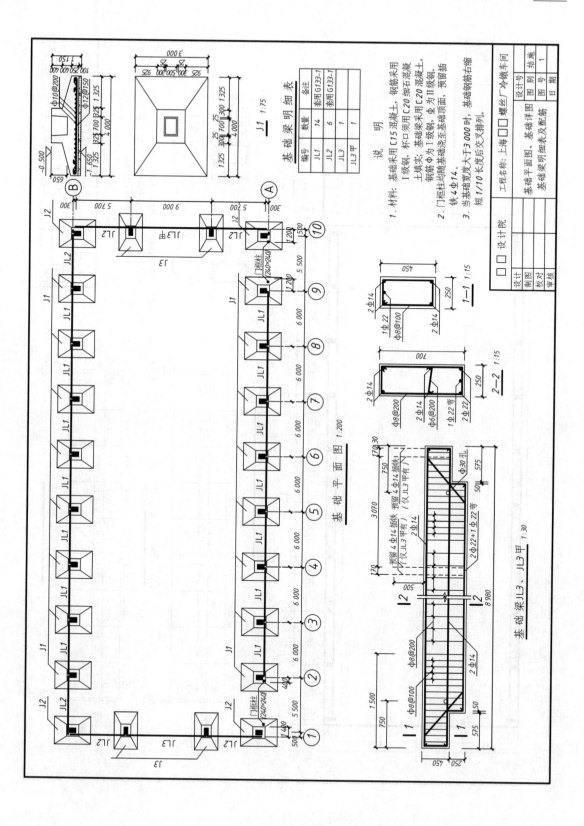

基础梁明细表

编号	数量	备注
JL1	14	套用 G133-1
JL2	6	套用 G133-1
JL3	1	
JL3甲	1	

说 明

1. 材料：基础采用 C15 混凝土，钢筋采用 I 级钢，杯口须用 C20 细石混凝土填实；基础梁采用 C20 混凝土，钢筋 Φ 为 I 级钢，Φ 为 II 级钢。

2. 门框柱均随基础浇至基础顶面，预留插铁 4Φ14。

3. 当基础宽度大于 3 000 时，基础钢筋台缩短 1/10 长度后交叉排列。

工程名称：上海□□螺丝厂冷镦车间	设计号		结 构
基础平面图，基础详图	图 别		
基础梁明细表及配筋	图 号		1
	日 期		

□□设计院		
设计	制图	校对 审核

基础平面图 1:200

基础梁 JL3、JL3甲 1:30

1—1 1:15

2—2 1:15

J1 1:75

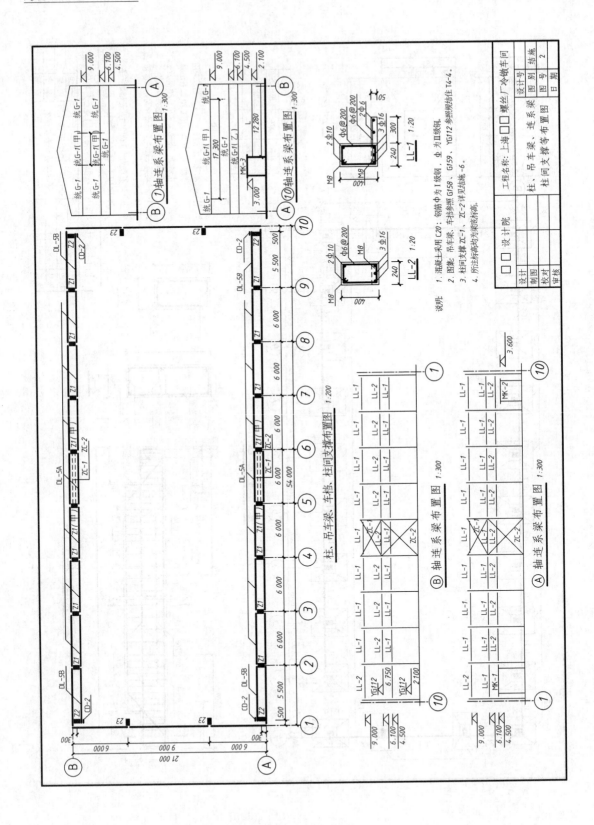

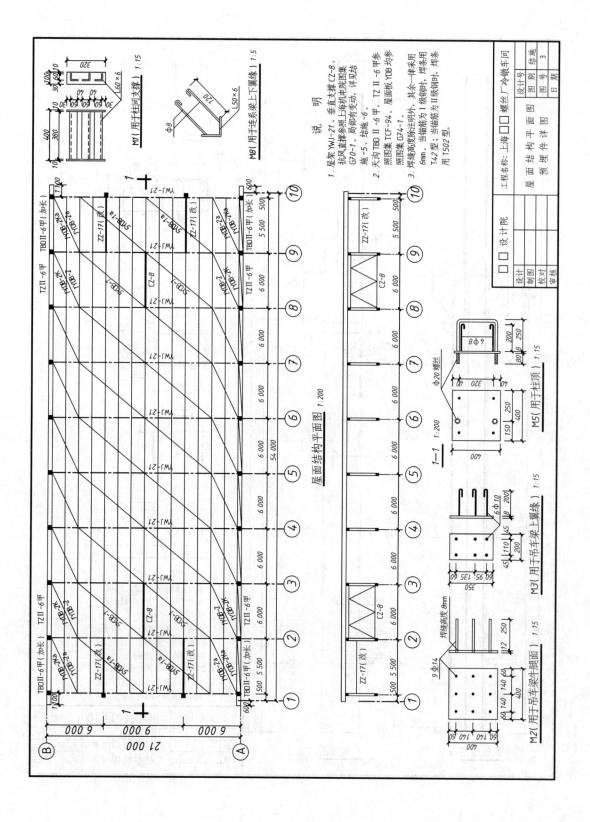

附 录

· 287 ·

建筑工程制图(第7版)

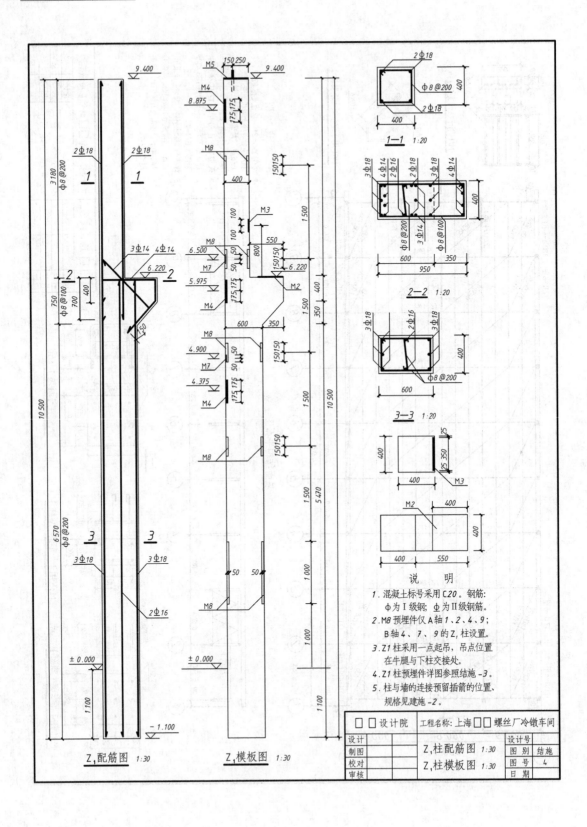

·288·

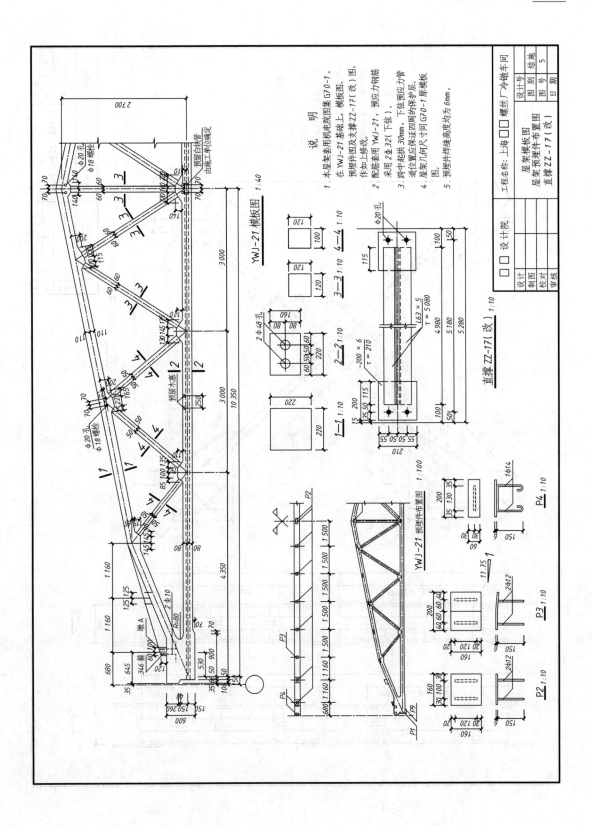

说　明

1. 本屋架系用机电院图集 G70-1 图、模板图。在 YWJ-21 基础及支撑 ZZ-17（改）图，预埋件图及支撑 ZZ-17（改）图，作如上修改。

2. 配筋系用 YWJ-21，预应力钢筋采用 2Φ32（下张）。

3. 跨中起拱 30mm，下张预应力管道位置应保证四周的保护层。

4. 屋架几何尺寸同 G70-1 原模板图。

5. 预埋件焊缝高度均为 6mm。

工程名称：上海□□螺丝厂冷镦车间			设计号	
屋架模板图 屋架预埋件布置图 直撑ZZ-17（改）			图别 结施	
			图号 5	
			日期	
□□设计院				
设计		设计院		
制图				
校对				
审核				

YWJ-21 模板图　1:40

3—3 1:10　4—4 1:10

2—2 1:10

1—1 1:10

直撑 ZZ-17（改）1:10

YWJ-21 预埋件布置图　1:100

P4 1:10

P3 1:10

P2 1:10

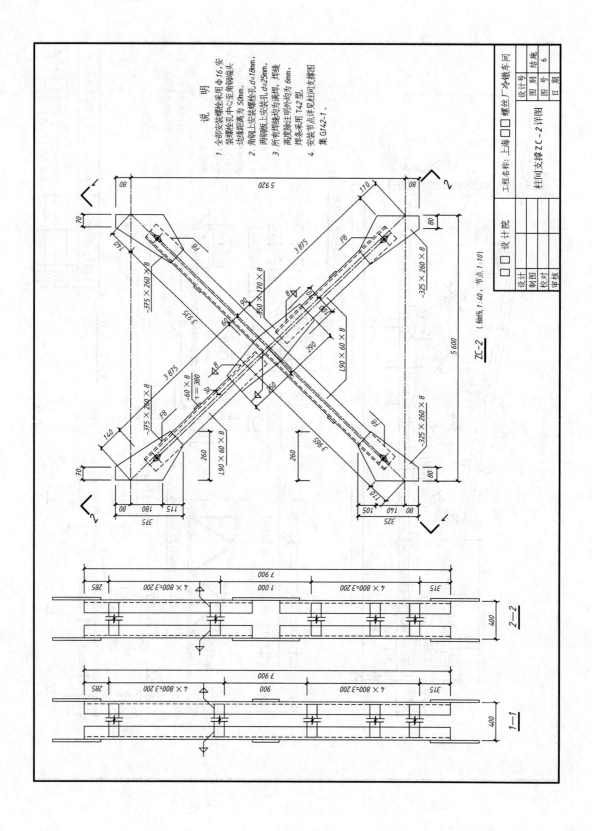

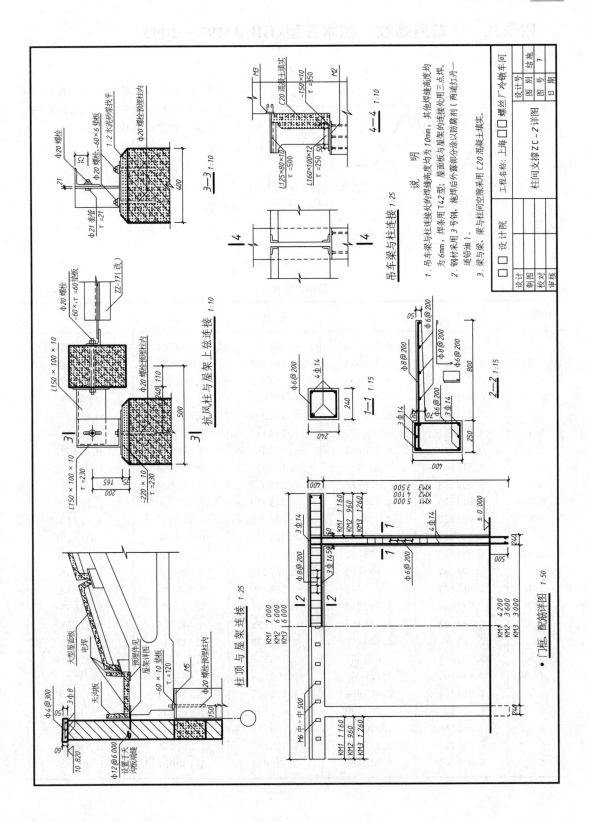

附录八　　普通螺纹　基本牙型(GB/T 192—2003)

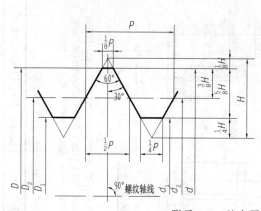

D——内螺纹的基本大径(公称直径)；

d——外螺纹的基本大径(公称直径)；

D_2——内螺纹的基本中径；

d_2——外螺纹的基本中径；

D_1——内螺纹的基本小径；

d_1——外螺纹的基本小径；

H——原始三角形高度；

P——螺距。

附录 8-1　基本牙型

附表 8-1　　　　　　　　　　　　　基本牙型尺寸　　　　　　　　　　　　　　(mm)

螺距 P	H	$\frac{5}{8}H$	$\frac{3}{8}H$	$\frac{1}{4}H$	$\frac{1}{8}H$
0.2	0.173 205	0.108 253	0.064 952	0.043 301	0.021 651
0.25	0.216 506	0.135 316	0.081 190	0.054 127	0.027 063
0.3	0.259 808	0.162 380	0.097 428	0.064 952	0.032 476
0.35	0.303 109	0.189 443	0.113 666	0.075 777	0.037 889
0.4	0.346 410	0.216 506	0.129 904	0.086 603	0.043 301
0.45	0.389 711	0.243 570	0.146 142	0.097 428	0.048 714
0.5	0.433 013	0.270 633	0.162 380	0.108 253	0.054 127
0.6	0.519 615	0.324 760	0.194 856	0.129 904	0.064 952
0.7	0.606 218	0.378 886	0.227 332	0.151 554	0.075 777
0.75	0.649 519	0.405 949	0.243 570	0.162 380	0.081 190
0.8	0.692 820	0.433 013	0.259 808	0.173 205	0.086 603
1	0.866 025	0.541 266	0.324 760	0.216 506	0.108 253
1.25	1.082 532	0.676 582	0.405 949	0.270 633	0.135 316
1.5	1.299 038	0.811 899	0.487 139	0.324 760	0.162 380
1.75	1.515 544	0.947 215	0.568 329	0.378 886	0.189 443
2	1.732 051	1.082 532	0.649 519	0.433 013	0.216 506
2.5	2.165 063	1.353 165	0.811 899	0.541 266	0.270 633
3	2.598 076	1.623 798	0.974 279	0.649 519	0.324 760
3.5	3.031 089	1.894 431	1.136 658	0.757 772	0.378 886
4	3.464 102	2.165 063	1.299 038	0.866 025	0.433 013
4.5	3.897 114	2.435 696	1.461 418	0.974 279	0.487 139
5	4.330 127	2.706 329	1.623 798	1.082 532	0.541 266
5.5	4.763 140	2.976 962	1.786 177	1.190 785	0.595 392
6	5.196 152	3.247 595	1.948 557	1.299 038	0.649 519
8	6.928 203	4.330 127	2.598 076	1.732 051	0.866 025

附录九　　55°非密封管螺纹(GB/T 7307—2001)

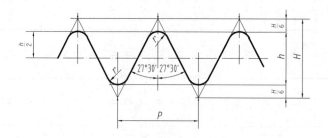

$$H = 0.960491P$$
$$h = 0.640327P$$
$$r = 0.137329P$$

附图 9-1　螺纹的设计牙型

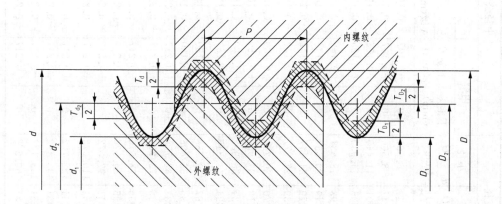

附图 9-2　螺纹尺寸及其公差带分布

附表 9-1

螺纹的基本尺寸及其公差

尺寸代号	每25.4mm内所包含的牙数 n	螺距 P (mm)	牙高 h (mm)	大径 $d=D$ (mm)	中径 $d_2=D_2$ (mm)	小径 $d_1=D_1$ (mm)	中径公差① 内螺纹 下偏差 (mm)	中径公差① 内螺纹 上偏差 (mm)	中径公差① 外螺纹 A级 (mm)	中径公差① 外螺纹 B级 (mm)	小径公差 内螺纹 下偏差 (mm)	小径公差 内螺纹 上偏差 (mm)	小径公差 外螺纹 上偏差 (mm)	大径公差 外螺纹 下偏差 (mm)	大径公差 外螺纹 上偏差 (mm)
1/16	28	0.907	0.581	7.723	7.142	6.561	0	+0.107	-0.107	-0.214	0	+0.282	0	-0.214	0
1/8	28	0.907	0.581	9.728	9.147	8.566	0	+0.107	-0.107	-0.214	0	+0.282	0	-0.214	0
1/4	19	1.337	0.856	13.157	12.301	11.445	0	+0.125	-0.125	-0.250	0	+0.445	0	-0.250	0
3/8	19	1.337	0.856	16.662	15.806	14.950	0	+0.125	-0.125	-0.250	0	+0.445	0	-0.250	0
1/2	14	1.814	1.162	20.955	19.793	18.631	0	+0.142	-0.142	-0.284	0	+0.541	0	-0.284	0
5/8	14	1.814	1.162	22.911	21.749	20.587	0	+0.142	-0.142	-0.284	0	+0.541	0	-0.284	0
3/4	14	1.814	1.162	26.441	25.279	24.117	0	+0.142	-0.142	-0.284	0	+0.541	0	-0.284	0
7/8	14	1.814	1.162	30.201	29.039	27.877	0	+0.142	-0.142	-0.284	0	+0.541	0	-0.284	0
1	11	2.309	1.479	33.249	31.770	30.291	0	+0.180	-0.180	-0.360	0	+0.640	0	-0.360	0
1⅛	11	2.309	1.479	37.897	36.418	34.939	0	+0.180	-0.180	-0.360	0	+0.640	0	-0.360	0
1¼	11	2.309	1.479	41.910	40.431	38.952	0	+0.180	-0.180	-0.360	0	+0.640	0	-0.360	0
1½	11	2.309	1.479	47.803	46.324	44.845	0	+0.180	-0.180	-0.360	0	+0.640	0	-0.360	0
1¾	11	2.309	1.479	53.746	52.267	50.788	0	+0.180	-0.180	-0.360	0	+0.640	0	-0.360	0
2	11	2.309	1.479	59.614	58.135	56.656	0	+0.180	-0.180	-0.360	0	+0.640	0	-0.360	0
2¼	11	2.309	1.479	65.710	64.231	62.752	0	+0.217	-0.217	-0.434	0	+0.640	0	-0.434	0
2½	11	2.309	1.479	75.184	73.705	72.226	0	+0.217	-0.217	-0.434	0	+0.640	0	-0.434	0
2¾	11	2.309	1.479	81.534	80.055	78.576	0	+0.217	-0.217	-0.434	0	+0.640	0	-0.434	0
3	11	2.309	1.479	87.884	86.405	84.926	0	+0.217	-0.217	-0.434	0	+0.640	0	-0.434	0
3½	11	2.309	1.479	100.330	98.851	97.372	0	+0.217	-0.217	-0.434	0	+0.640	0	-0.434	0
4	11	2.309	1.479	113.030	111.551	110.072	0	+0.217	-0.217	-0.434	0	+0.640	0	-0.434	0
4½	11	2.309	1.479	125.730	124.251	122.772	0	+0.217	-0.217	-0.434	0	+0.640	0	-0.434	0
5	11	2.309	1.479	138.430	136.951	135.472	0	+0.217	-0.217	-0.434	0	+0.640	0	-0.434	0
5½	11	2.309	1.479	151.130	149.651	148.172	0	+0.217	-0.217	-0.434	0	+0.640	0	-0.434	0
6	11	2.309	1.479	163.830	162.351	160.872	0	+0.217	-0.217	-0.434	0	+0.640	0	-0.434	0

① 对薄壁件，此公差适用于平均中径，该中径是测量两个相互垂直直径的算术平均值。